混凝土结构与砌体结构
（第2版）

主　编　赵维霞　马秀平

副主编　吴　恒　张　毅　赵维森

参　编　孙巨凤　郑　宇　滕永彪

主　审　牟培超

北京理工大学出版社

BEIJING INSTITUTE OF TECHNOLOGY PRESS

内 容 提 要

本书第2版依据《混凝土结构设计规范》(GB 50010—2010)、《砌体结构设计规范》(GB 50003—2011)、《建筑结构荷载规范》(GB 50009—2012)及相关国家标准和规范编写。全书在内容选取上充分体现"必需够用"的原则，以结构基本概念和结构构造为重点，注重结构构件的受力特点分析，取消弱化结构设计和公式推导等传统内容，系统介绍了结构设计原则、钢筋混凝土材料力学性能、受弯构件设计、受扭构件设计、梁板结构设计、多高层框架结构设计及砌体结构房屋设计等内容。

本书可作为高等院校土建类相关专业的教学用书，也可作为岗位培训教材或土建相关工程技术人员的参考书。

图书在版编目（CIP）数据

混凝土结构与砌体结构／赵维霞，马秀平主编.—2版.—北京：北京理工大学出版社，2016.2（2018.8重印）

ISBN 978-7-5682-1696-8

Ⅰ.①混…　Ⅱ.①赵…　②马…　Ⅲ.①混凝土结构－高等学校－教材　②砌体结构－高等学校－教材　Ⅳ.①TU37　②TU209

中国版本图书馆CIP数据核字(2016)第005573号

出版发行／北京理工大学出版社有限责任公司

社　　　址／北京市海淀区中关村南大街5号

邮　　　编／100081

电　　　话／(010) 68914775 (总编室)

　　　　　　(010) 82562903 (教材售后服务热线)

　　　　　　(010) 68948351 (其他图书服务热线)

网　　　址／http://www.bitpress.com.cn

经　　　销／全国各地新华书店

印　　　刷／北京紫瑞利印刷有限公司

开　　　本／787毫米×1092毫米　1/16

印　　　张／16.5

字　　　数／399千字

版　　　次／2016年2月第2版　2018年8月第5次印刷

定　　　价／48.00元

责任编辑／钟　博

文案编辑／钟　博

责任校对／周瑞红

责任印制／边心超

FOREWORD 第2版前言

　　《混凝土结构与砌体结构（第2版）》根据国家住房和城乡建设部颁布的《混凝土结构设计规范》（GB 50010—2010）、《砌体结构设计规范》（GB 50003—2011）、《建筑结构荷载规范》（GB 50009—2012）及相关标准和规范编写。全书内容共分为八大部分：建筑结构设计方法应用、钢筋混凝土材料的力学性能、钢筋混凝土受弯构件设计、钢筋混凝土受压构件设计、钢筋混凝土受扭构件设计、钢筋混凝土梁板结构设计、钢筋混凝土多层框架结构房屋设计、砌体结构房屋设计。

　　本书编写过程中参阅了较多的文献资料，谨向这些文献的作者致以诚挚的谢意。尽管我们在本书特色建设方面做了很多努力，但本书仍可能有不足及欠妥之处，希望使用此书的师生提出宝贵意见，以便修订时完善。

编　者

第1版前言 FOREWORD

　　本书为适应高等院校教育改革而编写的。"混凝土结构与砌体结构"主要讲授在研究结构基本构件受力特点的基础上，解决钢筋混凝土结构及砌体结构的强度和变形问题，从而进一步解决构件的设计问题，包括结构方案、构件选型、材料选择和构造要求等问题，是集试验、计算、构造、实践为一体的综合性较强的课程。其教学的主要任务是培养学生基本构件验算及设计能力和建筑结构工程图识读能力，使其具备施工中结构问题的认知及处理能力；对学生职业能力培养和职业素质养成起到核心支撑作用。

　　本书由赵维霞、马秀平任主编，吴恒、张毅、赵维森任副主编，牟培超任主审。参加编写的人员及分工如下：赵维霞编写项目1、项目2、项目4；马秀平编写项目3、项目5；吴恒编写项目6；张毅编写项目8；赵维森编写项目7；孙巨凤、郑宇、滕永彪编写了项目4的部分内容。

　　本书在编写过程中参考了国内外同类教材和相关资料，由于编者水平有限，书中难免有不足之处，恳请读者批评指正。

编　者

CONTENTS 目录

绪　　论

⁂ **学习目标**

　　通过对绪论的学习，熟悉混凝土结构和砌体结构的分类，理解混凝土结构和砌体结构的优缺点及其应用范围，掌握混凝土和钢筋协同工作的原因，深刻体会学习本课程的重要性。

1. 混凝土结构

　　(1)混凝土结构分类。混凝土结构是以混凝土材料为主，根据需要配置和添加钢筋、钢筋网、钢骨、钢管、预应力钢筋和各种纤维而形成的结构，包括素混凝土结构、钢筋混凝土结构、钢骨混凝土结构、钢管混凝土结构、预应力混凝土结构及纤维混凝土结构等。素混凝土结构是指由无筋或不配置受力钢筋的混凝土制成的结构。由于混凝土材料抗压性能好，但抗拉性能差，因此，素混凝土结构在工程中的使用范围有限，主要用于承受压力的结构，在建筑工程中一般只用作基础垫层或室外地坪。钢筋混凝土结构是指在混凝土结构中配置受力的钢筋、钢筋网或钢筋骨架形成的结构，是混凝土结构中最常用的结构，主要适用于各种受压、受拉、受弯和受扭结构，如梁、板、柱、墙等。钢骨混凝土结构主要是针对高层建筑中的柱而言的，高层建筑为了压缩混凝土柱截面，将型钢置于柱中以增强柱子的承载能力，常用的型钢截面有十字形和 I 形(图 0-1)。在钢管中充填混凝土的结构称为钢管混凝土结构(图 0-2)。钢管混凝土结构是从型钢混凝土结构及螺旋箍筋柱发展而来的。国外最早应用型钢

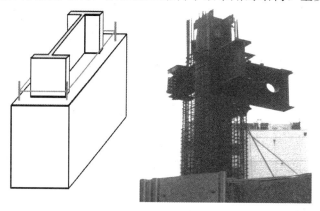

图 0-1　钢骨混凝土柱

混凝土结构，主要是用混凝土来保护钢结构，使之防火性能及防腐蚀性能得到大大改善，不必进行经常性的、工作量很大的日常维护。后来，在结构中才主要利用混凝土来提高结构刚度，以减小结构的侧移。将型钢混凝土用于高层、超高层及高耸钢结构中，以及用于地震区的建筑中，将使建(构)筑物的侧移大大减小。预应力混凝土是由配置受力的预应力钢筋通过张拉或其他方法建立预加应力的混凝土制成的结构，预应力混凝土结构的应用范围和钢筋混凝土结构相似，但由于预应力混凝土结构具有抗裂性好、刚度大和强度高的特点，适用于一些跨度大、荷载重及有抗裂抗渗要求的结构，如桥梁、吊车梁等。

　　(2)钢筋混凝土结构特点及其应用。如图 0-3(a)、(b)所示，素混凝土、钢筋混凝土简

图 0-2　钢管混凝土

支梁，截面尺寸(200 mm×300 mm)、跨度及荷载相同，混凝土强度等级均为 C20。通过试验可得出，对素混凝土梁，由于混凝土的抗拉性能差，在集中荷载还不大时，混凝土就开裂，使截面缩小，梁迅速折断。破坏时，梁的变形很小，无明显预兆，属脆性破坏类型。而配置受拉钢筋的梁受拉区依然会开裂，但裂缝出现后，拉力主要由钢筋承担，荷载还能继续增加很多，直至钢筋屈服，受压区混凝土被压碎，梁才被破坏。破坏时，梁的变形很大，有明显预兆，属延性破坏类型。配筋不仅提高了梁的承载能力，而且也提高了它的变形能力。钢筋混凝土结构将两者结合在一起协同工作，让钢筋主要承受拉力，混凝土主要承受压力，从而充分地利用了材料。钢筋和混凝土是两种物理力学性质不同的材料，它们在钢筋混凝土结构中之所以能够共同工作，是因为：

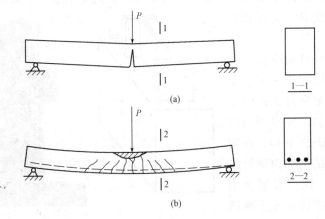

图 0-3　素混凝土梁和钢筋混凝土梁

(a)素混凝土梁；(b)钢筋混凝土梁

　　1)钢筋表面与混凝土之间存在粘结作用。这种粘结作用由三部分力组成：一是混凝土结硬时体积收缩，将钢筋紧紧握住而产生的摩擦力；二是由于钢筋表面凹凸不平而产生的机械咬合力；三是混凝土与钢筋接触表面间的胶结力。其中机械咬合力约占 50%。

　　2)钢筋和混凝土的温度线膨胀系数几乎相同(钢筋为 1.2×10^{-5} ℃$^{-1}$，混凝土为 $1.0\times10^{-5}\sim1.5\times10^{-5}$ ℃$^{-1}$)，在温度变化时，两者的变形基本相等，不致破坏钢筋混凝土结构的整体性。

3)钢筋被混凝土包裹着,不会因大气的侵蚀而生锈变质。

上述三个原因中,钢筋表面与混凝土之间存在粘结作用是最主要的原因。因此,钢筋混凝土构件配筋的基本要求,就是要保证二者共同受力,共同变形。

钢筋混凝土结构是混凝土结构中应用最多的一种,也是应用最广泛的建筑结构形式之一。它不但被广泛应用于多层与高层住宅、宾馆、写字楼以及单层与多层工业厂房等工业与民用建筑中,道路、桥梁、水利工程中,而且水塔、烟囱、核反应堆等特种结构,以及工业、交通、民用和军用的地下工程中也多采用钢筋混凝土结构(图 0-4)。钢筋混凝土结构之所以应用如此广泛,主要是因为它具有如下优点:

迪拜大厦(162层,总高828 m)

悉尼歌剧院

地铁

法国诺曼底桥

三峡工程

烟囱

图 0-4　钢筋混凝土结构的应用

1)可就地取材。钢筋混凝土的主要材料是砂、石、水泥和钢筋。砂和石一般都可由建筑工地附近提供,水泥和钢材的产地在我国分布也较广。

2)耐久性好。钢筋混凝土结构中,钢筋被混凝土紧紧包裹而不致锈蚀,即使在侵蚀性介质条件下,也可采用特殊工艺制成耐腐蚀的混凝土,从而保证了结构的耐久性。

3)整体性好。钢筋混凝土结构特别是现浇结构有很好的整体性,这对于地震区的建筑物有重要意义,另外对抵抗暴风及爆炸和冲击荷载也有较强的能力。

4)可模性好。新拌和的混凝土是可塑的,可根据工程需要制成各种形状的构件,这给合理选择结构形式及构件断面提供了方便。

5)耐火性好。混凝土是不良传热体,钢筋又有足够的保护层,火灾发生时钢筋不致很快达到软化温度而造成结构瞬间破坏。

钢筋混凝土也有一些缺点,主要有以下几项:

1)自重大。若承受荷载相同,采用混凝土结构时的截面尺寸比采用钢结构要大很多,从而导致混凝土结构自重大,这对建筑大跨度结构、高层结构及结构的抗震都极为不利。

2)抗裂性能差。由于混凝土抗拉强度很低，所以受拉区很容易出现裂缝，裂缝过宽，就会影响其使用性能。

另外，混凝土结构还存在模板用量大、工期长等缺点，但随着科学技术的不断发展，这些缺点可以逐渐克服。例如，采用轻质、高强的混凝土，可克服自重大的缺点；采用预应力混凝土，可克服容易开裂的缺点；掺入纤维做成纤维混凝土，可克服混凝土的脆性；采用预制构件，可减小模板用量，缩短工期。

2. 砌体结构

由块体(砖、石材、砌块)和砂浆砌筑而成的墙、柱作为建筑物主要受力构件的结构称为砌体结构，它是砖砌体结构、石砌体结构和砌块砌体结构的统称。

砌体结构主要有以下优点：

1)取材方便，造价低廉。砌体结构所需用的原材料如黏土、砂子、天然石材等几乎到处都有，因而比钢筋混凝土结构更为经济，并能节约水泥、钢材和木材。砌块砌体还可节约土地，使建筑向绿色建筑、环保建筑方向发展。

2)具有良好的耐火性及耐久性。一般情况下，砌体能耐受 400 ℃的高温。砌体耐腐蚀性能良好，完全能满足预期的耐久年限要求。

3)具有良好的保温、隔热、隔声性能，节能效果好。

4)施工简单，技术容易掌握和普及，也不需要特殊设备。

砌体结构的主要缺点是抗拉、抗弯、抗剪强度低，自重大，抗震性能差，砌筑速度慢。

鉴于砌体结构的缺点，一般不宜作为受拉或受弯构件。房屋的楼盖或屋盖结构通常采用钢筋混凝土结构、钢结构和木结构。因此，通常将由砌体和其他材料组成的结构称为混合结构。砌体结构在多层建筑中应用非常广泛，特别是在多层民用建筑中，砌体结构占绝大多数，目前，高层砌体结构也开始应用。

砌体结构的应用可以追溯到古埃及的金字塔、我国秦朝时的长城和隋朝时的赵州桥，以及一些宫殿、佛塔等。今天，砌体结构的应用更加广泛，不但应用于低层及多层民用建筑，如私人住宅、别墅、办公楼、试验楼等，在工业建筑中(如围墙、烟囱、筒仓、水池、料仓等)也较多采用，如图 0-5 所示。

3. 学习方法与要求

"混凝土结构与砌体结构"是建筑工程技术专业的主要专业基础课程，也是核心课程，在该专业的课程体系中起到承上启下的作用，是建筑工程技术的能力基础，主要内容包括建筑结构设计方法应用、钢筋混凝土材料的力学性能、钢筋混凝土受弯构件设计、钢筋混凝土受压构件设计、钢筋混凝土受扭构件设计、梁板结构设计、钢筋混凝土多层框架结构房屋设计、砌体结构设计八个项目。

通过本课程的学习，学生应对建筑施工项目中建筑构件及结构有一个比较全面的认识，掌握结构构件设计的方法与步骤，从而进一步解决混凝土及砌体结构及构件设计问题，包括结构方案的确定、构件选型、材料选择、配筋和构造要求等问题。通过实践教学，理论联系实际，学生应具备施工中结构问题的认知及处理能力。

本课程具有很强的实践性和综合性。课程依托于工程实际，最终又要解决实际工程中的截面设计及构造等问题，因此具有很强的实践性；而其设计构成从确定结构方案直到内力分析，最后到构造措施，具有很强的综合性。因此，要加强课程作业、课程设计和毕业设计等实践性教学环节的学习。本课程的教学内容以规范为依据，包括《混凝土结构设计规

金字塔

长城

赵州桥

云南大理崇圣寺三塔

多层砌体房屋

图 0-5　砌体结构应用

范》(GB 50010—2010)、《砌体结构设计规范》(GB 50003—2011)、《建筑结构荷载规范》(GB 50009—2012)(以下简称《荷载规范》)、《高层建筑混凝土结构技术规程》(JGJ 3—2010)等，在学习课程的同时，学生需要深刻理解规范条文，逐步熟悉和正确运用。

本课程的内容多、符号多、计算公式多、构造规定也多，学习时应注意加强理解，切忌死记硬背、生搬硬套。如在进行构件设计计算时，无论正截面受弯、斜截面受剪还是受压构件配筋计算，只要理解基本假定，绘制出受力图，公式自然就记住了。

"混凝土结构与砌体结构"是一门发展很快的学科，学习时要多注意它的新动向和新成就，以扩大知识面。

本章小结

1. 混凝土结构包括素混凝土结构、钢筋混凝土结构、钢骨混凝土结构、钢管混凝土结构、预应力混凝土结构及纤维混凝土结构等。

2. 钢筋和混凝土是两种物理力学性质不同的材料，在钢筋混凝土结构中之所以能够共同工作，是因为：钢筋表面与混凝土之间存在粘结作用；钢筋和混凝土的温度线膨胀系数几乎相同，在温度变化时，二者的变形基本相等，不致破坏钢筋混凝土结构的整体性；钢筋被混凝土包裹着，不会因大气的侵蚀而生锈变质。

3. 砌体结构是指由块体(砖、石材、砌块)和砂浆砌筑而成的墙、柱作为建筑物主要受力构件的结构。

1. 混凝土结构分类有哪些？钢筋和混凝土是如何共同工作的？
2. 钢筋混凝土结构有哪些优点和缺点？
3. 砌体结构有哪些优点和缺点？
4. 本课程主要包括哪些内容？学习本课程要注意哪些问题？

项目 1　建筑结构设计方法应用

学习目标

通过对建筑结构设计方法应用的学习，充分认识结构的极限状态，掌握概率极限状态设计方法的应用。

任务 1.1　了解结构的极限状态

1.1.1　结构的安全等级

我国根据建筑结构破坏后果的影响程度，将结构分为三个安全等级，见表 1-1。破坏后果很严重的为一级；破坏后果严重的为二级；破坏后果不严重的为三级。对人员比较集中、使用频繁的体育馆、影剧院等，安全等级宜按一级设计。建筑物中各类结构构件的安全等级，宜与整个结构的安全等级相同，允许对部分结构构件根据其重要程度和综合效益进行适当的提高或降低，但不得低于三级。

表 1-1　建筑结构安全等级

安全等级	破坏后果	建筑物类型
一级	很严重	重要的建筑物
二级	严重	一般的建筑物
三级	不严重	次要的建筑物

1.1.2　结构的设计使用年限和设计基准期

1. 设计使用年限

设计使用年限是指设计规定的结构或结构构件不需进行大修即可按其预定目的使用，完成预定功能的时期，即结构在规定的条件下所应达到的使用年限。一般建筑结构的设计使用年限为 50 年。各类工程结构的设计使用年限并不统一，总的来讲，桥梁应比房屋长，大坝应更长一些。

2. 设计基准期

设计基准期是为确定可变作用及与时间有关的材料性能等取值而选用的时间参数，它是结构可靠度分析的一个时间范围。设计基准期可根据结构设计使用年限的要求适当选定。一般来说，设计使用年限长，设计基准期可能长一些；设计使用年限短，设计基准期可能短一些。《荷载规范》规定，确定可变荷载代表值时应采用 50 年设计基准期。设计使用年限分类见表 1-2。

特别说明：结构的设计使用年限虽与其使用寿命有联系，但不等同。超过设计使用年限的结构并不是不能使用，而是指它的可靠度降低了。

表 1-2　设计使用年限分类

类别	设计使用年限/年	示　　例
1	5	临时性结构
2	25	易于替换的结构构件
3	50	普通房屋和构造物
4	100	标志性建筑和特别重要的建筑结构

1.1.3　结构的功能要求

设计的结构和结构构件，在规定的设计使用年限内，在正常维护条件下，应能保持其实用功能，而不需进行大修加固。工程结构的功能要求应包括以下几项。

1. 安全性

结构在规定的使用期间内，应能承受在正常施工、正常使用情况下可能出现的各种荷载、各种变形；在偶然事件（如地震、爆炸等）发生时和发生后，应能保持整体稳定性，不应发生倒塌或连续破坏而造成生命、财产的严重损失。

2. 适用性

结构在正常使用过程中应具有良好的工作性能。例如，不产生影响使用的过大变形或振幅，不发生足以让使用者不安的过宽的裂缝。

3. 耐久性

结构在正常维护条件下应具有足够的耐久性，完好使用到设计规定的年限，即设计使用年限。例如，不发生严重的混凝土碳化和钢筋锈蚀。

特别说明：满足安全性、适用性、耐久性功能要求的结构是可靠的。上述功能要求概括起来可以称为结构的可靠性。结构的可靠性是指结构在规定的使用年限内，在规定的条件下（正常设计、正常施工、正常使用和维修）完成预定功能的能力。

1.1.4　结构功能的极限状态

结构在使用期间的工作情况称为结构的工作状态。结构能满足功能要求，称结构"可靠"或"有效"，否则称结构"不可靠"或"失效"。区分结构工作状态"可靠"与"失效"的界限是"极限状态"。因此，结构的极限状态可定义为：整个结构或结构的一部分，超过某一特定状态就不能满足设计规定的某一功能(安全性、适用性、耐久性)要求，该特定状态称为该功能的极限状态。极限状态是结构开始失效的标志。结构极限状态分为以下两类：

1. 承载能力极限状态

承载能力极限状态是指相应于结构或结构构件达到最大承载力、出现疲劳破坏或不适合继续承载的变形的情形。当结构或结构构件出现下列状态之一时，应认为超过了承载能力极限状态：

(1)整个结构或结构的一部分作为刚体失去平衡(如倾覆等)。

(2)结构构件或连接因超过材料强度而破坏(包括疲劳破坏)，或因过度变形而不适于继续承载。

(3)结构转变为机动体系。

(4)结构或结构构件丧失稳定(如压屈等)。

(5)地基丧失承载能力而破坏(如失稳等)。

承载能力极限状态主要考虑有关结构安全性的功能，出现超过此种极限状态的概率必须很低。因此，任何承载的结构或者构件都需要按承载能力极限状态进行设计。

2. 正常使用极限状态

正常使用极限状态是指对应于结构或结构构件的变形、裂缝或耐久性能达到某项规定的限值，使其无法正常使用的情形。当结构或结构构件出现下列状态之一时，应认为超过了正常使用极限状态：

(1)影响正常使用或外观的变形。

(2)影响正常使用或耐久性能的局部损坏(包括裂缝)。

(3)影响正常使用的振动。

(4)影响正常使用的其他特定状态。

虽然超过正常使用极限状态的后果一般不如超过承载能力极限状态那样严重，但也不可忽视。例如，过大的变形会造成房屋内粉刷层剥落，门窗变形，屋面积水等后果；水池和油罐等结构开裂会引起渗漏，等等。

特别说明：结构或结构构件设计时，应先按承载能力极限状态进行承载力设计计算，然后根据使用要求按正常使用极限状态进行变形、裂缝宽度或抗裂等验算。

1.1.5 结构上的作用、作用效用和结构抗力

1.1.5.1 结构上的作用

凡是能够使结构产生内力、应力、位移、应变、裂缝的因素都称为结构上的作用，可分为两种，即直接作用和间接作用。荷载是直接作用，如施加在结构上的集中力和分布力；温度变化、混凝土收缩徐变、地基不均匀沉降、地震等引起结构外加变形或约束变形的原因称为间接作用。

1. 荷载的分类

按照作用时间的长短和性质，结构上的荷载可分为三类：永久荷载、可变荷载和偶然荷载。

(1)永久荷载也称为恒荷载，是指在结构使用期间，其值不随时间变化，或者其变化值

与平均值相比可忽略不计的荷载，如结构自重、土压力、预应力等。永久荷载应包括结构构件、围护构件、面层及装饰、固定设备、长期储物的自重，土压力、水压力，以及其他需要按永久荷载考虑的荷载。

（2）可变荷载也称为活荷载，是指在结构使用期间，其值随时间变化，且其变化值与平均值相比不可忽略的荷载，如楼面活荷载、屋面活荷载、风荷载、雪荷载、吊车荷载等。

（3）偶然荷载，是指在结构设计使用期间可能不出现，一旦出现，其量值很大且持续时间很短的荷载，如爆炸力、撞击力等。

特别说明：《荷载规范》规定，固定隔墙的自重可按永久荷载考虑，位置可灵活布置的隔墙自重应按可变荷载考虑。

2. 荷载的代表值

荷载是随机变量，任何一种荷载的大小都有一定的变异性。因此，结构设计时，对于不同的荷载和不同的设计情况，应赋予荷载不同的量值，该量值即荷载代表值。《荷载规范》规定，对永久荷载应采用标准值作为代表值；对可变荷载应根据设计要求采用标准值、组合值、频遇值或准永久值作为代表值；对偶然荷载应按建筑结构使用的特点确定其代表值。

（1）荷载标准值。荷载标准值是结构在设计基准期内具有一定概率的最大荷载值，它是荷载的基本代表值。

1）永久荷载标准值。结构自重的标准值可按结构构件的设计尺寸与材料单位体积的自重计算确定。一般材料和构件的单位自重可取其平均值，对于自重变异较大的材料和构件，自重的标准值应根据对结构的不利或有利状态，分别取上限值或下限值。常用材料和构件单位体积的自重查《荷载规范》附录 A 采用。现将几种常用材料单位体积的自重（单位为 kN/m³）摘录如下：素混凝土 22～24（振捣或不振捣），钢筋混凝土 24～25，水泥砂浆 20，石灰砂浆、混合砂浆 17，普通砖 18，普通砖（机器制）19。例如，取钢筋混凝土单位体积自重标准值为 25 kN/m³，则截面尺寸为 300 mm×500 mm 的钢筋混凝土矩形截面梁的自重标准值为 3.75（0.3×0.5×25）kN/m。

2）可变荷载标准值。民用建筑楼面均布活荷载标准值见表 1-3，其余各种可变荷载标准值的取值，如屋面活荷载、工业建筑楼面活荷载、风荷载、雪荷载、厂房屋面积灰荷载等详见《荷载规范》。

（2）可变荷载组合值。两种或两种以上可变荷载同时作用于结构上时，所有可变荷载同时达到其单独出现时可能达到的最大值的概率极小，因此，除主导荷载（产生最大效应的荷载）仍可以其标准值为代表值外，其他荷载均应以小于标准值的荷载值为代表值，即可变荷载组合值。可变荷载组合值可表示为 $\psi_c Q_k$，其中 ψ_c 为可变荷载组合值系数，其值可由《荷载规范》查取，部分 ψ_c 的值见表 1-3。

表 1-3　民用建筑楼面均布活荷载标准值及其组合值、频遇值和准永久值系数

项次	类 别	标准值 /(kN·m⁻²)	组合值 系数 ψ_c	频遇值 系数 ψ_f	准永久值 系数 ψ_q
1	(1)住宅、宿舍、旅馆、办公楼、医院病房、托儿所、幼儿园	2.0	0.7	0.5	0.4
	(2)试验室、阅览室、会议室、医院门诊室	2.0	0.7	0.6	0.5
2	教室、食堂、餐厅、一般资料档案室	2.5	0.7	0.6	0.5

项次	类别			标准值 /(kN·m⁻²)	组合值系数 ψ_c	频遇值系数 ψ_f	准永久值系数 ψ_q
3	(1)礼堂、剧场、影院、有固定座位的看台			3.0	0.7	0.5	0.3
	(2)公共洗衣房			3.0	0.7	0.6	0.5
4	(1)商店、展览厅、车站、港口、机场大厅及其旅客等候室			3.5	0.7	0.6	0.5
	(2)无固定座位的看台			3.5	0.7	0.5	0.3
5	(1)健身房、演出舞台			4.0	0.7	0.6	0.5
	(2)运动场、舞厅			4.0	0.7	0.6	0.3
6	(1)书库、档案库、储藏室			5.0	0.9	0.9	0.8
	(2)密集柜书库			12.0	0.9	0.9	0.8
7	通风机房、电梯机房			7.0	0.9	0.9	0.8
8	汽车通道及客车停车库	(1)单向板楼盖(板跨不小于2 m)和双向板楼盖(板跨不小于3 m×3 m)	客车	4.0	0.7	0.7	0.6
			消防车	35.0	0.7	0.5	0.0
		(2)双向板楼盖(板跨不小于6 m×6 m)和无梁楼盖(柱网不小于6 m×6 m)	客车	2.5	0.7	0.7	0.6
			消防车	20.0	0.7	0.5	0.0
9	厨房	(1)餐厅		4.0	0.7	0.7	0.7
		(2)其他		2.0	0.7	0.6	0.5
10	浴室、卫生间、盥洗室			2.5	0.7	0.6	0.5
11	走廊、门厅	(1)宿舍、旅馆、医院病房、托儿所、幼儿园、住宅		2.0	0.7	0.5	0.4
		(2)办公楼、餐厅、医院门诊部		2.5	0.7	0.6	0.5
		(3)教学楼及其他可能出现人员密集的情况		3.5	0.7	0.5	0.3
12	楼梯	(1)多层住宅		2.0	0.7	0.5	0.4
		(2)其他		3.5	0.7	0.5	0.3
13	阳台	(1)可能出现人员密集的情况		3.5	0.7	0.6	0.5
		(2)其他		2.5	0.7	0.6	0.5

注：1. 本表所给各项活荷载适用于一般使用条件，当使用荷载较大、情况特殊或有专门要求时，应按实际情况采用。

2. 第6项书库活荷载当书架高度大于2 m时，书库活荷载尚应按每米书架高度不小于2.5 kN/m² 确定。

3. 第8项中的客车活荷载仅适用于停放载人少于9人的客车；消防车活荷载适用于满载总重为300 kN的大型车辆；当不符合本表的要求时，应将车轮的局部荷载按结构效应的等效原则，换算为等效均布荷载。

4. 第8项消防车活荷载，当双向板楼盖板跨介于3 m×3 m～6 m×6 m之间时，应按跨度线性插值确定。

5. 第12项楼梯活荷载，对预制楼梯踏步平板，尚应按1.5 kN集中荷载验算。

6. 本表各项荷载不包括隔墙自重和二次装修荷载；对固定隔墙的自重应按永久荷载考虑，当隔墙位置可灵活自由布置时，非固定隔墙的自重应取不小于1/3的每延米长墙重(kN/m)作为楼面活荷载的附加值(kN/m²)计入，且附加值不应小于1.0 kN/m²。

(3)可变荷载准永久值。可变荷载在设计基准期内会随时间而发生变化，并且不同可变荷载在结构上的变化情况不一样。如住宅楼面活荷载，人群荷载的流动性较大，而家具荷载的流动性则相对较小。在设计基准期内经常达到或超过的那部分荷载值，称为可变荷载准永久值。它对结构的影响类似于永久荷载。可变荷载准永久值可表示为$\psi_q Q_k$，其中，Q_k为可变荷载标准值，ψ_q为可变荷载准永久值系数，其值可由《荷载规范》查取，部分ψ_q的值见表1-3。

（4）可变荷载频遇值。对可变荷载，在设计基准期内，其超越的总时间为规定的较小比率或超越频率为规定频率的荷载值称为可变荷载频遇值。即可变荷载频遇值是指在设计基准期内被超越的总时间仅为设计基准期一小部分的荷载值。可变荷载频遇值可表示为$\psi_f Q_k$，其中ψ_f为可变荷载频遇值系数，其值可由《荷载规范》查取，部分ψ_f的值见表1-3。

1.1.5.2　作用效用

直接作用或间接作用会使结构产生内力和变形（如弯矩、剪力、压力、拉力、扭矩、裂缝等），称为作用效应。当作用为直接作用（荷载）时，其效应也称为荷载效应，通常用S表示。

1.1.5.3　结构抗力

整个结构或结构构件抵抗作用效应的能力（如承载力、刚度等）称为结构抗力，通常用R表示。影响抗力的主要因素包括材料性能（强度等级、变形模量等）、几何参数（构件尺寸等）和计算模式的精确性（抗力计算所采用的基本假设和计算公式的精确性）等。

任务1.2　概率极限状态设计方法的应用

1.2.1　极限状态方程

结构的工作性能可用下列结构功能函数Z来描述。为简化起见，仅以荷载效应S和结构抗力R两个基本变量来表达结构的功能函数，则有

$$Z = R - S \tag{1-1}$$

式(1-1)中，荷载效应S和结构抗力R均为随机变量，其函数Z也是一个随机变量，关系式$Z=R-S$称为极限状态方程。在实际工程中，可能出现以下三种情况：

当$Z>0$，即$R>S$时，表示结构处于安全状态；

当$Z<0$，即$R<S$时，表示结构处于失效状态；

当$Z=0$，即$R=S$时，表示结构处于极限状态。

1.2.2　承载能力极限状态设计表达式

承载能力极限状态设计表达式为

$$\gamma_0 S_d \leqslant R_d \tag{1-2}$$

式中　γ_0——重要性系数（对安全等级为一级或设计使用年限为100年及以上的结构构件，不应小于1.1；对安全等级为二级或设计使用年限为50年的结构构件，不应小于1.0；对安全等级为三级或设计使用年限为5年及以下的结构构件，不应

小于0.9；在抗震设计中，不考虑结构构件的重要性系数）；

S_d——荷载效应组合的设计值（用基本组合或偶然组合）；

R_d——结构构件的承载力设计值（在抗震设计时，应除以承载力抗震调整系数 γ_{RE}）。

1. 荷载基本组合

工程实际中，结构或结构上的荷载一般有多种，结构设计时应综合考虑在结构上可能同时出现的各种荷载，并应取最不利的效应组合进行设计。若结构上同时出现一种以上的可变荷载，由于各种可变荷载同时出现最大值的概率较低，因此，在多种可变荷载参与组合时应考虑组合值系数，对相应的可变荷载进行折减。

荷载基本组合的效应设计值 S_d，应从下列荷载组合值中取用最不利的效应设计值确定：

（1）由可变荷载控制的效应设计值，应按下式进行计算：

$$S_d = \sum_{j=1}^{m} \gamma_{G_j} S_{G_j k} + \gamma_{Q_1} \gamma_{L_1} S_{Q_1 k} + \sum_{i=2}^{n} \gamma_{Q_i} \gamma_{L_i} \psi_{c_i} S_{Q_i k} \tag{1-3}$$

（2）由永久荷载控制的效应设计值，应按下式进行计算：

$$S_d = \sum_{j=1}^{m} \gamma_{G_j} S_{G_j k} + \sum_{i=2}^{n} \gamma_{Q_i} \gamma_{L_i} \psi_{c_i} S_{Q_i k} \tag{1-4}$$

式中 γ_{G_j}——第 j 个永久荷载的分项系数（当永久荷载效应对结构不利时，对由可变荷载效应控制的组合应取1.2，对由永久荷载效应控制的组合应取1.35；当永久荷载效应对结构有利时，不应大于1.0）；

γ_{Q_i}——第 i 个可变荷载的分项系数（其中 γ_{Q_1} 为主导可变荷载 Q_1 的分项系数，对标准值大于 $4\ kN/m^2$ 的工业房屋楼面结构的活荷载，应取1.3；其他情况，应取1.40）；

$S_{G_j k}$——按第 j 个永久荷载标准值 G_{jk} 计算的荷载效应值；

$S_{Q_i k}$——按第 i 个可变荷载标准值 Q_{ik} 计算的荷载效应值，其中 $S_{Q_1 k}$ 为诸可变荷载效应中起控制作用者；

ψ_{c_i}——第 i 个可变荷载 Q_i 的组合值系数；

m——参与组合的永久荷载数；

n——参与组合的可变荷载数；

γ_{L_i}——第 i 个可变荷载考虑设计使用年限的调整系数（其中 γ_{L_1} 为主导可变荷载 Q_1 考虑设计使用年限的调整系数；γ_L 应按表1-4的规定采用）。

表1-4 楼面和屋面活荷载考虑设计使用年限的调整系数 γ_L

结构设计使用年限/年	5	50	100
γ_L	0.9	1.0	1.1

注：1. 当设计使用年限不为表中数值时，调整系数 γ_L 可按线性内插确定；
　　2. 对于荷载标准值可控制的活荷载，设计使用年限调整系数 γ_L 取1.0。

特别说明：基本组合中的效应设计值仅适用于荷载与荷载效应为线性的情况；当对 $S_{Q_1 k}$ 无法明显判断时，应轮次以各可变荷载效应作为 $S_{Q_1 k}$，并选取其中最不利的荷载组合的效应设计值。

2. 荷载偶然组合

偶然组合是指一种偶然作用与永久荷载及其他可变荷载相组合。偶然作用发生的概率很小，持续的时间较短，但对结构可造成相当大的损害。鉴于这种特性，从安全与经济两方面考虑，当按偶然组合验算结构的承载能力时，所采用的可靠指标值允许比基本组合有所降低。

由于不同的偶然作用，如地震、爆炸和撞击，其性质差别较大，目前尚难给出统一的设计表达式，所以只规定了偶然组合设计表达式的一般原则：只考虑一种偶然作用与其他荷载相组合；偶然作用不乘以荷载分项系数；对与偶然作用同时出现的可变荷载，根据其可能性采用适当的代表值，如准永久值或频遇值等。

（1）用于承载能力极限状态计算的效应设计值，应按下式进行计算：

$$S_d = \sum_{j=1}^{m} S_{G_j k} + S_{A_d} + \psi_{f_1} S_{Q_1 k} + \sum_{i=2}^{n} \psi_{q_i} S_{Q_i k} \tag{1-5}$$

（2）用于偶然事件发生后受损结构整体稳固性验算的效应设计值，应按下式进行计算：

$$S_d = \sum_{j=1}^{m} S_{G_j k} + \psi_{f_1} S_{Q_1 k} + \sum_{i=2}^{n} \psi_{q_i} S_{Q_i k} \tag{1-6}$$

式中　S_{A_d}——按偶然荷载标准值 A_d 计算的荷载效应值；

　　　ψ_{f_1}——第 1 个可变荷载的频遇值系数；

　　　ψ_{q_i}——第 i 个可变荷载的准永久值系数。

1.2.3　正常使用极限状态设计表达式

按正常使用极限状态设计，主要是验算构件的变形和抗裂度或裂缝宽度。按正常使用极限状态设计时，变形过大或裂缝过宽虽然影响正常使用，但危害程度不及承载力引起的结构破坏造成的损失那么大，所以可适当降低对可靠度的要求。《建筑结构可靠度设计统一标准》（GB 50068—2001）规定，计算时取荷载标准值，不需乘分项系数，也不考虑结构重要性系数 γ_0。对于正常使用极限状态，应根据不同的设计要求，采用荷载的标准组合、频遇组合或准永久组合，并应按下列设计表达式进行设计：

$$S_d \leqslant C \tag{1-7}$$

式中　C——结构或结构构件达到正常使用要求的规定限值。例如，变形、裂缝、振幅、加速度、应力等的限值，应按各有关建筑结构设计规范的规定采用；

　　　S_d——正常使用极限状态的荷载效应（变形、裂缝和应力等）组合值。

1. 荷载效应标准组合值

荷载标准组合的效应设计值 S_d 应按下式进行计算：

$$S_d = \sum_{j=1}^{m} S_{G_j k} + S_{Q_1 k} + \sum_{i=2}^{n} \psi_{q_i} S_{Q_i k} \tag{1-8}$$

2. 荷载效应频遇组合值

荷载频遇组合的效应设计值 S_d 应按下式进行计算：

$$S_d = \sum_{j=1}^{m} S_{G_j k} + \psi_{f_1} S_{Q_1 k} + \sum_{i=2}^{n} \psi_{q_i} S_{Q_i k} \tag{1-9}$$

3. 荷载效应准永久组合值

荷载准永久组合的效应设计值 S_d 应按下式进行计算：

$$S_d = \sum_{j=1}^{m} S_{G_j k} + \sum_{i=1}^{n} \psi_{q_i} S_{Q_i k} \tag{1-10}$$

【例1-1】 某办公楼楼面采用预应力混凝土板，安全等级为二级。板长3.3 m，跨度3.18 m，板宽0.9 m，板自重2.04 kN/m²，后浇混凝土层厚40 mm，板底抹灰层厚20 mm，可变荷载取1.5 kN/m²，准永久值系数0.4。试计算按承载能力极限状态和正常使用极限状态设计时的截面弯矩设计值（设计使用年限50年）。

【解】 设计使用年限50年，$\gamma_0 = 1.0$。

永久荷载标准值计算如下：

自重	2.04 kN/m²
40 mm 后浇混凝土层	$25 \times 0.04 = 1.00$(kN/m²)
20 mm 板底抹灰层	$20 \times 0.02 = 0.40$(kN/m²)
	3.44(kN/m²)

沿板长每延米均布荷载标准值为	$0.9 \times 3.44 = 3.1$(kN/m)
可变荷载标准值为	$0.9 \times 1.5 = 1.35$(kN/m)

简支板在均布荷载作用下的弯矩为

$$M = \frac{1}{8}ql^2$$

按承载能力极限状态设计时，按可变荷载效应控制的组合弯矩设计值为

$$M = \gamma_0(\gamma_G S_{Gk} + \gamma_{Q_1}\gamma_{L_1} S_{Q_1 k})$$

$$= 1.0 \times \left(1.2 \times \frac{1}{8} \times 3.1 \times 3.18^2 + 1.4 \times 1.0 \times \frac{1}{8} \times 1.35 \times 3.18^2\right) = 7.09(kN \cdot m)$$

按正常使用极限状态设计：

(1)按荷载的标准组合时：

$$M = S_{Gk} + S_{Q_1 k}$$

$$= \frac{1}{8} \times 3.1 \times 3.18^2 + \frac{1}{8} \times 1.35 \times 3.18^2 = 5.63(kN \cdot m)$$

(2)按荷载的准永久值组合时：

$$M = S_{Gk} + \sum_{i=1}^{n} \psi_{q_i} S_{Q_i k}$$

$$= \frac{1}{8} \times 3.1 \times 3.18^2 + \frac{1}{8} \times 1.35 \times 3.18^2 \times 0.4 = 4.60(kN \cdot m)$$

本章小结

1. 我国根据建筑结构破坏后果的影响程度，将结构分为三个安全等级，破坏后果很严重的为一级；破坏后果严重的为二级；破坏后果不严重的为三级。

2. 设计使用年限是指设计规定的结构或结构构件不需进行大修即可按其预定目的使用、完成预定功能的时期，即结构在规定的条件下所应达到的使用年限。设计基准期是为确定可变作用及与时间有关的材料性能等取值而选用的时间参数，它是结构可靠度分析的一个时间范围。

3. 工程结构的功能要求应包括安全性、适用性和耐久性。

4. 整个结构或结构的一部分，超过某一特定状态就不能满足设计规定的某一功能（安全性、适用性、耐久性）要求，该特定状态称为该功能的极限状态。极限状态可分为承载能力极限状态和正常使用极限状态。

5. 凡是能够使结构产生内力、应力、位移、应变、裂缝的因素都称为结构上的作用，可分为两种，即直接作用和间接作用。荷载是直接作用。直接作用或间接作用在结构上，会使结构产生内力和变形，称为作用效应。整个结构或结构构件抵抗作用效应的能力，称为结构抗力。

6. 极限状态方程 $Z = R - S$，荷载能力极限状态设计表达式为 $\gamma_0 S_d \leqslant R_d$，正常使用极限状态设计表达式为 $S_d \leqslant C$。

思考与练习

1. 什么是结构的极限状态？结构的极限状态分为哪几类？含义各是什么？

2. 建筑结构应该满足哪些功能要求？结构的设计使用年限如何确定？结构超过其设计使用年限是否意味着不能再使用？为什么？

3. 什么是结构上的作用？作用效应是什么？结构抗力是什么？

4. 什么是结构的"设计基准期"？我国的结构设计基准期规定的年限为多长？

5. 建筑结构的安全等级是根据什么划分的？

6. 某住宅楼面梁，由恒载标准值引起的弯矩 $M_{Gk} = 45$ kN·m，由楼面活荷载标准值引起的弯矩 $M_{Qk} = 25$ kN·m，活荷载组合值系数 $\psi_c = 0.7$，结构安全等级为二级。试求按承载能力极限状态设计时梁的最大弯矩设计值 M（设计使用年限 50 年）。

7. 某钢筋混凝土矩形截面简支梁，截面尺寸 $b \times h = 200$ mm×500 mm，计算跨度 $l_0 = 4$ m，梁上作用恒载标准值（不含自重）14 kN/m，活荷载标准值 9 kN/m，活荷载组合值系数 $\psi_c = 0.7$，梁的安全等级为二级。试计算按承载能力极限状态设计时的跨中弯矩设计值（设计使用年限 50 年）。

项目2 钢筋混凝土材料的力学性能

学习目标

通过对钢筋混凝土材料力学性能的学习，了解钢筋的分类，掌握钢筋的强度和变形；掌握混凝土结构中钢筋选用要求，能根据钢筋性能和要求合理选用实际工程中所需钢筋的类型；掌握混凝土的各种强度概念，了解混凝土的变形；掌握钢筋与混凝土间粘结作用；能利用钢筋和混凝土材料性能解决实际工程问题。

任务 2.1 钢筋的性能及要求

2.1.1 钢筋的类型

1. 按加工方法分类

按加工方法的不同，钢筋可分为热轧钢筋、热处理钢筋、冷加工钢筋、钢丝和钢绞线。

(1)热轧钢筋：是低碳钢、普通低合金钢在高温状态下轧制而成的，包括光圆钢筋和带肋钢筋。混凝土结构应根据对强度、延性、连接方式、施工适应性等的要求，选用下列牌号的钢筋：

1)纵向受力普通钢筋宜采用 HRB400、HRB500、HRBF400、HRBF500 钢筋，也可采用 HPB300、HRB335、HRBF335、RRB400 钢筋。

2)梁、柱纵向受力普通钢筋应采用 HRB400、HRB500、HRBF400、HRBF500 钢筋。

3)箍筋宜采用 HPB300、HRB400、HRBF400、HRB500、HRBF500 钢筋，也可采用 HRB335、HRBF335 钢筋。

4)预应力筋宜采用预应力钢丝、钢绞线和预应力螺纹钢筋。

特别说明：RRB400 钢筋不宜用作重要部位的受力钢筋，不应用于直接承受疲劳荷载的构件。

(2)热处理钢筋：是将热轧钢筋再通过加热、淬火和回火等调质工艺处理的钢筋。热处理后钢筋强度能得到较大幅度的提高，而塑性降低并不多。

(3)冷加工钢筋：是由热轧钢筋和盘条经冷拉、冷拔、冷轧、冷扭加工而成的。冷加工的目的是提高钢筋的强度，节约钢材。但经冷加工后，钢筋的延伸率降低。近年来，冷加工钢筋的品种很多，应根据专门规程使用。

（4）钢丝和钢绞线：钢丝包括光圆钢丝、螺旋钢丝、刻痕钢丝；钢绞线是由多根高强钢丝捻制在一起，并经低温回火处理清除内应力后制成的，可分为2股、3股、7股三种。

2. 按化学成分分类

按化学成分的不同，钢筋可分为碳素钢钢筋和普通低合金钢筋。

钢筋的主要化学成分是铁元素，除铁元素外，还含有少量的碳、硅、锰等杂质元素和硫、磷等有害元素。各种化学成分含量的多少，对钢筋机械性能和可焊性的影响极大。

随含碳量的增加，钢材的硬度和强度也提高，而塑性和韧性则下降，材性变脆，其焊接性也随之变差。碳素钢钢筋按含碳量多少，又分为低碳钢钢筋、中碳钢钢筋和高碳钢钢筋。

硅、锰是作为脱氧剂加入钢中的，可使钢的强度和硬度增加并保持一定的塑性。

硫、磷是钢中的有害元素，易使钢材脆断。

除上述元素外，钢筋中还加入少量合金元素，从而获得强度高和综合性能好的钢种，在钢筋中常用的合金元素有硅、锰、钒、钛等。

3. 按有无物理屈服点分类

按有无物理屈服点，钢筋可分为软钢和硬钢。有物理屈服点的钢筋叫软钢，如热轧钢筋和冷拉钢筋；无物理屈服点的钢筋叫硬钢，如钢丝和热处理钢筋。

除以上三种分类方法外，从外形上钢筋还可分为光圆钢筋、螺纹钢筋、人字钢筋、月牙纹钢筋，如图 2-1 所示。

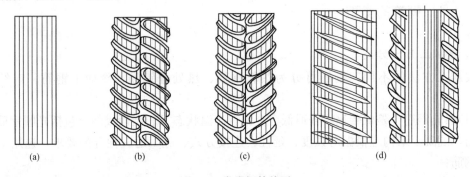

图 2-1　常用钢筋外形

(a)光圆钢筋；(b)螺纹钢筋；(c)人字钢筋；(d)月牙纹钢筋

2.1.2　钢筋的力学性能

1. 钢筋的应力-应变曲线

软钢应力-应变曲线如图 2-2 所示。在 A 点以前，应力与应变成比例变化，与 A 点对应的应力称为比例极限 σ_p。过 A 点后，应变较应力增长快，到达 $B_\pm$ 点后钢筋开始溯流，$B_\pm$ 点称为屈服上限，待 $B_\pm$ 点降至屈服下限 $B_\mathrm{下}$ 点，这时应力基本不增加而应变急剧增长，曲线接近水平线。曲线延伸至 B 点，$B_\pm B$ 段称为流幅或屈服台阶。钢筋到达屈服阶段时，虽尚未断裂，但一般已不能满足结构的设计要求，所以设计时是以这一阶段的应力值为依据，而屈服上限与加载速度、截面形式、试件表面光洁度等因素有关，通常 $B_\pm$ 点是不稳定的，

所以取其下限值 $B_下$，屈服下限也叫屈服强度，用 σ_y 表示。过 B 点以后，应力又继续上升，说明钢筋的抗拉能力又有所提高。随着曲线上升到最高点 C，相应的应力称为钢筋的极限强度 σ_b，BC 段称为钢筋的强化阶段。试验表明，过了 C 点，试件薄弱处的截面将会突然显著缩小，发生局部颈缩，变形迅速增加，应力随之下降，达到 D 点时试件被拉断。断裂后的残余应变称为伸长率，用 δ 表示。

硬钢应力-应变曲线如图 2-3 所示，由图可知这类钢筋无明显屈服强度，为了与钢筋国家标准相一致，《混凝土结构设计规范》(GB 50010—2010) 也规定，在构件承载力设计时，取极限抗拉强度 σ_b 的 85% 作为条件屈服点，即残余应变为 0.2% 的应力 $\sigma_{0.2}$ 为其条件屈服强度。

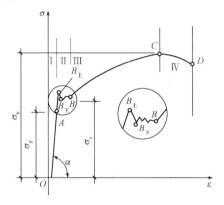

图 2-2 软钢应力-应变曲线

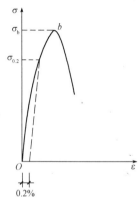

图 2-3 硬钢应力-应变曲线

另外，钢筋除要有足够的强度外，还应具有一定的塑性变形能力。钢筋的塑性指标除了前面提到的伸长率外还有冷弯性能。这两个指标反映了钢筋的塑性性能和变形能力。冷弯是将直径为 d 的钢筋围绕直径为 D 的弯芯弯曲到规定的角度，若此时钢筋无裂纹断裂及起层现象，则表示合格。弯芯的直径 D 越小，弯转角越大，说明钢筋的塑性越好。伸长率越大塑性越好。

普通钢筋强度标准值见表 2-1，普通钢筋强度设计值见表 2-2，钢筋弹性模量见表 2-3。

表 2-1 普通钢筋强度标准值　　　　　　　　　　　　　N/mm²

牌号	符号	公称直径 d/mm	屈服强度标准值 f_{yk}	极限强度标准值 f_{stk}
HPB300	φ	6～22	300	420
HRB335 HRBF335	Φ Φ^F	6～50	335	455
HRB400 HRBF400 RRB400	Φ Φ^F Φ^R	6～50	400	540
HRB500 HRBF500	Φ Φ^F	6～50	500	630

表 2-2　普通钢筋强度设计值　　　　　　　　　　　　　　　　　　　N/mm²

牌　号	抗拉强度设计值 f_y	抗压强度设计值 f'_y
HPB300	270	270
HRB335、HRBF335	300	300
HRB400、HRBF400、RRB400	360	360
HRB500、HRBF500	435	410

表 2-3　钢筋弹性模量　　　　　　　　　　　　　　　　　　　　　×10⁵ N/mm²

牌号或种类	弹性模量 E_s
HPB300 钢筋	2.10
HRB335、HRB400、HRB500 钢筋 HRBF335、HRBF400、HRBF500 钢筋 RRB400 钢筋 预应力螺纹钢筋	2.00
消除应力钢丝、中强度预应力钢丝	2.05
钢绞线	1.95

注：必要时可采用实测的弹性模量。

2. 混凝土结构对钢筋的要求

(1)强度的要求。所谓钢筋强度，是指钢筋的屈服强度及极限强度。钢筋的屈服强度是设计计算时的主要依据(对无明显流幅的钢筋，取它的条件屈服点)。

(2)足够的塑性。为了使钢筋在断裂前有足够的变形，要求钢材有一定的塑性，在钢筋混凝土结构中，能给出构件将要破坏的预告信号，同时要保证钢筋冷弯的要求，通过试验检验钢材承受弯曲变形的能力以间接反映钢筋的塑性性能。

(3)可焊性。可焊性即焊接后不应产生裂纹及过大的变形，以保证焊接接头性能良好。可焊性是评定钢筋焊接后的接头性能的指标。

(4)与混凝土的粘结力。为了保证钢筋与混凝土共同工作，钢筋与混凝土之间必须有足够的粘结力。钢筋表面的形状是影响粘结力的重要因素。

任务 2.2　混凝土的力学性能

2.2.1　混凝土的强度

1. 立方体抗压强度

混凝土结构主要是利用混凝土的抗压强度。因此，抗压强度是混凝土力学性能中最基本的指标，混凝土的强度等级是用立方体的抗压强度来划分的。

国家标准《普通混凝土力学性能试验方法标准》(GB/T 50081—2002)规定，以边长为 150 mm 的立方体为标准试件，在温度为(20±5)℃的环境中静置一昼夜至二昼夜，然后编号、拆模。拆模后应立即放入温度为(20±2)℃，相对湿度为 95% 以上的标准养护室中养护，或在温度为(20±2)℃的不流动的 $Ca(OH)_2$ 饱和溶液中养护。养护 28 d，按照标准试验方法测得的抗压强度作为混凝土的立方体抗压强度，单位为 N/mm^2。立方体抗压强度是混凝土的基本强度指标，混凝土结构设计中使用的其他强度值都可以根据立方体强度值换算得出。

混凝土强度等级应按立方体抗压强度标准值确定，用 $f_{cu,k}$ 表示。即用上述标准试验方法测得的具有 95% 保证率的立方体抗压强度作为混凝土的强度等级。《混凝土结构设计规范》(GB 50010—2010)规定的混凝土强度等级有 C15、C20、C25、C30、C35、C40、C45、C50、C55、C60、C65、C70、C75 和 C80，共十四个等级。

《混凝土结构设计规范》(GB 50010—2010)规定，素混凝土结构的强度等级不应低于 C15；钢筋混凝土结构的混凝土强度等级不应低于 C20；采用强度等级 400 MPa 及以上钢筋时，混凝土强度等级不应低于 C25；承受重复荷载的钢筋混凝土构件，混凝土强度等级不应低于 C30。预应力混凝土结构的混凝土强度等级不宜低于 C40，且不应低于 C30。

2. 轴心抗压强度

在实际工程中，一般的受压构件不是立方体而是棱柱体，《普通混凝土力学性能试验方法标准》(GB/T 50081—2002)规定，以 150 mm×150 mm×300 mm 的棱柱体作为混凝土轴心抗压强度试验的标准试件，又称为棱柱体抗压强度。由于棱柱体试件的高度越大，试验机压板与试件之间摩擦力对试件高度中部的横向变形的约束影响越小，所以棱柱体试件的抗压强度都比立方体的强度值小，并且棱柱体试件高宽比越大，强度越小。但是当试件的高宽比为 2～3 时，可以基本消除影响。《混凝土结构设计规范》(GB 50010—2010)规定，以上述棱柱体试件试验测得的具有 95% 保证率的抗压强度为混凝土轴心抗压强度标准值，用符号 f_{ck} 表示。轴心抗压强度标准值与立方体抗压强度标准值的关系按下式确定：

$$f_{ck}=0.88\alpha_{c1}\alpha_{c2}f_{cu,k} \tag{2-1}$$

式中　α_{c1}——棱柱体强度与立方体强度之比，对混凝土强度等级为 C50 及以下的取 $\alpha_{c1}=$ 0.76，对 C80 取 $\alpha_{c1}=0.82$，在此之间按直线规律变化取值；

　　　α_{c2}——高强度混凝土的脆性折减系数，对 C40 及以下取 $\alpha_{c2}=1.00$，对 C80 取 $\alpha_{c2}=$ 0.87，中间按直线规律变化取值；

0.88——考虑实际构件与试件混凝土强度之间的差异而取用的折减系数。

3. 轴心抗拉强度

混凝土的轴心抗拉强度也是混凝土的基本力学指标之一，可用它间接地衡量混凝土的冲切强度等其他力学性能。混凝土的轴心抗拉强度可以采用直接轴心受拉的试验方法来测定。但是由于其内部的不均匀性，加之安装试件的偏差等原因，准确测定抗拉强度是很困难的。所以，国内外也常用圆柱体或立方体的劈裂试验来间接测试混凝土的轴心抗拉强度。

轴心抗拉强度试验的结果表明，混凝土轴心抗拉强度只有立方抗压强度的 1/17～1/8，混凝土强度等级越高，这个比值越小。

混凝土强度标准值见表 2-4，混凝土强度设计值见表 2-5，混凝土弹性模量见表 2-6。

表 2-4　混凝土强度标准值　　　　　　　　　N/mm²

强度种类	符号	混凝土强度等级						
		C15	C20	C25	C30	C35	C40	C45
轴心抗压	f_{ck}	10.0	13.4	16.7	20.1	23.4	26.8	29.6
轴心抗拉	f_{tk}	1.27	1.54	1.78	2.01	2.20	2.39	2.51
强度种类	符号	混凝土强度等级						
		C50	C55	C60	C65	C70	C75	C80
轴心抗压	f_{ck}	32.4	35.5	38.5	41.5	44.5	47.4	50.2
轴心抗拉	f_{tk}	2.64	2.74	2.85	2.93	2.99	3.05	3.11

表 2-5　混凝土强度设计值　　　　　　　　　N/mm²

强度种类	符号	混凝土强度等级						
		C15	C20	C25	C30	C35	C40	C45
轴心抗压	f_c	7.2	9.6	11.9	14.3	16.7	19.1	21.1
轴心抗拉	f_t	0.91	1.10	1.27	1.43	1.57	1.71	1.80
强度种类	符号	混凝土强度等级						
		C50	C55	C60	C65	C70	C75	C80
轴心抗压	f_c	23.1	25.3	27.5	29.7	31.8	33.8	35.9
轴心抗拉	f_t	1.89	1.96	2.04	2.09	2.14	2.18	2.22

表 2-6　混凝土弹性模量　　　　　　　　　×10⁴ N/mm²

强度等级	C15	C20	C25	C30	C35	C40	C45	C50	C55	C60	C65	C70	C75	C80
E_c	2.20	2.55	2.80	3.00	3.15	3.25	3.35	3.45	3.55	3.60	3.65	3.70	3.75	3.80

注：1. 当有可靠试验依据时，弹性模量可根据实测数据确定；

　　2. 当混凝土中掺有大量矿物掺和料时，弹性模量可按规定龄期根据实测数据确定。

2.2.2　混凝土的变形

混凝土的变形可分为两类：一类是荷载作用下的受力变形，包括一次短期加载、多次重复加载及荷载长期作用下的变形；另一类是体积变形，一般指混凝土收缩、膨胀及由于温度变化产生的变形。

1. 一次短期加载下混凝土的变形性能

混凝土受压时的应力-应变关系是混凝土最基本的力学性能之一。一次短期加载是指荷载从零开始单调增加至试件破坏，也称为单调加载。

我国采用棱柱体试件来测定一次短期加载下混凝土的应力-应变关系曲线。如图 2-4 所示为实测的典型混凝土棱柱体受压应力-应变。试验过程中采用等应变速度加载，曲线包括上升段和下降段两部分，上升段(OC)又分为三段，C 点对应混凝土应力为轴心抗压强度 f_c，相应的应变称为峰值应变 ε_0，其值在 0.001 5~0.002 5 之间波动，通常取 0.002。从加载至应力为(0.3~0.4)f_c 的 A 点为第一阶段，应力-应变曲线可视为直线，混凝土处于弹性阶段，

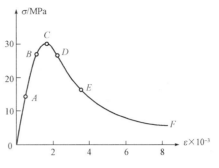

图 2-4　混凝土受压应力-应变关系

A 点称为比例极限点。超过 A 点后，随应力增加，裂缝开始扩展，应力-应变曲线逐渐偏离直线，混凝土的应变由弹性应变和塑性应变组成，且后者所占比例越来越大。在下降段，应变达到极限值 ε_{cu} 时混凝土破坏。结构计算中一般取 ε_{cu}＝0.003~0.003 5，《混凝土结构设计规范》(GB 50010—2010)取 ε_{cu}＝0.003 3。

2. 混凝土在重复荷载作用下的变形(疲劳变形)

工程结构中存在的大量疲劳现象都是在荷载重复作用下产生的，如钢筋混凝土吊车梁受到重复荷载的作用，钢筋混凝土道桥受到车辆振动的影响以及港口海岸的混凝土结构受到波浪冲击而损伤等都属于疲劳破坏现象。疲劳破坏的特征是裂缝小而变形大，重复加载作用下，混凝土的变形模量和强度都明显降低。

3. 混凝土在长期荷载作用下的变形(徐变)

结构或材料承受的荷载或者应力不变，而应变或变形随时间增长的现象称为徐变。混凝土的徐变对钢筋混凝土结构既有有利影响又有不利影响。有利影响：在某种情况下，徐变有利于防止结构裂缝形成；有利于构件的应力重分布，减少应力集中现象及减少温度应力等。不利影响：由于混凝土的徐变使构件变形增大，在预应力混凝土构件中，徐变会导致预应力损失；徐变使受弯和偏心受压构件的受压区变形加大，故而使受弯构件挠度增加，使偏心受压构件的附加偏心距增大进而导致构件承载能力的降低。因弊大于利，在工程实际中应尽量减少徐变。影响徐变的因素可归结为三个方面：内在因素、环境影响、应力因素。混凝土的组成成分水泥用量越多，徐变越大；水灰比越大，徐变也越大。混凝土的龄期越早，徐变越大。混凝土的制作方法、养护条件，特别是养护时的温度和湿度对徐变也有重要影响，养护时温度高、湿度大，水泥水化作用充分，徐变越小。而受到荷载作用后所处的环境温度越高、湿度越低，则徐变越大。构件的形状、尺寸也会影响徐变值，大尺寸试件内部失水受到限制，徐变减小。混凝土的徐变与混凝土的应力大小有着密切的关系，应力越大徐变也越大。

4. 混凝土的收缩与膨胀

混凝土凝结硬化时，在空气中体积收缩，在水中体积膨胀。通常，收缩值比膨胀值大很多。混凝土收缩主要是由于干燥失水和碳化作用引起的。混凝土收缩量与混凝土的组成有着密切的关系。水泥用量越多，水灰比越大，收缩越大；集料越坚实(弹性模量越高)，更能限制水泥浆的收缩；集料粒径越大，越能抵抗砂浆的收缩，而且在同一稠度条件下，混凝土用水量就越少，从而减少了混凝土的收缩。由于干燥失水引起混凝土收缩，所以养护方法、存放及使用环境的温湿度条件是影响混凝土收缩的重要因素。在高温下湿养时，水泥水化作用加快，使可供蒸发的自由水分较少，从而使收缩减小；使用环境温度越高，相对湿度越小，其收缩越大。

任务 2.3　钢筋与混凝土间的粘结

2.3.1　粘结力的组成

钢筋混凝土受力后，钢筋与混凝土之间出现变形差（相对滑移），会沿钢筋和混凝土接触面上产生剪应力，称为粘结力。钢筋和混凝土通过粘结力传递二者之间的应力，使钢筋和混凝土变形协调、共同工作。粘结力由三部分组成，即化学胶结力、摩擦力和机械咬合力。其中化学胶结力取决于水泥的性质和钢筋表面的粗糙程度。这种力一般较小，只在钢筋和混凝土界面存在，当接触面发生相对滑移时就消失。摩擦力取决于混凝土发生收缩、荷载、钢筋和混凝土之间的粗糙程度等。钢筋和混凝土之间的挤压力越大、接触面越粗糙，摩擦力越大，光圆钢筋以此为主。机械咬合力是由于钢筋表面凹凸不平与混凝土产生的机械咬合作用而产生，其大小取决于混凝土的抗剪强度。它是变形钢筋粘结力的主要来源，是锚固作用的主要成分。

2.3.2　粘结强度及其影响因素

钢筋的粘结强度通常采用直接拔出试验来测定反映弯矩的作用，也用梁式试件进行弯曲拔出试验，如图 2-5 所示。由直接拔出试验，钢筋和混凝土之间的平均粘结应力，可表示为

$$t = \frac{N}{\pi d l} \tag{2-2}$$

式中　N——钢筋的拉力；

　　　d——钢筋的直径；

　　　l——粘结长度。

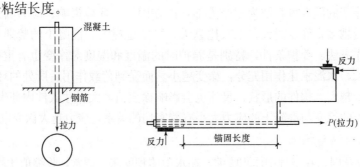

图 2-5　直接拔出试验和弯曲拔出试验

影响钢筋与混凝土粘结强度的因素很多，主要因素有混凝土强度、保护层厚度及钢筋净间距、横向配筋及侧向压应力，以及浇筑混凝土时钢筋的位置等。混凝土的强度等级越高，粘结强度越高；保护层厚度大，钢筋净距大，粘结强度越高；钢筋的直径小，粘结强度高，螺纹钢筋比月牙纹钢筋粘结强度高；配置横向箍筋，能提高粘结强度；横向压应力

的存在可约束混凝土的横向变形，使钢筋与混凝土间抵抗滑动的摩擦阻力增大，因而可以提高粘结强度；浇筑混凝土时，深度过大，钢筋底面的混凝土会出现沉淀收缩和离析泌水，气泡逸出，使混凝土与钢筋之间产生强度较低的疏松空隙层，从而削弱钢筋与混凝土的粘结作用。对高度较大的梁，工程上适用分层浇筑和采用二次振捣。

2.3.3 保证粘结的措施

《混凝土结构设计规范》(GB 50010—2010)采用不进行粘结计算，用构造措施来保证混凝土与钢筋粘结的方法。

保证粘结的构造措施有以下几个方面。

(1)对不同等级的混凝土和钢筋，要保证最小搭接长度和锚固长度。

(2)为了保证混凝土与钢筋之间有足够的粘结，必须满足钢筋最小间距和混凝土保护层最小厚度的要求。

(3)在钢筋的搭接接头范围内应加密箍筋。

(4)为了保证足够的粘结，在钢筋端部应设置弯钩。

另外，钢筋表面粗糙程度影响摩擦阻力，从而影响粘结强度。轻度锈蚀的钢筋，其粘结强度要比新轧制的无锈钢筋高，比除锈处理的钢筋更高。所以，一般除重锈钢筋外，可不必除锈。

本章小结

1. 钢筋按加工方法的不同，可分为热轧钢筋、热处理钢筋、冷加工钢筋、钢丝和钢绞线；按化学成分的不同，可分为碳素钢钢筋和普通低合金钢筋；按有无物理屈服点的不同，可分为软钢和硬钢。

2. 钢筋的强度设计依据是：对于软钢为屈服强度，对于硬钢则为条件屈服强度。

3. 我国规范规定采用立方体抗压强度标准值作为评定混凝土强度等级的标准，它同时是混凝土的基本强度指标。

4. 应根据不同的结构构件情况，选择合理的混凝土强度等级。

5. 粘结力是钢筋和混凝土变形协调、共同工作的基础，其影响因素很多，工程中应采取必要的措施来保证。

思考与练习

1. 我国用于钢筋混凝土结构的钢筋有哪几种？我国热轧钢筋的强度分为几个等级？

2. 荷载作用下软钢和硬钢的应力-应变曲线有哪些特点？

3. 钢筋混凝土结构对钢筋的性能有哪些要求？

4. 混凝土的强度等级是如何确定的?

5. 什么叫混凝土徐变? 混凝土徐变对结构有什么影响?

6. 混凝土收缩对钢筋混凝土构件有何影响? 收缩与哪些因素有关? 如何减少收缩?

7. 什么是钢筋和混凝土之间的粘结力? 影响钢筋和混凝土粘结强度的主要因素有哪些? 为保证钢筋和混凝土之间有足够的粘结力, 要采取哪些措施?

项目3 钢筋混凝土受弯构件设计

学习目标

通过对钢筋混凝土受弯构件设计的学习，掌握钢筋混凝土受弯构件正截面和斜截面承载力配筋计算；掌握受弯构件变形及裂缝宽度验算；了解受弯构件的基本构造要求。

任务3.1 受弯构件构造要求

3.1.1 受弯构件简介

受弯构件是指截面上仅有弯矩和剪力作用的构件，它是钢筋混凝土结构工程中应用最广泛的一种构件。一般房屋建筑中的梁、板以及楼梯和过梁都是典型的受弯构件。

钢筋混凝土受弯构件在荷载作用下，可能发生两种主要破坏：一种是沿弯矩最大的截面破坏，破坏截面垂直于构件的轴线，称为正截面破坏；另一种是沿剪力最大或剪力和弯矩都较大的截面破坏，破坏截面与构件的轴线斜交，称为斜截面破坏。因此，对受弯构件进行承载能力极限状态计算时，既要保证不沿正截面破坏，对受弯构件进行正截面（受弯）承载力计算，又要保证不沿斜截面破坏，对受弯构件进行斜截面承载力计算。另外，还需对受弯构件进行正常使用极限状态的校核。

本项目首先讨论最常见的单筋矩形截面、双筋矩形截面和单筋T形截面受弯构件正截面承载力计算。同时，介绍钢筋混凝土梁、板中与正截面承载力计算有关的部分构造要求。其次，介绍受弯构件斜截面承载力计算。最后，介绍受弯构件正常使用极限状态的校核。钢筋混凝土受弯构件结构设计内容如图3-1所示。

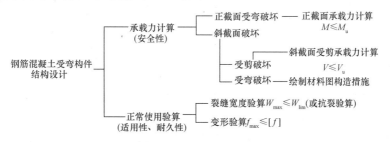

图3-1 钢筋混凝土受弯构件结构设计内容

3.1.2 一般构造要求

3.1.2.1 梁的构造要求

1. 截面形式与尺寸

梁的截面形式常用的有矩形、T形、I形、环形等对称和不对称截面，如图3-2所示。

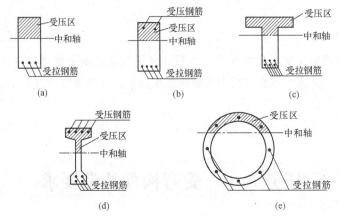

图 3-2 梁的截面形式

(a)单筋矩形梁；(b)双筋矩形梁；(c)T形梁；(d)I形梁；(e)环形梁

梁的截面尺寸宜符合下述要求：

(1)梁的高度。梁截面高度 h 与跨度及所受荷载有关，一般按高跨比估计，见表3-1。同时，考虑便于施工和利于模板的定型化，构件截面尺寸宜统一规格，通常采用 $h=250$ mm、300 mm、350 mm、750 mm、800 mm、900 mm、1 000 mm 等尺寸。800 mm 以下的级差为 50 mm，以上的为 100 mm。

表 3-1 梁截面高度初估值

构件种类		h/l
整体肋形梁	次梁	1/18～1/12
	主梁	1/14～1/8
矩形截面独立梁	简支梁	≥1/14
	连续梁	≥1/18

(2)梁的高宽比。梁的截面宽度常用高宽比 h/b 确定：矩形截面，该比值为 2.0～3.5；T形截面，该比值为 2.5～4.0。通常采用 $b=150$ mm、180 mm、200 mm 等，大于 200 mm 时采用 50 mm 的倍数。

2. 梁的配筋

梁中的钢筋有纵向受力钢筋、弯起钢筋、纵向构造钢筋(腰筋)、箍筋和架立钢筋，如图3-3所示。

(1)纵向受力钢筋⑤。梁底部纵向受力钢筋主要承受弯矩产生的拉力，一般不少于2根，直径常用10～32 mm。设计中若采用两种不同直径的钢筋，钢筋直径相差至少2 mm，以便

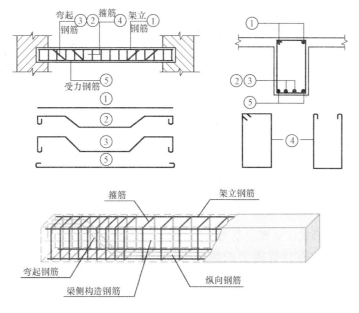

图 3-3　梁的钢筋骨架

在施工中能用肉眼识别；同时，直径不应相差过分悬殊，以免造成钢筋受力不均匀，一般控制在 6 mm 范围内。钢筋数量较多时，可多排配置。

（2）弯起钢筋②、③。弯起钢筋由纵向钢筋在支座附近弯起形成，它在跨中承受弯矩产生的拉力，斜弯段承受剪力，弯起后水平段可承受支座位置处的负弯矩产生的拉力。弯起钢筋的弯起角度：当梁高 $h \leqslant 800$ mm 时采用 $45°$；当梁高 $h > 800$ mm 时采用 $60°$。

（3）箍筋④。箍筋又称为钢箍或横向钢筋，是设置在纵筋外侧，方向与纵筋垂直并将纵筋紧紧箍住的钢筋。所起作用：承受构件的剪力；防止受压纵筋压屈；固定纵向受力钢筋形成钢筋骨架，便于浇筑混凝土；连系受拉及受压钢筋共同工作。

箍筋级别：梁内的箍筋宜采用 HPB300 级和 HRB335 级，也可采用 HRB400 钢筋。

箍筋直径：箍筋直径一般为 6～10 mm。箍筋最小直径见表 3-2。

表 3-2　箍筋最小直径

梁高 h/mm	箍筋最小直径/mm
≤800	6
>800	8
配有受压筋	≥$d/4$（d 为纵向受压钢筋的最大直径）

箍筋位置：按计算不需要箍筋的梁，梁中仍需按构造配置箍筋。当梁截面高度大于 300 mm 时，仍应沿梁全长设置箍筋；当梁截面高度为 150～300 mm 时，可仅在构件端部各 1/4 跨度范围内设置箍筋，但当在构件中部 1/2 跨度范围内有集中荷载时，则应沿梁全长设置箍筋；当梁截面高度在 150 mm 以下时，可不设置箍筋。

箍筋间距：梁中箍筋间距由构造或计算确定，一般为 150 mm、200 mm、250 mm、300 mm、350 mm、400 mm。梁中箍筋的最大间距宜符合表 3-3 的规定。

表 3-3　梁中箍筋的最大间距 s_{max}　　　　　　　　　　　mm

梁高 h/mm	$V>0.7f_tbh_0$	$V\leqslant0.7f_tbh_0$
$150<h\leqslant300$	150	200
$300<h\leqslant500$	200	300
$500<h\leqslant800$	250	350
$h>800$	300	400

箍筋形式：箍筋形式依梁宽及受力筋数而定，如图 3-4 所示。在梁中配有计算需要的纵向受压钢筋时，为了使受压钢筋不因屈曲影响抗力，箍筋应当符合下列要求：箍筋应做成封闭式，当梁的宽度大于 400 mm，并且一层内的纵向受压钢筋多于 3 根时；当梁的宽度不大于 400 mm，但一层内的纵向受压钢筋多于 4 根时，应设置复合箍筋(如四肢箍)。

（4）架立钢筋①。设置在梁的受压区，用以固定箍筋位置，形成钢筋骨架并能承受混凝土收缩和温度变化所产生的内应力的构造钢筋。架立钢筋的直径，当梁的跨度<4 m 时，不宜<8 mm；当梁的跨度在 4～6 m 范围时，不宜<10 mm；当梁的跨度>6 m 时，不宜<12 mm。

（5）纵向构造钢筋。当梁扣除翼缘厚度后的截面

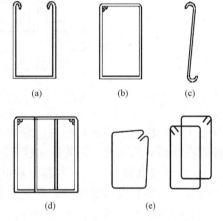

图 3-4　箍筋形式
(a)开口式双肢箍；(b)封闭式双肢箍
(c)单肢箍；(d)四肢箍；(e)钢筋弯制

高度≥450 mm 时，在梁的两侧应沿高度配置纵向构造钢筋(图 3-5)，每侧纵向构造钢筋(不包括受力钢筋及架立钢筋)的截面面积不应小于扣除翼缘厚度后的梁截面面积的 0.1%。纵向构造钢筋的间距不宜>200 mm，直径为 10～14 mm。

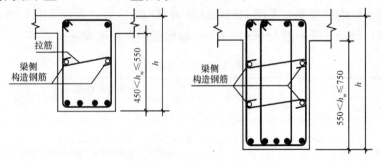

图 3-5　梁侧构造钢筋

3. 钢筋净距

为保证混凝土浇筑的密实性，梁底部钢筋的净距不小于 25 mm 及钢筋直径 d，梁上部钢筋的净距不小于 30 mm 及钢筋直径 $1.5d$，如图 3-6 所示。

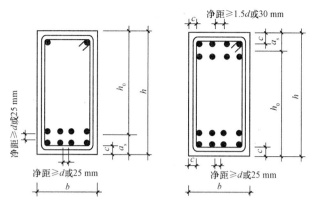

图 3-6　梁内钢筋净距

3.1.2.2　板的构造要求

1. 板的截面形式及尺寸

钢筋混凝土板常用截面有矩形板、槽形板和空心板等形式，如图 3-7 所示。

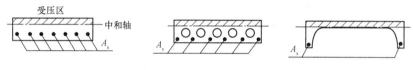

图 3-7　板常用的截面形式

现浇板的宽度一般较大，设计时可取单位宽度（$b=1\,000$ mm）进行计算。根据板的不同类别，《混凝土结构设计规范》（GB 50010—2010）规定，现浇钢筋混凝土板的最小厚度，见表 3-4。

表 3-4　现浇钢筋混凝土板的最小厚度　　　　　　　　　　　　　　　　　mm

板的类别		最小厚度
单向板	屋面板	60
	民用建筑楼板	60
	工业建筑楼板	70
	行车道下的楼板	80
双向板		80
密肋楼盖	面板	50
	肋高	250
悬臂板（板部）	悬臂长度小于或等于 500 mm	60
	悬臂长度 1 200 mm	100
无梁楼板		150
现浇空心楼盖		200

板的跨厚比：钢筋混凝土单向板不大于 30，双向板不大于 40；无梁支承的有柱帽板不大于 35，无梁支承的无柱帽板不大于 30；预应力板可适当增加；当板的荷载、跨度较大时

宜适当减小。

2. 板内钢筋

(1)受力钢筋。受力钢筋沿板的跨度方向布置，板的受力钢筋常用 HPB300 级、HRB335 级和 HRB400 级钢筋，常用直径是 6 mm、8 mm、10 mm、12 mm，其中现浇板的板面钢筋直径不宜小于 8 mm。

板中受力钢筋的间距一般为 70～200 mm；板厚 $h \leqslant 150$ mm 时，钢筋间距$\leqslant 200$ mm；$h > 150$ mm 时，钢筋间距$\leqslant 1.5h$ 且$\leqslant 250$ mm，如图 3-8 所示。

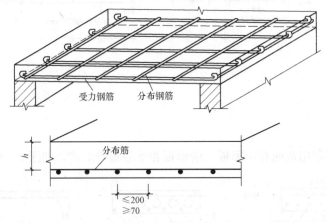

图 3-8　板内受力钢筋布置

(2)分布钢筋。分布钢筋的作用是把荷载传递到受力钢筋上，施工时固定受力钢筋的位置，承担垂直于板跨方向因温度变化及混凝土收缩产生的拉应力。分布钢筋宜采用 HPB300 级、HRB335 级和 HRB400 级钢筋，常用直径是 6 mm 和 8 mm。单位长度上分布钢筋的截面面积不宜小于单位宽度上受力钢筋截面面积的 15%，且不应小于该方向板截面面积的 0.15%，分布钢筋的间距不宜大于 250 mm，直径不宜小于 6 mm，如图 3-9 所示。

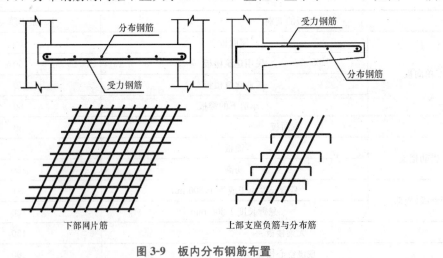

图 3-9　板内分布钢筋布置

特别说明： 受力钢筋应布置在受拉一侧，对悬臂板，受力钢筋应在上侧，分布钢筋在下侧。

3.1.2.3　混凝土保护层厚度及截面配筋率的要求

1. 混凝土保护层厚度

混凝土保护层厚度是指结构构件中最外层钢筋外边缘（箍筋外皮）至构件表面范围用于保护钢筋的混凝土厚度，如图 3-10 所示。

混凝土保护层的作用：保护纵向钢筋不被锈蚀；发生火灾时延缓钢筋温度上升；保证纵向钢筋与混凝土的较好粘结。

最外层钢筋的混凝土保护层厚度应符合表 3-5 的要求，受力钢筋的混凝土保护层厚度不应小于钢筋直径。

图 3-10　混凝土保护层厚度

表 3-5　混凝土保护层的最小厚度 c　　　　　　　　　　mm

环境类别	板、墙、壳	梁、柱、杆
一	15	20
二 a	20	25
二 b	25	35
三 a	30	40
三 b	40	50

注：1. 混凝土强度等级不大于 C25 时，表中保护层厚度数值应增加 5 mm；
　　2. 钢筋混凝土基础宜设置混凝土垫层，基础中钢筋的混凝土保护层厚度应从垫层顶面算起，且不应小于 40 mm。

2. 截面的有效高度

截面的有效高度 h_0 为纵向受拉钢筋合力点至截面受压区边缘的竖向距离，如图 3-11 所示。图中 $h_0 = h - a_s$；a_s 为纵向受拉钢筋的合力点至截面受拉边缘的竖向距离，在进行截面配筋计算时，通常需要先估算。当梁中布置单排钢筋时，$a_s = c + \dfrac{d}{2} + \phi \approx (35 \sim 40)$ mm，其中 c 为混凝土保护层厚度，d 为纵向受拉钢筋直径，ϕ 为箍筋直径。如布置双排钢筋，$a_s = c + d + \phi + \dfrac{e}{2} \approx (60 \sim 65)$ mm，其中 d 为自受拉区边缘第一排纵向受拉钢筋的直径，e 为两排钢筋间净距。

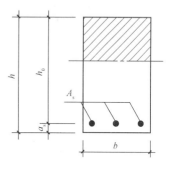

图 3-11　配筋率

3. 纵向受拉钢筋的配筋率

纵向受拉钢筋总截面面积 A_s 与正截面的有效面积 bh_0 的比值（图 3-11），称为纵向受拉钢筋的配筋百分率，用 ρ 表示，或简称配筋率，用百分数来计量，即

$$\rho = \frac{A_s}{bh_0} \tag{3-1}$$

式中　b——截面宽度；

h_0——截面的有效高度($h_0=h-a_s$，为纵向受拉钢筋合力点至截面受压区边缘的竖向距离；a_s 为纵向受拉钢筋的合力点至截面受拉边缘的竖向距离)；

A_s——纵向受拉钢筋总截面面积(mm^2)；

纵向受拉钢筋的配筋率 ρ 在一定程度上标志了正截面上纵向受拉钢筋与混凝土之间的面积比率，它是对梁的受力性能有很大影响的一个重要指标。

任务3.2　受弯构件正截面承载力计算

在前面内容中已给出结构构件承载能力极限状态设计表达式，一般工业与民用建筑(安全等级为二级)的结构构件取结构重要性系数 $\gamma_0=1$，这样对于钢筋混凝土受弯构件正截面承载力计算，表达式就化为

$$M \leqslant M_u$$

式中　M——外荷载作用在受弯构件正截面上产生的弯矩设计值(荷载效应)；

M_u——构件截面的破坏弯矩，即受弯承载力(结构抗力)。

如何确定正截面的受弯承载力即破坏弯矩 M_u，是正截面承载力计算中所要讨论的关键问题。由于钢筋混凝土受弯构件的受力性能不同于均质弹性体受弯构件。在这种情况下，为了确定 M_u 的计算原则，就需要通过试验来掌握钢筋混凝土梁在荷载作用下的截面应力应变分布规律和破坏特征。

3.2.1　正截面受弯的三种破坏形态

试验表明，梁的正截面破坏形式与钢筋含量、混凝土强度等级和截面形式等有关，影响最大的是梁内纵向受力钢筋的含量，由于纵向受拉钢筋配筋百分率的不同，受弯构件正截面受弯破坏形态有少筋破坏、适筋破坏和超筋破坏三种。如图 3-12 所示，与这三种破坏形态相对应的梁称为少筋梁、适筋梁和超筋梁。

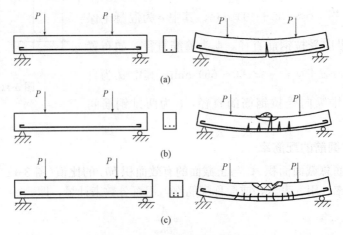

图 3-12　梁正截面破坏情况

(a)少筋梁；(b)适筋梁；(c)超筋梁

1. 少筋梁

配筋率小于最小配筋率($\rho < \rho_{min}$)的梁称为少筋梁。少筋梁钢筋，有可能在梁一开裂时就进入强化段最终被拉断，梁的破坏与素混凝土梁类似，属于受拉"脆性破坏"的性质。少筋梁的这种受拉脆性破坏比超筋梁受压脆性破坏更为突然，很不安全，因此在建筑结构中不容许采用。

2. 适筋梁

配置适量($\rho_{min} \leqslant \rho \leqslant \rho_{max}$)纵向受力钢筋的梁称为适筋梁。适筋梁的正截面受弯破坏过程分为三个阶段，如图 3-13 所示。

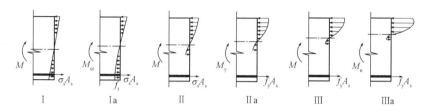

图 3-13　适筋梁的正截面受弯破坏过程

(1)第一阶段——截面开裂前的未裂阶段。当荷载很小时，截面上的内力很小，应力与应变成正比，截面的应力分布为直线(图 3-13 Ⅰ)，这种受力阶段称为第 Ⅰ 阶段。当荷载不断增大时，截面上的内力也不断增大，由于受拉区混凝土出现塑性变形，受拉区的应力图形为曲线。当荷载增大到某一数值时，受拉区边缘的混凝土可达其实际的抗拉强度和抗拉极限应变值。截面处在开裂前的临界状态，即第 Ⅰ 阶段末，用 Ⅰa 表示。Ⅰa 梁处于将裂未裂的极限状态，故对于不允许出现裂缝的受弯构件，此时的应力状态可作为其抗裂度计算的依据。

(2)第二阶段——带裂缝工作阶段。梁在各受力阶段的应力、应变图截面受力达 Ⅰa 阶段后，荷载只要稍许增加，截面立即开裂，截面上应力发生重分布，裂缝处混凝土不再承受拉应力，钢筋的拉应力突然增大，受压区混凝土出现明显的塑性变形，应力图形为曲线，这种受力阶段称为第 Ⅱ 阶段。荷载继续增加，裂缝进一步开展，钢筋和混凝土的应力不断增大。当荷载增加到某一数值时，受拉区纵向受力钢筋开始屈服，钢筋应力达到其屈服强度 f_y，梁此时承担的弯矩 M_y 为屈服弯矩，它标志截面进入第 Ⅱ 阶段末，用 Ⅱa 表示。第 Ⅱ 阶段的应力状态代表了受弯构件在使用时的应力状态，故可作为构件在使用阶段裂缝宽度和挠度计算的依据。

(3)第三阶段——破坏阶段。钢筋屈服，截面曲率和梁挠度突然增大，裂缝宽度随着扩展并沿梁高向上延伸，中性轴继续上移，受压区高度进一步减小。受压区塑性特征表现得更为充分，受压区应力图形更趋丰满。由于混凝土受压具有很长的下降段，因此梁的变形可持续较长，但有一个最大弯矩 M_u。超过 M_u 后，承载力将有所降低，直至压区混凝土压碎。M_u 称为极限弯矩，此时的受压边缘混凝土的压应变称为极限压应变 ε_{cu}，对应截面受力状态为"Ⅲa 状态"。超过该应变值，压区混凝土即开始压坏，表明梁达到极限承载力。第 Ⅲ 阶段末 Ⅲa 时，应力状态可作为受弯构件正截面承载能力计算的依据。

破坏前，梁内裂缝宽度的发展和挠度增加是梁即将破坏的明显预兆，有一个破坏的过程，所以称为"塑性破坏"。这种梁在破坏时充分发挥了受拉钢筋和受压混凝土的作用，因此，称为"适筋梁"。

3. 超筋梁

配筋率超过最大配筋率($\rho > \rho_{\max}$)的梁称为超筋梁，此时发生超筋破坏形态，其特点是混凝土受压区先压碎，纵向受拉钢筋不屈服。在受压区边缘纤维应变到达混凝土受弯极限压应变值时，钢筋应力尚小于屈服强度，但此时梁已告破坏。试验表明，钢筋在梁破坏前仍处于弹性工作阶段，裂缝开展不宽，延伸不高，梁的挠度亦不大。它在没有明显预兆的情况下由于受压区混凝土被压碎而突然破坏，属于"脆性破坏"的性质。超筋梁虽配置过多的受拉钢筋，但由于梁破坏时其应力低于屈服强度，不能充分发挥作用，造成钢材的浪费。这不仅不经济，而且破坏前没有预兆，故设计中不允许采用超筋梁。

综上所述，少筋破坏和超筋破坏都具有脆性性质，破坏前无明显预兆，破坏时将造成严重后果，材料的强度得不到充分利用。因此，应避免将受弯构件设计成少筋构件和超筋构件，只允许设计成适筋构件。后面将所讨论的范围限制在适筋构件范围以内，并且将通过控制配筋率和相对受压区高度等措施使设计的构件成为适筋构件。

3.2.2 受弯构件正截面承载力基本计算公式

3.2.2.1 基本假定

《混凝土结构设计规范》(GB 50010—2010)规定，正截面承载力应按下列基本假定进行计算：

(1)平截面假定——截面应变保持平面，即梁在弯曲后截面各点的应变与该点到中和轴的距离成正比。

(2)不考虑混凝土的抗拉强度：全部拉力由纵向受拉钢筋承担。

(3)受压区混凝土的应力-应变关系采用如图 3-14 所示 σ-ε 曲线，按下列公式取用：

当 $\varepsilon_c \leqslant \varepsilon_0$ 时 $\qquad \sigma_c = f_c \left[1 - \left(1 - \dfrac{\varepsilon_c}{\varepsilon_0} \right)^n \right]$ （3-2）

当 $\varepsilon_0 < \varepsilon_c \leqslant \varepsilon_{cu}$ 时 $\qquad \sigma_c = f_c$ （3-3）

$$n = 2 - \frac{1}{60}(f_{cu,k} - 50)$$

$$\varepsilon_0 = 0.002 + 0.5(f_{cu,k} - 50) \times 10^{-5}$$

$$\varepsilon_{cu} = 0.003\,3 - (f_{cu,k} - 50) \times 10^{-5} \qquad （3\text{-}4）$$

式中　σ_c——对应于混凝土压应变为 ε_c 时的混凝土压应力；

$\qquad f_c$——混凝土轴心抗压强度设计值；

$\qquad \varepsilon_0$——对应于混凝土压应力刚达到 f_c 时的混凝土压应变，当计算的 ε_0 值小于 0.002 时，应取 0.002；

$\qquad \varepsilon_{cu}$——正截面处于非均匀受压时的混凝土极限压应变，当计算的 ε_{cu} 值大于 0.003 3 时，应取 0.003 3；

$\qquad n$——系数，当计算的 n 值大于 2.0 时，应取 2.0。

(4)钢筋应力-应变曲线采用如图 3-15 所示 σ-ε 曲线，按下列公式取用：

当 $0 \leqslant \varepsilon_s \leqslant \varepsilon_y$ 时 $\qquad \sigma_s = \varepsilon_s E_s$ （3-5）

当 $\varepsilon_s > \varepsilon_y$ 时 $\qquad \sigma_s = f_y$ （3-6）

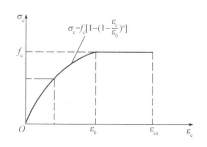

图 3-14　简化的混凝土受压时 σ-ε 曲线

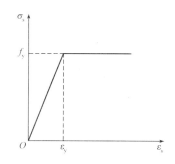

图 3-15　简化的钢筋受拉时 σ-ε 曲线

钢筋应力取钢筋应变与其弹性模量的乘积，但其绝对值不应大于其强度设计值。受拉钢筋的极限拉应变取 0.01。

3.2.2.2　压区混凝土等效矩形应力图

由适筋梁的破坏试验可知，适筋梁受力破坏过程第Ⅲa 阶段的应变及应力分布如图 3-16(a)、(b) 所示。根据平截面假定，破坏时，受压区边缘混凝土应变达到极限压应变 ε_{cu}，中和轴处既不受拉也不受压，应变为 0，从中和轴至受压区边缘应变呈直线变化。因此，总能找到压应变为 ε_0 的纤维层。应力分布根据第 3 项基本假定，在 $\varepsilon_c < \varepsilon_0$ 时，为按式(3-2)的曲线分布；在 $\varepsilon_0 < \varepsilon_c \leqslant \varepsilon_{cu}$ 时，应力为常数 f_c，于是得到根据基本假定初步简化的受压区混凝土应力分布图形，如图 3-16(c) 所示。

图 3-16(c) 的曲线应力图形的函数已知，故可用积分法求得受压区混凝土压应力合力及其作用点位置。但计算过于复杂，不便于设计应用，因此，需对受压区混凝土曲线应力分布图形进一步简化。通常是用等效矩形应力图形[图 3-16(d)]来代替曲线应力分布图形。所谓"等效"，是指压应力合力大小相等，合力的作用位置也完全相同。

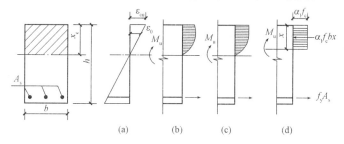

图 3-16　受压区应力图形的简化

设曲线应力图形的高度为 x_c，等效矩形应力图形的高度为 $x = \beta_1 x_c$；设曲线应力图形的峰值应力为 f_c，等效矩形应力图形的应力为 $\alpha_1 f_c$。α_1 和 β_1 称为等效矩形应力图形的系数。这两个系数仅与混凝土的应力-应变曲线有关，取值见表 3-6。由表 3-6 可知，混凝土强度等级 $\leqslant$C50 时，其 $\alpha_1 = 1.0$，$\beta_1 = 0.8$。

表 3-6　混凝土受压区等效矩形应力图形的系数

系数	$\leqslant$C50	C55	C60	C65	C70	C75	C80
α_1	1.0	0.99	0.98	0.97	0.96	0.95	0.94
β_1	0.8	0.79	0.78	0.77	0.76	0.75	0.74

3.2.2.3 基本计算公式及适用条件

1. 基本计算公式

受压区混凝土压应力的分布采用等效矩形应力图形后,可绘出受弯构件正截面承载力基本计算公式所依据的基本应力图形,如图3-17所示。

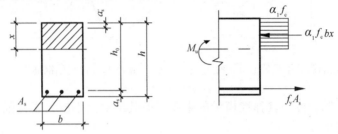

图 3-17 受弯构件正截面承载力基本计算公式所依据的基本应力图形

根据正截面上力的平衡条件,以及各力在水平方向的投影之和为零($\sum x = 0$)的条件可得:

$$\alpha_1 f_c b x = f_y A_s \tag{3-7}$$

由正截面上各力对受拉钢筋合力作用点或对混凝土受压区合力作用点的力矩之和为零($\sum M = 0$)的条件,并满足构件承载能力极限状态设计表达式 $M \leqslant M_u$ 的要求,可得出基本计算公式:

$$M \leqslant M_u = \alpha_1 f_c b x \left(h_0 - \frac{x}{2} \right) \tag{3-8}$$

或
$$M \leqslant M_u = f_y A_s \left(h_0 - \frac{x}{2} \right) \tag{3-9}$$

式中 M——弯矩设计值;

M_u——受弯承载力设计值,即破坏弯矩设计值;

f_c——混凝土轴心抗压强度设计值;

f_y——钢筋抗拉强度设计值;

A_s——受拉钢筋截面面积;

b——梁截面宽度;

x——混凝土受压区计算高度;

h_0——截面有效高度。

一般使用相互独立的式(3-7)、式(3-8)两式。

2. 基本公式的适用条件

式(3-8)和式(3-9)是根据适筋梁受力过程第Ⅲa阶段的应力状态推导而得,故不适用于超筋和少筋情况。因此,必须确定基本公式的适用条件。《混凝土结构设计规范》(GB 50010—2010)通过规定适筋受弯构件的最大配筋率和最小配筋率限值,保证不发生超筋破坏和少筋破坏。

(1)保证不发生超筋破坏——适筋梁的最大配筋率 ρ_{max} 及相对界限受压区高度 ξ_b。如前所述,适筋破坏与超筋破坏的本质区别在于:前者受拉钢筋首先屈服,经过一段塑性变形后,受压区混凝土才被压碎;而后者在钢筋屈服前,受压区边缘的纤维混凝土压应变首先达到混凝土受弯时的极限压应变，导致构件破坏。显然，当受弯构件的钢筋等级和混凝土强度等级确定以后，总可以找到某一个特定的配筋率，使具有这个配筋率的受弯构件当其受拉钢筋开始屈服时，混凝土受压区边缘也刚好达到极限压应变。也就是说，受拉钢筋达到屈服与受压区混凝土被压碎同时发生，把具有这种配筋率的受弯构件称为平衡配筋受弯构件，其破坏特征称为界限破坏。界限破坏正是适筋破坏与超筋破坏的界限。这个特定的配筋率就是适筋受弯构件的最大配筋率 ρ_{max}，即当受弯构件的配筋率 $\rho \leq \rho_{max}$ 时，属于适筋而不属于超筋；而当 $\rho > \rho_{max}$ 时，则属于超筋。

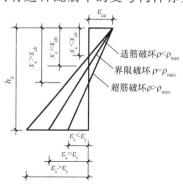

图 3-18　适筋破坏、超筋破坏和界限破坏的应变分布

不同破坏类型应变分布如图 3-18 所示。对于界限破坏，当受拉钢筋的应变 ε_s 等于它开始屈服时的应变值 ε_y 时($\varepsilon_s = \varepsilon_y$)，受压区边缘的应变也刚好达到混凝土受弯时的极限压应变值 ε_{cu}，此时，受弯构件的配筋率为 ρ_{max}，相应的受压区实际高度为 x_{cb}，x_{cb} 称为界限受压区实际高度。

由式(3-1)、式(3-7)可得：

$$\rho = \frac{A_s}{bh_0} = \frac{x}{h_0} \frac{\alpha_1 f_c}{f_y} \tag{3-10}$$

式(3-10)表明，当材料强度一定时，配筋率 ρ 与受压区高度 x 与有效高度 h_0 的比值 x/h_0 成正比。如果受弯构件的实际配筋率 $\rho < \rho_{max}$，则相应的 $x < x_b$，根据平截面假定，此时的钢筋应变 ε_s 必然大于 ε_y，即 $\varepsilon_s > \varepsilon_y$，这说明在混凝土被压碎前，受拉钢筋已经屈服，即属于适筋受弯构件的破坏情况；反之，如果 $\rho > \rho_{max}$，则相应的 $x > x_b$，根据平截面假定，此时钢筋应变 $\varepsilon_s < \varepsilon_y$，这说明受压区混凝土破坏时钢筋尚未屈服，即属于超筋受弯构件的破坏情况。通过上述分析可以看出，受弯构件的破坏特征直接与 x/h_0 有关。令 $\varepsilon = x/h_0$，ε 称为相对受压区高度，它是一个反映受弯构件基本性能的重要设计参数，则式(3-10)可以写成

$$\rho = \xi \frac{\alpha_1 f_c}{f_y} \tag{3-11}$$

或

$$\xi = \frac{x}{h_0} = \rho \frac{f_y}{\alpha_1 f_c} = \frac{A_s}{bh_0} \frac{f_y}{\alpha_1 f_c} \tag{3-12}$$

相对界限受压区高度 ξ_b：处于界限破坏状态的梁正截面混凝土受压区高度 x_b 与截面有效高度 h_0 的比值用 ξ_b 表示，称为相对界限受压区高度，《混凝土结构设计规范》(GB 50010—2010)按下式计算：

$$\xi_b = \frac{\beta_1}{1 + \dfrac{f_y}{E_s \varepsilon_{cu}}} \tag{3-13}$$

从式(3-13)可知，界限相对受压区高度仅与材料性能有关，将不同等级混凝土的 β_1 (表 3-6)及 ε_{cu} [按式(3-4)取值]和不同等级钢筋的 f_y 和 E_s 代入式(3-13)，即可求得不同等级混凝土配置各级钢筋时钢筋混凝土构件的相对界限受压区高度 ξ_b，现将部分结果列于表 3-7 中，以供查用。

表 3-7　相对界限受压区高度 ξ_b 值

混凝土强度等级	≤C50	C55	C60	C65	C70	C75	C80
HPB300	0.576	0.566	0.556	0.547	0.537	0.528	0.518
HRB335、HRBF335	0.550	0.541	0.531	0.522	0.512	0.503	0.493
HRB400、HRBF400、RRB400	0.518	0.508	0.499	0.490	0.481	0.472	0.463
HRB500、HRBF500、RRB500	0.482	0.473	0.464	0.455	0.447	0.438	0.429

当 $\xi=\xi_b$ 时，相应的 ρ 即为 $\rho_{\max}$。由式(3-11)得

$$\rho_{\max}=\xi_b\frac{\alpha_1 f_c}{f_y} \tag{3-14}$$

设计时，为使所设计的受弯构件保持在适筋范围内而不致超筋，其适用条件为

$$\xi\leqslant\xi_b \tag{3-15}$$

或

$$x\leqslant x_b=\xi_b h_0 \tag{3-16}$$

或

$$\rho\leqslant\rho_{\max}=\xi_b\frac{\alpha_1 f_c}{f_y} \tag{3-17}$$

(2)保证不发生少筋破坏——适筋梁的最小配筋率 $\rho_{\min}$。设计时，为避免设计成少筋构件，基本公式的适用条件为

$$\rho\geqslant\rho_{\min} \tag{3-18}$$

$\rho_{\min}$ 取 0.2% 和 $45\dfrac{f_t}{f_y}\%$ 中的较大值，当 $\rho<\rho_{\min}$ 时，应按 $\rho=\rho_{\min}$ 配筋。最小配筋率应按构件的全截面面积扣除受压翼缘面积 $(b'_f-b)h'_f$ 后的截面面积计算。

3.2.3　受弯构件正截面承载力计算

钢筋混凝土受弯构件截面通常可分为单筋截面和双筋截面两种形式。仅在截面受拉区配置有按计算确定的纵向受拉钢筋的截面，称为单筋截面；既在受拉区又在受压区配有纵向受力钢筋的截面，称为双筋截面。需要说明的是，由于构造原因，梁的受压区通常也需要配置纵向钢筋，这种纵向钢筋称为架立钢筋，受压区配有架立钢筋的截面，不属于双筋截面，仍为单筋截面。

3.2.3.1　单筋矩形截面受弯构件的正截面承载力计算

1. 基本公式及适用条件

建立受弯构件正截面承载力计算公式所依据的应力图形(图 3-17)，即单筋矩形截面受弯构件正截面承载力计算基本公式所依据的应力图形，式(3-7)至式(3-9)即为钢筋混凝土单筋矩形截面受弯构件正截面承载力计算公式。

按式(3-7)、式(3-8)进行截面配筋计算时，由于截面受压区高度 x 和钢筋截面面积 A_s 均未知，需要求解二元二次方程式，比较麻烦。为方便求解，工程中常引入系数进行计算，包括截面抵抗矩系数 α_s、内力臂系数 γ_s。

$$\alpha_s=\xi(1-0.5\xi)，\text{即 }\xi=1-\sqrt{1-2\alpha_s} \tag{3-19}$$

$$\gamma_s=1-0.5\xi，\text{即 }\gamma_s=\frac{1+\sqrt{1-2\alpha_s}}{2} \tag{3-20}$$

则式(3-8)和式(3-9)即简化为

$$M \leqslant \alpha_s \alpha_1 f_c b h_0^2 \qquad (3\text{-}21)$$

$$M \leqslant \gamma_s f_y A_s h_0 \qquad (3\text{-}22)$$

基本公式适用条件：

(1)为防止超筋破坏，保证截面破坏时受拉钢筋屈服，应满足：

$$\xi \leqslant \xi_b$$

可补充另一等价条件：

$$M \leqslant M_{umax} = \alpha_1 f_c b x_b \left(h_0 - \frac{x_b}{2} \right) \qquad (3\text{-}23)$$

式中　M_{umax}——单筋矩形截面受弯构件在适筋前提下受弯承载力的上限值。

(2)为防止少筋破坏，应满足 $\rho \geqslant \rho_{min}$。

2. 公式应用

设计受弯构件时，一般只需对控制截面进行受弯承载力计算。所谓控制截面，在等截面受弯构件中一般是指弯矩设计值最大的截面。在变截面受弯构件中，一般是指截面较小、弯矩设计值相对较大，由构件的配筋数量或所承担的荷载起控制作用的一个或若干个截面。在受弯构件设计中，基本公式的应用主要有两种情况——截面设计及截面复核。

(1)截面设计。截面设计是在已知弯矩设计值 M 条件下，选定材料(混凝土强度等级、钢筋级别)、确定截面尺寸及配筋。

由于只有两个相互独立的基本公式，而未知数却有多个，在这种情况下，应先根据实际情况和经验选择混凝土及钢筋的强度等级、截面尺寸，再利用基本公式计算受拉钢筋面积 A_s，最后利用表3-8或表3-9选出应配受拉钢筋的直径和根数。

表3-8　钢筋的公称直径、公称截面面积及理论质量

公称直径/mm	不同根数钢筋的公称截面面积/mm²									单根钢筋理论质量/(kg·m⁻¹)
	1	2	3	4	5	6	7	8	9	
6	28.3	57	85	113	142	170	198	226	255	0.222
8	50.3	101	151	201	252	302	352	402	453	0.395
10	78.5	157	236	314	393	471	550	628	707	0.617
12	113.1	226	339	452	565	678	791	904	1 017	0.888
14	153.9	308	461	615	769	923	1 077	1 231	1 385	1.21
16	201.1	402	603	804	1 005	1 206	1 407	1 608	1 809	1.58
18	254.5	509	763	1 017	1 272	1 527	1 781	2 036	2 290	2.00(2.11)
20	314.2	628	942	1 256	1 570	1 884	2 199	2 513	2 827	2.47
22	380.1	760	1 140	1 520	1 900	2 281	2 661	3 041	3 421	2.98
25	490.9	982	1 473	1 964	2 454	2 945	3 436	3 927	4 418	3.85(4.10)
28	615.8	1 232	1 847	2 463	3 079	3 695	4 310	4 926	5 542	4.83
32	804.2	1 609	2 413	3 217	4 021	4 826	5 630	6 434	7 238	6.31(6.65)
36	1 017.9	2 036	3 054	4 072	5 089	6 107	7 125	8 143	9 161	7.99
40	1 256.6	2 513	3 770	5 027	6 283	7 540	8 796	10 053	11 310	9.87(10.34)
50	1 963.5	3 928	5 892	7 856	9 820	11 784	13 748	15 712	17 676	15.42(16.28)
注：括号内为预应力螺纹钢筋的数值。										

表 3-9　钢筋混凝土板每米宽的钢筋面积表

钢筋间距/mm	钢筋直径/mm													
	3	4	5	6	6/8	8	8/10	10	10/12	12	12/14	14	14/16	16
70	101	179	281	404	561	719	920	1 121	1 369	1 616	1 908	2 199	2 536	2 872
75	94.3	167	262	377	524	671	859	1 047	1 277	1 508	1 780	2 053	2 367	2 681
80	88.4	157	245	354	491	629	805	981	1 198	1 414	1 669	1 924	2 218	2 513
85	83.2	148	231	333	462	592	758	924	1 127	1 331	1 571	1 811	2 088	2 365
90	78.5	140	218	314	437	559	716	872	1 064	1 257	1 484	1 710	1 972	2 234
95	74.5	132	207	298	414	529	678	826	1 008	1 190	1 405	1 620	1 868	2 116
100	70.6	126	196	283	393	503	644	785	958	1 131	1 335	1 539	1 775	2 011
110	64.2	114	178	257	357	457	585	714	871	1 028	1 214	1 399	1 614	1 828
120	58.9	105	163	236	327	419	537	654	798	942	1 112	1 283	1 480	1 676
125	56.5	100	157	226	314	402	515	628	766	905	1 068	1 232	1 420	1 608
130	54.4	96.6	151	218	302	387	495	604	737	870	1 027	1 184	1 366	1 547
140	50.5	89.7	140	202	281	359	460	561	684	808	954	1 100	1 268	1 436
150	47.1	83.8	131	189	262	335	429	523	639	754	890	1 026	1 183	1 340
160	44.1	78.5	123	177	246	314	403	491	599	707	834	962	1 110	1 257
170	41.5	73.9	115	166	231	296	379	462	564	665	786	906	1 044	1 183
180	39.2	69.8	109	157	218	279	358	436	532	628	742	855	985	1 117
190	37.2	66.1	103	149	207	265	339	413	504	596	702	810	934	1 058
200	35.3	62.8	98.2	141	196	251	322	393	479	565	668	770	888	1 005
220	32.1	57.1	89.3	129	178	228	292	357	436	514	607	700	807	914
240	29.4	52.4	81.9	118	164	209	268	327	399	471	556	641	740	838
250	28.3	50.2	78.5	113	157	201	258	314	383	452	534	616	710	804
260	27.2	48.3	75.5	109	151	193	248	302	368	435	514	592	682	773
280	25.2	44.9	70.1	101	140	180	230	281	342	404	477	550	634	718
300	23.6	41.9	65.5	94	131	168	215	262	320	377	445	513	592	670
320	22.1	39.2	61.4	88	123	157	201	245	299	353	417	381	554	628

　　截面设计并非单一解，当 M、f_c 和 f_y 已定时，可选择不同的截面尺寸，得出相应的不同配筋量。截面尺寸越大（尤其是 h 越大），需混凝土越多，增加模板用量，但所需的钢筋就越少，反之同理。为了获得较好的经济效果，在梁的高度比较适宜的情况下，应尽可能控制梁的配筋率在下列经济配筋率范围内：

板　　　　　　　$\rho = 0.4\% \sim 0.8\%$

矩形截面梁　　　$\rho = 0.6\% \sim 1.5\%$

T 形截面梁　　　$\rho = 0.9\% \sim 1.8\%$

　　(2)截面复核。实际工程中往往要求对设计图纸上的或已建成的结构做承载力复核，称为截面复核。这时，一般是已知材料强度等级（f_c、f_y）、截面尺寸（b、h）及配筋量 A_s（根数与直径）。若设计弯矩 M 为未知，则可理解为求构件的抗力 M_u；若设计弯矩 M 也为已知，则可理解为求出 M_u 后与 M 比较，看是否能满足 $M \leqslant M_u$，如满足，说明该构件正截面承载力 M_u 满足要求，构件是安全的。

　　【例 3-1】　某现浇钢筋混凝土简支梁，计算跨度 $l_0 = 5.95$ m，安全等级为二级，一类环境。梁的截面尺寸 $b \times h = 250 \text{ mm} \times 500 \text{ mm}$，梁上作用有永久荷载（包括自重），标准值 $g_k = 16.5 \text{ kN/m}$，可变荷载标准值 $q_k = 8.5 \text{ kN/m}$，$a_s = 35 \text{ mm}$，混凝土强度等级为 C30，HRB400 级钢筋，试确定受拉钢筋截面面积并配筋。

【解】 （1）确定计算参数。C30 混凝土及 HRB400 级钢筋，查表 2-5 可知：$f_c = 14.3 \text{ N/mm}^2$，$f_t = 1.43 \text{ N/mm}^2$，$\alpha_1 = 1.0$，$f_y = 360 \text{ N/mm}^2$，$\xi_b = 0.518$。

梁的有效高度 $h_0 = h - a_s = 500 - 35 = 465 \text{(mm)}$。

（2）内力计算。由可变荷载效应控制的组合，求得板跨中最大弯矩设计值为

$$M = \frac{1}{8}(1.2g_k + 1.4q_k)l^2 = \frac{1}{8} \times (1.2 \times 16.5 + 1.4 \times 8.5) \times 5.95^2 = 140.28 \text{(kN} \cdot \text{m)}$$

由永久荷载效应控制的组合：

$$M = \frac{1}{8}(1.35g_k + 1.4 \times 0.7q_k)l^2 = \frac{1}{8} \times (1.35 \times 16.5 + 1.4 \times 0.7 \times 8.5) \times 5.95^2$$
$$= 135.44 \text{(kN} \cdot \text{m)}$$

取 $M = 140.28 \text{ kN} \cdot \text{m}$。

（3）求受压区高度。

由式(3-8)得 $x = h_0 - \sqrt{h_0^2 - \dfrac{2M}{\alpha_1 f_c b}} = 465 - \sqrt{465^2 - \dfrac{2 \times 140.28 \times 10^6}{1.0 \times 14.3 \times 250}} = 93.86 \text{(mm)}$

（4）验算适用条件。

$x = 93.86 \text{ mm} < \xi_b h_0 = 0.518 \times 465 = 240.87 \text{(mm)}$，满足要求。

（5）求受拉纵筋。

$$A_s = \frac{\alpha_1 f_c b x}{f_y} = \frac{1.0 \times 14.3 \times 250 \times 93.86}{360} = 932.08 \text{(mm}^2\text{)}$$

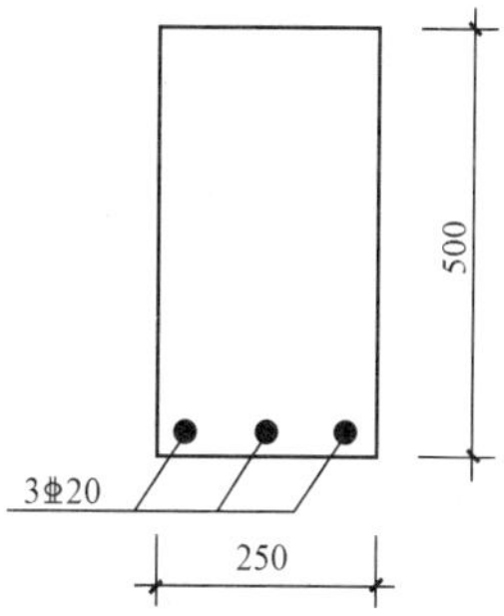

（6）验算适用条件。

ρ_{min} 取 0.2% 和 $45\dfrac{f_t}{f_y}\%$ 中的较大值，$45\dfrac{f_t}{f_y}\% = 45 \times \dfrac{1.43}{360}\% = 0.18\% < 0.2\%$，故取 $\rho_{min} = 0.2\%$。

$A_{smin} = \rho_{min}bh = 0.2\% \times 250 \times 500 = 250 \text{(mm}^2\text{)} < A_s = 932.08 \text{ mm}^2$，满足最小配筋率要求。

（7）选配钢筋。由表 3-8 选 3⚿20，实际配筋面积为 $A_s = 942 \text{ mm}^2$，满足构造要求。配筋图如图 3-19 所示。

图 3-19 例 3-1 配筋图

【例 3-2】 某现浇钢筋混凝土平板，简支在砖墙上，计算跨度 $l_0 = 2.56 \text{ m}$，如图 3-20 所示。安全等级为二级，一类环境。板上作用有均布活荷载，标准值为 $q_k = 2.5 \text{ kN/m}^2$。水磨石地面及细石混凝土垫层共 30 mm（重力密度标准值为 22 kN/m³），板底粉刷 12 mm 厚（重力密度标准值为 17 kN/m³），钢筋混凝土重力密度标准值为 25 kN/m³，混凝土强度等级为 C30，纵向受拉钢筋采用 HPB300 热轧钢筋，板厚为 100 mm，取 $a_s = 20 \text{ mm}$，试确定受拉钢筋截面积并配筋。

【解】 （1）确定计算参数。C30 混凝土及 HPB300 级钢筋，查表 2-5 可知：$f_c = 14.3 \text{ N/mm}^2$，$f_t = 1.43 \text{ N/mm}^2$，$\alpha_1 = 1.0$，$f_y = 270 \text{ N/mm}^2$，$\xi_b = 0.576$。

取 1 m 宽的板条作为计算单元进行计算：截面尺寸 $b = 1\,000 \text{ mm}$，板厚 $h = 100 \text{ mm}$。
$$h_0 = h - a_s = 100 - 20 = 80 \text{(mm)}$$

（2）荷载计算。恒载标准值 g_k：

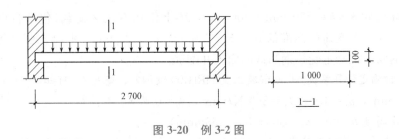

图 3-20 例 3-2 图

水磨石地面及细石混凝土垫层　　$0.03 \times 1 \times 22 = 0.66 (kN/m)$

钢筋混凝土板自重　　　　　　　$0.1 \times 1 \times 25 = 2.50 (kN/m)$

板底粉刷　　　　　　　　　　　$0.012 \times 1 \times 17 = 0.20 (kN/m)$

均布恒载标准值：$g_k = 0.66 + 2.50 + 0.20 = 3.36 (kN/m)$

均布活荷载标准值：$q_k = 2.5 \times 1 = 2.5 (kN/m)$

(3) 内力计算。由可变荷载效应控制的组合，求得板跨中最大弯矩设计值为

$$M = \frac{1}{8}(1.2g_k + 1.4q_k)l^2 = \frac{1}{8} \times (1.2 \times 3.36 + 1.4 \times 2.5) \times 2.56^2 = 6.17 (kN \cdot m)$$

由永久荷载效应控制的组合：

$$M = \frac{1}{8}(1.35g_k + 1.4 \times 0.7q_k)l^2 = \frac{1}{8} \times (1.35 \times 3.36 + 1.4 \times 0.7 \times 2.5) \times 2.56^2$$
$$= 5.72 (kN \cdot m)$$

取 $M = 6.17 \ kN \cdot m$

(4) 配筋计算。

$$\alpha_s = \frac{M}{\alpha_1 f_c b h_0^2} = \frac{6.17 \times 10^6}{1.0 \times 14.3 \times 1000 \times 80^2} = 0.067$$

$$\xi = 1 - \sqrt{1 - 2\alpha_s} = 1 - \sqrt{1 - 2 \times 0.067} = 0.069 \leqslant \xi_b = 0.576, \text{不超筋。}$$

$$A_s = \frac{\alpha_1 f_c b \xi h_0}{f_y} = \frac{1.0 \times 14.3 \times 1000 \times 0.069 \times 80}{270} = 292.4 (mm^2)$$

$$45 \frac{f_t}{f_y}\% = 45 \times \frac{1.43}{270}\% = 0.24\% > 0.2\%, \text{取} \rho_{min} = 0.24\%。$$

$A_{smin} = \rho_{min}bh = 0.24\% \times 1000 \times 100 = 240 (mm^2) < A_s = 292.4 \ mm^2$，满足最小配筋率要求。

根据表 3-9 及构造要求选择钢筋，受拉钢筋选用 Φ6/8@130，实际的 $A_s = 302 \ mm^2$，分布钢筋选用 Φ6@250，并绘制配筋图，如图 3-21 所示。

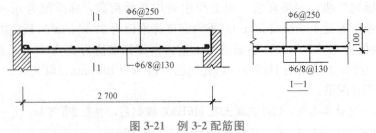

图 3-21 例 3-2 配筋图

【例 3-3】 某矩形截面钢筋混凝土梁，安全等级二级，一类环境。截面尺寸及配筋如图 3-22 所示。混凝土强度等级为 C30，纵向受拉钢筋为 HRB400，箍筋直径为 8 mm，该梁需承受弯矩设计值 $M = 280 \ kN \cdot m$，试复核该梁正截面承载力是否满足要求。

【解】 （1）确定计算参数。

C30 混凝土及 HRB400 级钢筋，查表2-5可知：$f_c=14.3$ N/mm²，
$f_t=1.43$ N/mm²，$\alpha_1=1.0$，$f_y=360$ N/mm²，$\xi_b=0.518$。

确定截面有效高度 h_0：钢筋为两排放置，$a_s=20+8+20+\dfrac{25}{2}$
$=60.5$(mm)，则 $h_0=h-a_s=600-60.5=539.5$(mm)。

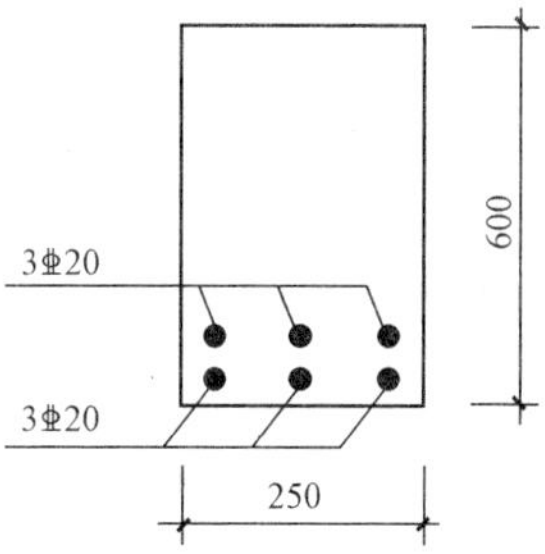

（2）验算适用条件。

$45\dfrac{f_t}{f_y}\%=45\times\dfrac{1.43}{360}\%=0.18\%<0.2\%$，取 $\rho_{\min}=0.2\%$。

图中标注：3⊉20（上）、3⊉20（下）、600、250

图3-22 例3-3 配筋图

查表3-8，$A_s=1\,884$ mm²$>A_{s\min}=\rho_{\min}bh=0.2\%\times250\times600=300$(mm²)，不少筋。

（3）由式(3-7)计算 x。

$$x=\frac{f_yA_s}{\alpha_1f_cb}=\frac{360\times1\,884}{1.0\times14.3\times250}=189.7\,(\text{mm})\leqslant\xi_bh_0=0.518\times539.5=279.5\,(\text{mm})$$，不超筋。

（4）由式(3-10)计算 M_u 并判断正截面承载力是否满足要求。

$$M_u=\alpha_1f_cbx\left(h_0-\frac{x}{2}\right)=1.0\times14.3\times250\times189.7\times\left(539.5-\frac{189.7}{2}\right)=3.015\,5\times10^8$$

(N·mm)$=301.55$ kN·m$>M=280$ kN·m，截面承载力满足要求。

3.2.3.2 双筋矩形截面受弯构件的正截面承载力计算

双筋截面梁是指在受拉区和受压区都配有纵向受力钢筋的梁，即在受压区配受压钢筋，同混凝土共同承担压力，在受拉区配置受拉钢筋，承担拉力。由于一般板较薄，不采用双筋截面。对于钢筋混凝土结构而言，配置受压钢筋可以提高构件截面的延性，并可减少构件在荷载作用下的变形。但采用受压钢筋会使总用钢量较大，是不经济的，一般不宜采用，但以下特殊情况可考虑采用双筋截面：

（1）当构件承担的弯矩较大，采用单筋截面无法满足 $x\leqslant\xi_bh_0$ 的条件时，截面尺寸受限制不能增大，混凝土强度等级也不宜再提高，则可考虑采用双筋截面。

（2）同一截面在不同的荷载组合下出现正反号弯矩，即可能在不同时期承受方向不同的弯矩。

（3）当梁需要承担正负弯矩或在截面受压区由于其他原因配置有纵向钢筋时，也可按双筋截面计算。

1. 基本公式及适用条件

受弯构件正截面承载力计算的基本理论同样适用于双筋矩形梁，它与单筋梁的区别，只是在截面的受压区配置了纵向受压钢筋。双筋截面梁在破坏时截面的应力图形与单筋截面梁相似。试验研究表明，只要满足 $\xi\leqslant\xi_b$ 的条件，就符合适筋梁的破坏特征，即受拉钢筋先屈服，然后受压钢筋才达到极限压应变而压碎。因此，双筋截面受弯承载力计算仍可采用等效矩形代替受压区混凝土应力图形。但怎样确定受压钢筋的抗压设计强度 f_y'，是一个新的问题。

在双筋截面中必须注意受压钢筋的受力工作状态，设计时应使受压钢筋的抗压强度得到充分利用。《混凝土结构设计规范》(GB 50010—2010)规定：当满足 $x\geqslant2a_s'$ 时，受压钢筋的应力均可达到其抗压强度设计值，a_s' 为受压纵筋合力点到受压混凝土边缘的距离。但还

必须采取必要的构造措施，保证受压钢筋不会在其应力达到抗压强度以前被压屈而失效。试验表明，当梁内布置有适当的封闭箍筋时(箍筋直径不小于受压钢筋直径 d 的 1/4，而间距 s 不大于 $15d$ 或 $400\ \text{mm}$，如图 3-23 所示)，可以防止受压钢筋被压屈而向外凸出，从而使受压钢筋和混凝土能够共同变形，受压钢筋在混凝土被压碎的时候能受压屈服。

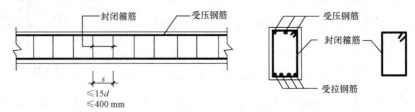

图 3-23　双筋截面梁中布置封闭箍筋的构造要求

根据建立双筋矩形梁正截面承载力计算所依据的应力图形(图 3-24)，由平衡条件可写出以下两个基本计算公式：

由 $\sum x = 0$ 得：

$$\alpha_1 f_c bx + f'_y A'_s = f_y A_s \tag{3-24}$$

由 $\sum M = 0$ 得：

$$M \leqslant M_u = \alpha_1 f_c bx\left(h_0 - \frac{x}{2}\right) + f'_y A'_s (h_0 - a'_s) \tag{3-25}$$

式中　f'_y——钢筋的抗压强度设计值；

　　　A'_s——受压钢筋截面面积；

　　　a'_s——受压钢筋合力点到截面受压边缘的距离。

式中其他符号意义同前。

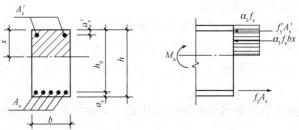

图 3-24　双筋矩形梁正截面承载力计算应力图形

上述基本公式应满足下面两个适用条件：

(1)为了防止构件发生超筋破坏，应满足：

$$\xi \leqslant \xi_b$$

(2)为了保证受压钢筋在截面破坏时能达到抗压强度设计值，应满足：

$$x \geqslant 2a'_s \tag{3-26}$$

双筋矩形梁一般不会成为少筋梁，故可不验算最小配筋率。

如果不能满足式(3-26)的要求，即 $x < 2a'_s$ 时，可近似取 $x = 2a'_s$，这时受压钢筋的合力将与受压区混凝土压应力混凝土的合力相重合，如对受压钢筋合力点取矩，即可得到正截面受弯承载力的计算公式为：

$$M \leqslant M_u = f_y A_s (h_0 - a_s') \tag{3-27}$$

这种简化计算方法回避了受压钢筋应力可能为未知量的问题，且偏于安全。

当 $\xi \leqslant \xi_b$ 的条件未能满足时，原则上应以增大截面尺寸或提高混凝土强度等级为好，只有在这两种措施都受到限制时，才可考虑用增大受压钢筋用量的办法来减小 ξ。在设计中必须注意到过多地配置受压钢筋将使总的用钢量过大而不经济，且钢筋排列过密，使施工质量难以保证。

2. 公式应用

(1)截面设计。设计双筋矩形梁时，A_s 总是未知量，而 A_s' 则可能遇到未知或已知这两种不同情况。下面分别介绍这两种情况下的截面设计方法。

1)已知 M、b、h 和材料强度等级，计算所需 A_s 和 A_s'。在两个基本公式式(3-24)和式(3-25)中共有三个未知数，即 A_s、A_s' 和 x，因而需再补充一个条件方能求解。在实际工程设计中，为了减少受压钢筋面积，使总用钢量 $A_s + A_s'$ 最省，应充分利用受压区混凝土承担压力，因此，可先假定受压高度 $x = x_b = \xi_b h_0$ 或 $\xi = \xi_b$，这就使 x 或 ξ 成为已知，而只需求算 A_s 和 A_s' 即可。

2)已知 M、b、h 和材料强度以及 A_s'，计算所需 A_s。此时，A_s' 既然已知，即可按式(3-25)求解 x。x 确定以后，即不难求出 A_s。

具体计算步骤详见图 3-25。

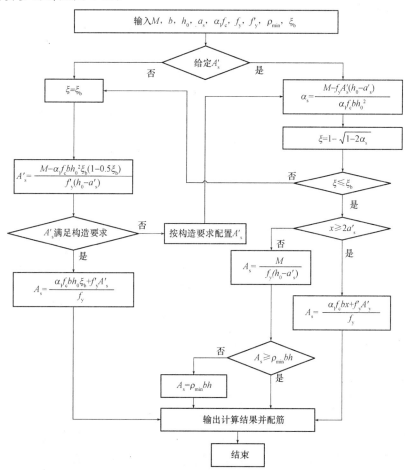

图 3-25 双筋矩形梁正截面承载力计算、截面设计计算框图

(2)截面复核。已知截面尺寸 b、h、材料强度等级以及 A_s 和 A_s'，复核构件正截面的受弯承载力，即求截面所能承担的弯矩 M_u。

此时，可首先由式(3-24)求得 x。当符合 $2a_s' \leqslant x \leqslant \xi_b h_0$ 时，可将 x 值代入式(3-25)，便可求得正截面承载力 M_u。

若 $x < 2a_s'$，则近似地按式(3-27)计算 M_u，即 $M_u = f_y A_s (h_0 - a_s')$；

若 $x > \xi_b h_0$，则说明已为超筋截面，但并不意味着承载力不满足要求。对于已建成的结构构件，其承载力只能按 $x = \xi_b h_0$ 计算，此时，将 $x = \xi_b h_0$ 代入式(3-25)，所得 M_u 即为此梁的极限承载力。如果所复核的梁尚处于设计阶段，则应重新设计使之不成为超筋梁。

双筋矩形梁正截面承载力计算、截面复核计算步骤见图 3-26。

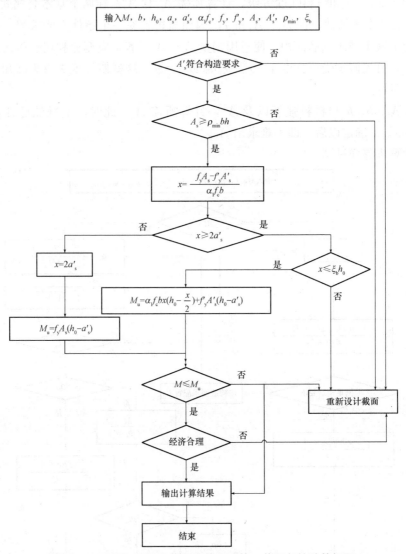

图 3-26　双筋矩形梁正截面承载力计算、截面复核计算框图

【**例 3-4**】 已知梁截面尺寸 $b = 200$ mm，$h = 450$ mm，安全等级二级，一类环境。混凝土强度等级为 C20，钢筋 HRB335 级。梁承担的弯矩设计值 $M = 157.8$ kN·m，$a_s = 65$ mm，$a_s' = 40$ mm。试计算所需的纵向钢筋。

【解】 (1)确定计算参数。

混凝土强度等级为 C20，钢筋 HRB335 级，查表 2-5 可知：$f_c=9.6$ N/mm^2，$\alpha_1=1.0$，$f_y=f'_y=300$ N/mm^2，$\xi_b=0.550$。

截面有效高度 $h_0=450-65=385$(mm)。

(2)验算是否需用双筋截面。

单筋矩形截面受弯构件在适筋条件下所能承担的最大弯矩为

$$M_{u1max}=\alpha_1 f_c b h_0^2 \xi_b(1-0.5\xi_b)=1.0\times9.6\times200\times385^2\times0.550\times(1-0.5\times0.550)$$
$$=1.134\ 8\times10^8(\text{N}\cdot\text{mm})=113.48\ \text{kN}\cdot\text{m}<M$$
$$=157.8\ \text{kN}\cdot\text{m}$$

在梁截面尺寸及材料强度等级不变条件下需用双筋截面。

(3)配筋计算。为使总用钢量最小，取 $x=\xi_b h_0$，由式(3-25)得：

$$A'_s=\frac{M-\alpha_1 f_c b h_0^2 \xi_b(1-0.5\xi_b)}{f'_y(h_0-a'_s)}=\frac{(157.8-113.48)\times10^6}{300\times(385-40)}=428.2(\text{mm}^2)$$

由式(3-24)求得受拉钢筋总面积为

$$A_s=\frac{\alpha_1 f_c b \xi_b h_0+f'_y A'_s}{f_y}=\frac{1.0\times9.6\times200\times0.550\times385+300\times428.2}{300}=1\ 783.4(\text{mm}^2)$$

(4)实选钢筋。

受压钢筋选用 2Φ18，即 $A'_s=509$ mm^2。

受拉钢筋选用 3Φ22+2Φ20，$A_s=1\ 768$ mm^2（比计算要求相差＜5%），截面配筋如图 3-27 所示。

【例 3-5】 已知数据同例 3-4，但梁的受压区已配置 3Φ18 受压钢筋，试求受拉钢筋 A_s。

【解】 (1)已配 3Φ18 受压钢筋，查表得 $A'_s=763$ mm^2。

$$(2)\alpha_s=\frac{M-f'_y A'_s(h_0-a'_s)}{\alpha_1 f_c b h_0^2}=\frac{157.8\times10^6-300\times763\times(385-40)}{1.0\times9.6\times200\times385^2}=0.277$$

$$\xi=1-\sqrt{1-2\alpha_s}=1-\sqrt{1-2\times0.277}=0.332\leqslant\xi_b=0.550$$

$$A_s=\frac{\alpha_1 f_c b \xi h_0+A'_s f'_y}{f_y}=\frac{1.0\times9.6\times200\times0.332\times385+763\times300}{300}=1\ 581(\text{mm}^2)$$

实际选用 5Φ20，$A_s=1\ 570$ mm^2。

判断一排是否放得下，$5\times20+4\times25+2\times25=250$(mm)＞$b=200$ mm，则一排放不下，需布置两排，截面配筋如图 3-28 所示。

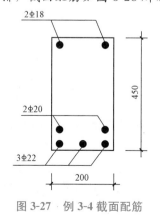

图 3-27 例 3-4 截面配筋

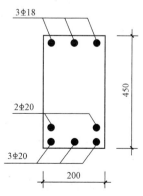

图 3-28 例 3-5 截面配筋

比较例 3-4 和例 3-5 可以看出，例 3-4 由于充分利用了混凝土的抗压能力，其总用钢量 $A_s + A'_s = 1\,783.4 + 428.2 = 2\,211.6 (\text{mm}^2)$，比例 3-5 的总用钢量 $A_s + A'_s = 1\,581 + 763 = 2\,344 (\text{mm}^2)$ 要省。

【例 3-6】 已知某梁，截面尺寸为 $b \times h = 200\,\text{mm} \times 450\,\text{mm}$，一类环境，选用强度等级为 C25 混凝土和钢筋 HRB400 级，已配有 2Φ12 受压钢筋和 3Φ25 受拉钢筋，箍筋直径为 8 mm，需承受的弯矩设计值为 $M = 130\,\text{kN} \cdot \text{m}$。试验算正截面是否安全。

【解】 （1）确定计算参数。

混凝土强度等级为 C25，钢筋 HRB400 级，查表 2-5 可知：$f_c = 11.9\,\text{N/mm}^2$，$\alpha_1 = 1.0$，$f_y = f'_y = 360\,\text{N/mm}^2$，$\xi_b = 0.518$。

2Φ12 受压钢筋，$A'_s = 226\,\text{mm}^2$；3Φ25 受拉钢筋，$A_s = 1\,473\,\text{mm}^2$。

一类环境 $c = 25\,\text{mm}$，$a_s = c + \phi + \dfrac{d}{2} = 25 + 8 + \dfrac{20}{2} = 43 (\text{mm})$，$h_0 = h - a_s = 450 - 43 = 407 (\text{mm})$，$a'_s = c + \phi + \dfrac{d}{2} = 25 + 8 + \dfrac{12}{2} = 39 (\text{mm})$。

（2）计算 x。

由式（3-24）可得

$$x = \frac{f_y A_s - f'_y A'_s}{\alpha_1 f_c b} = \frac{360 \times 1\,473 - 360 \times 226}{1.0 \times 11.9 \times 200} = 188.6 (\text{mm}) \geqslant 2a'_s = 2 \times 39 = 78 (\text{mm})$$

且 $x = 188.6\,\text{mm} \leqslant \xi_b h_0 = 0.518 \times 407 = 210.8 (\text{mm})$，满足公式适用条件。

（3）计算 M_u 并校核截面。

由式（3-25）可得

$$M_u = \alpha_1 f_c b x \left(h_0 - \frac{x}{2} \right) + f'_y A'_s (h_0 - a'_s)$$

$$= 1.0 \times 11.9 \times 200 \times 188.6 \times \left(407 - \frac{188.6}{2} \right) + 360 \times 226 \times (407 - 39)$$

$$= 1.703 \times 10^8 (\text{N} \cdot \text{mm}) = 170.3\,\text{kN} \cdot \text{m} > M = 130\,\text{kN} \cdot \text{m}$$

故正截面承载力满足要求。

3.2.3.3 T 形截面受弯构件的正截面承载力计算

1. T 形截面简介

如前所述，在受弯构件正截面承载力计算中，不考虑受拉区混凝土承担的拉力（基本假定 3）。如果把受拉区混凝土挖去一部分，将受拉钢筋集中布置，使之形成 T 形截面（图 3-29），这样并不会降低截面的受弯承载能力却可以节省混凝土，减轻构件自重，获得经济效果。

在图 3-29 中，T 形截面由受压翼缘和梁肋（腹板）两部分组成，T 形截面伸出的部分称为翼缘，中间部分称为梁肋或腹板。b'_f 和 h'_f 分别表示受压翼缘的宽度和厚度，b 和 h 分别表示肋宽和梁高。有时为了需要，也采用翼缘在受拉区的倒 L 形截面或 I 形截面。

试验研究表明，T 形梁受弯后翼缘的压应力分布沿翼缘宽度方向并不是均匀的，如图 3-30 所示，靠近肋部翼缘压应力最大，离肋部越远，压应力则逐渐减小，在一定距离以外，翼缘将不能充分发挥其受力作用。考虑到翼缘的上述特点，设计时应对 T 形梁的翼缘宽度加以限制，即对实际翼缘很宽的梁，例如现浇梁板结构中的梁，规定翼缘的计算宽度。

假定计算宽度内翼缘的应力为均匀分布，并使按计算宽度算得的梁受弯承载力与梁的实际受弯承载力接近。规范规定，T 形及倒 L 形截面受弯构件受压区的翼缘计算宽度 b_f' 应按表 3-10 各项中的最小值取用。

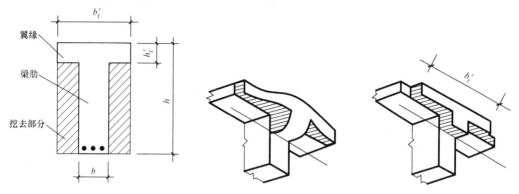

图 3-29　T 形截面　　　　　　　　图 3-30　T 形梁翼缘中压应力沿宽度方向的分布及简化

表 3-10　受弯构件受压区有效翼缘计算宽度 b_f'

考虑情况		T 形、I 形截面		倒 L 形截面
		肋形梁（板）	独立梁	肋形梁（板）
1	按计算跨度 l_0 考虑	$\dfrac{l_0}{3}$	$\dfrac{l_0}{3}$	$\dfrac{l_0}{6}$
2	按梁（肋）净距 s_n 考虑	$b+s_n$	—	$b+\dfrac{s_n}{2}$
3	按翼缘高度 h_f' 考虑	$b+12h_f'$	b	$b+5h_f'$

注：1. 表中 b 为梁的腹板厚度；h_0、s_n、b_f' 和 h_f' 如图 3-31 所示。
　　2. 肋形梁跨内设有间距小于纵向间距的横肋时，可不考虑表中情况 3 的规定。
　　3. 加腋 T 形、I 形截面和倒 L 形截面［图 3-31(c)］，当受压区加腋的高度 $h_h \geqslant h_f'$，且加腋的宽度 $b_h \leqslant 3h_h$ 时，其翼缘计算宽度可按表中情况 3 的规定分别增加 $2b_h$（T 形、I 形截面）和 b_h（倒 L 形截面）。
　　4. 独立梁受压区的翼缘板在荷载作用下，经验算沿纵肋方向可能产生裂缝时，其计算宽度应取用腹板宽度 b［图 3-31(d)］。

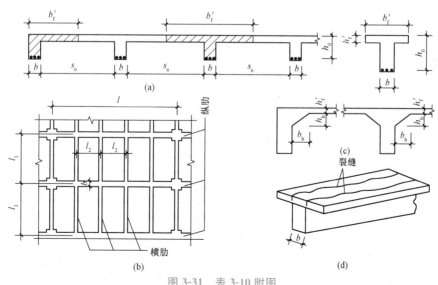

(a)

(b)　　　　　　　　　　(c)　　(d)

图 3-31　表 3-10 附图

2. 两类 T 形截面受弯构件基本计算公式及适用条件

(1)T 形截面的受力分类。根据中和轴位置不同，T 形截面的受力可分为两种类型，如图 3-33 所示。

1)第一种类型，中和轴在翼缘内，$x \leqslant h_{\rm f}'$。

2)第二种类型，中和轴在肋部，$x > h_{\rm f}'$。

(2)两类 T 形截面的判断。为判定 T 形截面属于何种类型，可把 $x = h_{\rm f}'$ 作为界限情况进行受力分析，如图 3-32 所示。

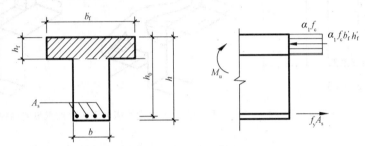

图 3-32　两类 T 形截面的界限

由平衡条件可得

$$\sum X = 0 \qquad \alpha_1 f_{\rm c} b_{\rm f}' h_{\rm f}' = A_{\rm s} f_{\rm y} \tag{3-28}$$

$$\sum M = 0 \qquad M = \alpha_1 f_{\rm c} b_{\rm f}' h_{\rm f}' (h_0 - \frac{h_{\rm f}'}{2}) \tag{3-29}$$

由此可见，截面设计时，弯矩设计值 M 已知，可用式(3-29)来判定：

若 $M \leqslant \alpha_1 f_{\rm c} b_{\rm f}' h_{\rm f}' (h_0 - \dfrac{h_{\rm f}'}{2})$，为第一类 T 形；

若 $M > \alpha_1 f_{\rm c} b_{\rm f}' h_{\rm f}' (h_0 - \dfrac{h_{\rm f}'}{2})$，为第二类 T 形。

进行承载力校核时，由于钢筋截面面积 $A_{\rm s}$ 已知，可由式(3-28)来判定：

若 $f_{\rm y} A_{\rm s} \leqslant \alpha_1 f_{\rm c} b_{\rm f}' h_{\rm f}'$，为第一类 T 形；

若 $f_{\rm y} A_{\rm s} > \alpha_1 f_{\rm c} b_{\rm f}' h_{\rm f}'$，为第二类 T 形。

(3)两类 T 形截面的计算公式及适用条件。

1)第一类 T 形截面(图 3-33)。这一类梁的截面虽为 T 形，但由于中和轴通过翼缘，即 $x \leqslant h_{\rm f}'$，而计算时不考虑中和轴以下混凝土的作用，故受压区仍为矩形，因此可按 $b_{\rm f}' \times h$ 的矩形截面计算其正截面承载力，这时，只要将单筋矩形梁基本计算公式中的 b 改为 $b_{\rm f}'$，就可得到第一类 T 形截面受弯构件的基本计算公式，即

$$\alpha_1 f_{\rm c} b_{\rm f}' x = f_{\rm y} A_{\rm s} \tag{3-30}$$

$$M \leqslant M_{\rm u} = \alpha_1 f_{\rm c} b_{\rm f}' x (h_0 - \frac{x}{2}) \tag{3-31}$$

基本公式的适用条件是：

① 为避免超筋破坏，$x \leqslant \xi_{\rm b} h_0$。由于 T 形截面的翼缘厚度 $h_{\rm f}'$ 一般都比较小，同时 $x \leqslant h_{\rm f}'$，因此这个条件通常都能满足，不必验算。

② 为避免少筋破坏，$A_{\rm s} \geqslant \rho_{\min} bh$。因本适用条件是根据构件开裂前的抵抗弯矩与开裂后

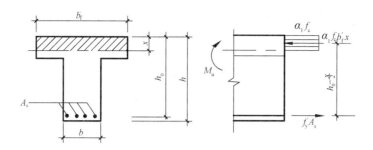

图 3-33　第一类 T 形截面受弯构件正截面承载力计算应力图形

的抵抗弯矩相同的原则确定的，T 形截面受拉区的宽度为肋宽 b，因此取肋宽 b 作为验算最小配筋率的计算宽度是合理的。

2)第二类 T 形截面(图 3-34)。这一类截面的中和轴通过肋部，即 $x>h'_f$，故受压区为 T 形。根据图 3-34，可得第二类 T 形梁正截面承载力的基本计算公式为：

$$\alpha_1 f_c b x + \alpha_1 f_c (b'_f - b) h'_f = f_y A_s \tag{3-32}$$

$$M \leqslant M_u = \alpha_1 f_c b x \left(h_0 - \frac{x}{2}\right) + \alpha_1 f_c (b'_f - b) h'_f \left(h_0 - \frac{h'_f}{2}\right) \tag{3-33}$$

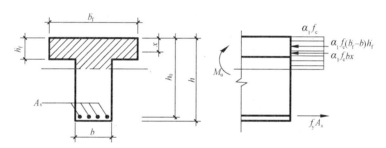

图 3-34　第二类 T 形截面受弯构件正截面承载力计算应力图形

基本公式的适用条件是：

①$x \leqslant \xi_b h_0$。

②$A_s \geqslant \rho_{min} b h$，由于第二类 T 形梁受压区较大，相应受拉钢筋也就较多，故一般均能满足最小配筋率条件，可不必验算。

3. 公式应用

T 形截面受弯构件正截面承载力计算包括截面设计和截面复核两种情况。T 形梁的类型确定后，便可按相应公式计算钢筋数量或复核截面的承载力。其具体计算步骤与矩形相似，如图 3-35、图 3-36 所示及例 3-7 和例 3-8。

【例 3-7】　某整浇梁板结构的次梁，计算跨度 6 m，次梁间距 2.4 m，截面尺寸如图 3-37 所示。跨中最大弯矩设计值 $M=64$ kN·m，混凝土强度等级为 C20，钢筋 HPB300 级，$a_s=40$ mm，试计算次梁受拉钢筋面积 A_s。

【解】　(1)确定计算参数。

$f_c=9.6$ N/mm²，$f_t=1.1$ N/mm²，$\alpha_1=1.0$，$f_y=270$ N/mm²。

$h_0=h-a_s=450-40=410$(mm)。

(2)确定翼缘计算宽度 b'_f。

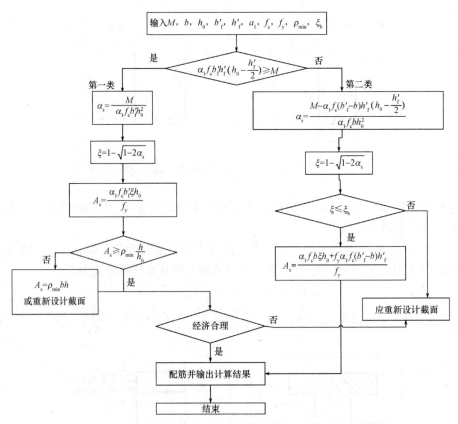

图 3-35　T形截面受弯构件正截面承载力计算、截面设计计算框图

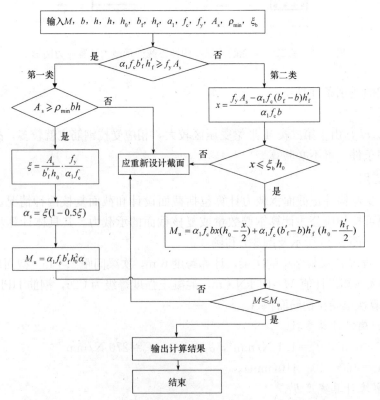

图 3-36　T形截面受弯构件正截面承载力计算、截面复核计算框图

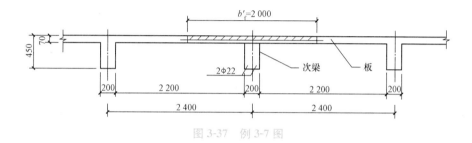

图 3-37 例 3-7 图

根据表 3-10，按梁的计算跨度 l_0 考虑：$b'_f = \dfrac{l_0}{3} = \dfrac{6\,000}{3} = 2\,000\,(\text{mm})$。

按梁(肋)净距 s_n 考虑：$b'_f = b + s_n = 200 + 2\,200 = 2\,400\,(\text{mm})$。

按梁翼缘高度 h'_f 考虑：$\dfrac{h'_f}{h_0} = \dfrac{70}{410} = 0.17 > 0.1$，故翼缘宽度不受此项限制。

取前两项中最小者 $b'_f = 2\,000\,\text{mm}$。

(3)判别类型。

$$\alpha_1 f_c b'_f h'_f \left(h_0 - \dfrac{h'_f}{2}\right) = 1.0 \times 9.6 \times 2\,000 \times 70 \times \left(410 - \dfrac{70}{2}\right) = 5.04 \times 10^8\,(\text{N} \cdot \text{mm})$$

$$= 504\,\text{kN} \cdot \text{m} > M = 64\,\text{kN} \cdot \text{m}，故属于第一类 T 形截面。$$

(4)求受拉钢筋面积 A_s。

$$\alpha_s = \dfrac{M}{\alpha_1 f_c b'_f h_0^2} = \dfrac{64 \times 10^6}{1.0 \times 9.6 \times 2\,000 \times 410^2} = 0.019\,8$$

$$\xi = 1 - \sqrt{1 - 2\alpha_s} = 1 - \sqrt{1 - 2 \times 0.019\,8} = 0.020$$

$$A_s = \dfrac{\alpha_1 f_c b'_f \xi h_0}{f_y} = \dfrac{1.0 \times 9.6 \times 2\,000 \times 0.020 \times 410}{270} = 583.1\,(\text{mm}^2)$$

(5)验算适用条件。

$A_s = 583.1\,\text{mm}^2 > \rho_{\min} bh = 0.2\% \times 200 \times 450 = 180\,(\text{mm}^2)$，满足要求。

选择钢筋 3Φ16，$A_s = 603\,\text{mm}^2$。

【例 3-8】 某 T 形梁承担弯矩设计值 $M = 195.6\,\text{kN} \cdot \text{m}$，截面尺寸 $b \times h = 180\,\text{mm} \times 500\,\text{mm}$，如图 3-38 所示。混凝土强度等级为 C20，钢筋 HRB335 级，$a_s = 65\,\text{mm}$，试计算该梁受拉钢筋面积 A_s。

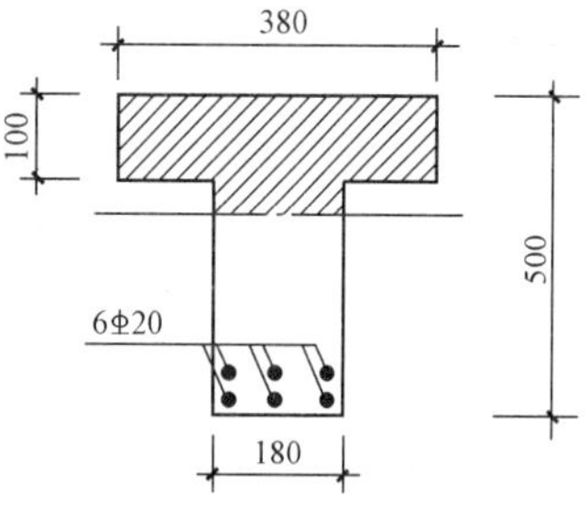

【解】 (1)确定计算参数。

$f_c = 9.6\,\text{N/mm}^2$，$\alpha_1 = 1.0$，$f_y = 300\,\text{N/mm}^2$，$\xi_b = 0.550$，$h_0 = 500 - 65 = 435\,(\text{mm})$。

(2)判别类型。

图 3-38 例 3-8 图

$$\alpha_1 f_c b'_f h'_f \left(h_0 - \dfrac{h'_f}{2}\right) = 1.0 \times 9.6 \times 380 \times 100 \times \left(435 - \dfrac{100}{2}\right) = 140.4 \times 10^6\,(\text{N} \cdot \text{mm}) =$$

$140.4\,\text{kN} \cdot \text{m} < M = 195.6\,\text{kN} \cdot \text{m}$，故属于第二类 T 形截面。

(3)计算 A_s。

$$\alpha_s = \dfrac{M - \alpha_1 f_c (b'_f - b) h'_f \left(h_0 - \dfrac{h'_f}{2}\right)}{\alpha_1 f_c b h_0^2}$$

$$=\frac{195.6\times10^6-1.0\times9.6\times(380-180)\times100\times\left(435-\frac{100}{2}\right)}{1.0\times9.6\times180\times435^2}$$

$$=0.372$$

$$\xi=1-\sqrt{1-2\alpha_s}=1-\sqrt{1-2\times0.372}=0.494\leqslant\xi_b=0.550$$

$$A_s=\frac{\alpha_1 f_c b\xi h_0+\alpha_1 f_c(b'_f-b)h'_f}{f_y}$$

$$=\frac{1.0\times9.6\times180\times0.494\times435+1.0\times9.6\times(380-180)\times100}{300}$$

$$=1\ 877.8(mm^2)$$

(4)实际选用 $6\Phi20$，$A_s=1\ 884\ mm^2$。

【例3-9】 某 T 形截面简支梁，截面尺寸 $b\times h=250\ mm\times600\ mm$，$b'_f=500\ mm$，$h'_f=100\ mm$，$a_s=65\ mm$，混凝土强度等级采用 C20，钢筋采用 HRB335 级，在梁的下部配有两排共 $6\Phi25$ 的受拉钢筋，该截面承受的弯矩设计值为 $M=350\ kN\cdot m$，试校核梁是否安全。

【解】 (1)确定计算参数：

$$f_c=9.6\ N/mm^2,\quad f_y=300\ kN\cdot m,\quad \alpha_1=1.0,\quad \xi_b=0.550。$$

$$h_0=600-65=535(mm)$$

(2)判断截面类型：

查表3-8，$6\Phi25 A_s=2\ 945(mm^2)$。

$$f_y A_s=300\times2\ 945=883.5(kN)>\alpha_1 f_c b'_f h'_f$$

$$=1.0\times9.6\times500\times100=480(kN)$$

故该梁属于第二类 T 形截面。

(3)求 x 并判别：

$$x=\frac{f_y A_s-\alpha_1 f_c(b'_f-b)h'_f}{\alpha_1 f_c b}$$

$$=\frac{300\times2\ 945-1.0\times9.6\times(500-250)\times100}{1.0\times9.6\times250}$$

$$=268(mm)<\xi_b h_0=0.550\times535=294(mm)$$

满足要求。

(4)求 M_u：

$$M_u=\alpha_1 f_c bx\left(h_0-\frac{x}{2}\right)+\alpha_1 f_c(b'_f-b)h'_f\left(h_0-\frac{h'_f}{2}\right)$$

$$=1.0\times9.6\times250\times268\times\left(535-\frac{268}{2}\right)+1.0\times9.6\times(500-250)\times100\times\left(535-\frac{100}{2}\right)$$

$$=374.32(kN\cdot m)>M=350\ kN\cdot m$$

故截面安全。

任务 3.3　受弯构件斜截面承载力计算

3.3.1　概述

受弯构件在荷载作用下，截面除承受弯矩 M 外，常常还承受剪力 V。试验研究和工程实践都表明，在剪力和弯矩共同作用的剪弯区段产生斜裂缝，并沿斜裂缝发生斜截面受剪破坏。由于这种破坏往往带有脆性破坏的性质，缺乏明显的预兆，因此在实际工程中应当避免，在设计时必须进行斜截面承载力计算。

为了防止受弯构件发生斜截面破坏，构件应有一个合理的截面尺寸，并配置与梁轴垂直的箍筋。当构件承受的剪力较大时，还可设置与主拉应力方向平行的斜筋，斜筋一般利用梁内的纵筋弯起而形成，又称弯起钢筋。箍筋和弯起钢筋（或斜筋）统称为腹筋。腹筋、纵筋和架立钢筋共同构成钢筋骨架，使各种钢筋得以在施工时维持在正确的位置上，如图 3-3 所示。

3.3.2　斜截面受剪破坏形态

3.3.2.1　无腹筋梁斜截面受剪破坏的主要形态

只配纵向钢筋，无箍筋及弯起钢筋的构件（通常为板），称为无腹筋梁。

试验研究表明，无腹筋梁在集中荷载作用下沿斜截面的破坏主要与 a/h_0（荷载到支座的距离 a 与截面的有效高度 h_0 的比值，a/h_0 称为剪跨比，后续有详解）有关，破坏形态主要有以下三种（图 3-39）。

1. 斜压破坏

当集中荷载距支座较近即 $a/h_0 \leqslant 1$ 时，破坏前梁腹部将首先出现一系列大体上相互平行的腹剪斜裂缝，向支座和集中荷载作用处发展，这些斜裂缝将梁腹分割成若干倾斜的受压杆件，最后由于混凝土斜向压碎而破坏。这种破坏称为斜压破坏。

2. 剪压破坏

当 $1 < a/h_0 < 3$ 时，梁承受荷载后，先在剪跨段内出现弯剪斜裂缝，当荷载继续增加到某一数值时，在数条弯剪斜裂缝中出现一条延伸较长、相对开展较宽

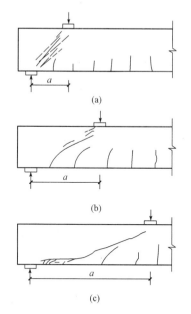

图 3-39　斜截面破坏的主要形态
(a)斜压破坏；(b)剪压破坏；(c)斜拉破坏

的主要斜裂缝，称为临界裂缝。随着荷载的继续增加，临界斜裂缝不断向加载点延伸，使混凝土受压区高度不断减小，最后剪压区的混凝土在剪应力和压应力的共同作用下达到复合应力状态下的极限强度而破坏。这种破坏称为剪压破坏。

3. 斜拉破坏

当 $a/h_0 \geqslant 3$ 时，斜裂缝一出现便很快发展，形成临界斜裂缝，并迅速向加载点延伸，

使混凝土截面裂通，梁被斜向拉断成为两部分而破坏。破坏时，沿纵向钢筋往往产生水平撕裂裂缝，这种破坏称为斜拉破坏。

不同剪跨比梁的破坏形态和承载力虽不同，但破坏均带有脆性破坏的性质，缺乏明显的预兆，属于脆性破坏、在工程中应当采取措施加以避免。

无腹筋梁除上述三种主要的破坏形态外，在不同的条件下，还可能出现其他的破坏形态，例如荷载距离支座很近时的局部挤压破坏、纵筋的锚固破坏等。

3.3.2.2 有腹筋梁斜截面受剪破坏的主要形态

有箍筋、弯起钢筋(统称腹筋)和纵向钢筋的梁，称为有腹筋梁。

有腹筋梁斜截面的破坏与无腹筋梁有相似之处，也有些不同的特点。腹筋虽然不能防止斜裂缝的出现，但却能限制斜裂缝的开展和延伸。因此，腹筋的数量对梁斜截面的破坏形态和受剪承载力有很大影响。

有腹筋梁斜截面的破坏形态也可概括为斜压、剪压和斜拉破坏。

1. 斜压破坏

当配置的箍筋太多或剪跨比很小($\lambda \leqslant 1$)时，梁发生斜压破坏，其特征是混凝土斜向柱体被压碎，但箍筋不屈服。此时梁的受剪承载力取决于构件的截面尺寸和混凝土强度。

2. 剪压破坏

当配箍适量且剪跨比 $1 < \lambda < 3$ 时，梁发生剪压破坏。其特征是箍筋受拉屈服，剪压区混凝土压碎，斜截面受剪承载力随配箍率及箍筋强度的增加而增大。

3. 斜拉破坏

当配箍率太小或箍筋间距太大且剪跨比较大($\lambda \geqslant 3$)时，梁易发生斜拉破坏。其破坏特征与无腹筋相同，破坏时箍筋被拉断。

斜压破坏和斜拉破坏都是不理想的。因为斜压破坏在破坏时箍筋强度未得到充分发挥，斜拉破坏发生得十分突然。因此，在工程设计中应避免出现这两种破坏。

剪压破坏在破坏时箍筋强度得到了充分发挥且破坏时承载力较高，因此，斜截面承载力计算公式就是根据这种破坏模型建立的。

3.3.3 影响斜截面受剪承载力的主要因素

影响受弯构件斜截面受剪承载力的因素很多，主要有以下几个方面。

1. 剪跨比

剪跨比是一个无量纲的计算参数，反映了截面承受的弯矩和剪力的相对大小，一般称为广义剪跨比，可按下式确定：

$$\lambda = \frac{M}{V h_0} \tag{3-34}$$

式中　λ——剪跨比；

　M, V——梁计算截面所承受的弯矩和剪力；

　h_0——截面的有效高度。

对集中荷载作用下的简支梁(图 3-40)，计算截面 1—1 和 2—2 的剪跨比分别为

$$\lambda_1 = \frac{M_1}{V_A h_0} = \frac{V_A a_1}{V_A h_0} = \frac{a_1}{h_0}$$

$$\lambda_2 = \frac{M_2}{V_B h_0} = \frac{V_B a_2}{V_B h_0} = \frac{a_2}{h_0}$$

式中 a_1, a_2——集中力 P_1、P_2 作用点到支座 A、B 之间的距离。

因此，对集中荷载作用下的简支梁，如果距支座第一个集中力到支座距离为 a、截面的有效高度为 h_0，则集中力作用处计算截面的剪跨比称为计算剪跨比，可表示为

$$\lambda = \frac{a}{h_0} \tag{3-35}$$

应当注意的是，对于承受分布荷载或其他复杂荷载的梁，如图 3-41 中的 1—1 截面和图 3-40 中的 3—3 截面，式(3-35)不适用，而应当采用广义剪跨比式(3-34)。

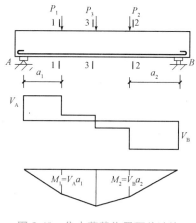

图 3-40 集中荷载作用下剪跨比

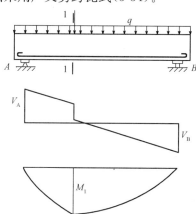

图 3-41 均布荷载作用下剪跨比

试验研究表明，对集中荷载作用下的无腹筋梁，剪跨比是影响破坏形态和受剪承载力最主要的因素之一。如图 3-42 所示为其他条件相同的无腹筋梁在不同剪跨比时的试验结果。从图中可以看出，随着剪跨比的增大，破坏形态发生显著变化，梁的受剪承载力明显降低。小剪跨比时，大多发生斜压破坏，受剪承载力很高；中等剪跨比时，大多发生剪压破坏，受剪承载力次之；大剪跨比时，大多发生斜拉破坏，受剪承载力很低；剪跨比 $\lambda > 3$ 以后，剪跨比对受剪承载力无显著的影响。

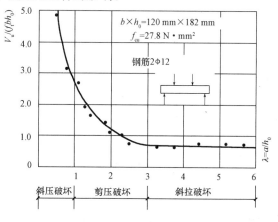

图 3-42 剪跨比的影响

对有腹筋梁，低配箍时剪跨比的影响较大，在中等配箍时剪跨比的影响次之，在高配箍时剪跨比的影响则较小。

2. 混凝土强度

混凝土强度对梁受剪承载力的影响很大。试验研究和理论分析表明，斜裂缝出现后，斜裂缝间的混凝土在剪应力和压应力的作用下处于拉压应力状态，是在拉应力和压应力的共同作用下破坏的。梁的受剪承载力随混凝土抗拉强度 f_t 的提高，大致成线形关系。

从图 3-43 中可以看出，梁斜截面破坏的形态不同，混凝土强度影响的程度也不同。$\lambda=1.0$ 时为斜压破坏，直线斜率较大；$\lambda=3.0$ 时为斜拉破坏，直线斜率较小；$1.0<\lambda<3.0$ 时为剪压破坏，其直线斜率介于上述两者之间。

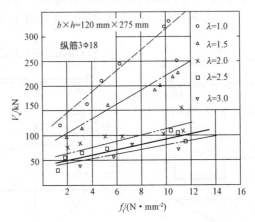

图 3-43 混凝土强度的影响

3. 配箍率和箍筋强度

有腹筋梁出现裂缝以后，箍筋不仅可以直接承受部分剪力，还能抑制斜裂缝的开展和延伸，提高剪压区混凝土的抗剪能力和纵筋的销栓作用，间接提高梁的受剪承载力。试验研究表明，当配置量适当时，梁的受剪承载力随配置箍筋量的增大和箍筋强度的提高而有较大幅度的提高。

配箍量一般用配箍率 ρ_{sv} 表示，即

$$\rho_{sv}=\frac{nA_{sv1}}{bs} \tag{3-36}$$

式中　ρ_{sv}——配箍率；

　　　n——同一截面内箍筋的肢数；

　　　A_{sv1}——单肢箍筋的截面面积；

　　　b——截面宽度；

　　　s——箍筋间距。

图 3-44 表示梁的受剪承载力与配箍率和箍筋强度的乘积，即配箍特征系数 $\rho_{sv}f_{yv}$ 的关系。当其他条件相同时，两者大致成线性关系。

4. 纵向钢筋的配箍率

纵向钢筋能抑制斜裂缝的扩展，使斜裂缝上端剪压区

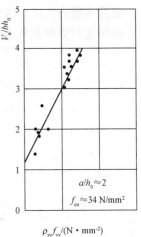

图 3-44 配箍特征系数的影响

的面积较大，从而能承受较大的剪力；同时，纵筋本身也能通过销栓作用承受一定的剪力。因而，纵向钢筋的配筋量增大时，梁的受剪承载力也会有一定的提高。

3.3.4 受弯构件斜截面承载力计算公式及适用范围

3.3.4.1 计算公式的简化

钢筋混凝土受弯构件斜截面破坏形态中，有一些可以通过一定的构造措施来避免。例如，限制梁的截面不使其过小，就可以防止斜压破坏的发生；规定箍筋的最少数量，就可以防止斜拉破坏的发生。

对于剪压破坏，由于梁的受剪承载力变化幅度较大，设计时必须进行计算。《混凝土结构设计规范》(GB 50010—2010)中的承载力计算公式就是根据这种破坏形态的受力特征而建立的。

有腹筋梁发生剪压破坏时，从图3-45临界裂缝左边的脱离体可以看出，斜截面所承受的剪力由三部分组成，即

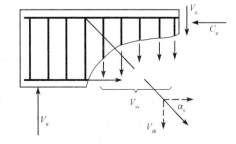

图 3-45 有腹筋梁斜截面破坏时的受力状态

$$V_u = V_c + V_{sv} + V_{sb} \qquad (3-37)$$

式中　V_c——斜裂缝上端或压区混凝土承担的剪力；

　　　V_{sv}——穿过斜裂缝的箍筋承担的剪力；

　　　V_{sb}——穿过斜裂缝的弯起钢筋承担的剪力。

当不配置弯起钢筋时，有

$$V_u = V_c + V_{sv} = V_{cs} \qquad (3-38)$$

式中　V_{cs}——斜截面上混凝土和箍筋共同承担的剪力。

由于影响斜截面受剪承载力的因素较多，尽管国内外学者已进行了大量的试验和研究，但迄今为止，钢筋混凝土梁受剪机理和计算的理论还未完全建立起来。因此，目前各国规范采用的受剪承载力公式仍为半经验、半理论的公式。我国规范所建议使用的计算公式也是采用理论分析和实践经验相结合的方法，通过试验数据的统计分析得出的。

3.3.4.2 受剪承载力计算公式

1. 无腹筋梁受剪承载力计算公式

对无腹筋梁以及不配置箍筋和弯起钢筋的一般板类受弯构件，其斜截面受剪承载力应按以下公式计算：

$$V \leqslant V_c = 0.7\beta_h f_t b h_0 \qquad (3-39)$$

$$\beta_h = \left(\frac{800}{h_0}\right)^{1/4}$$

式中　V——构件斜截面上的最大剪力设计值；

　　　β_h——截面高度影响系数(当$h_0 < 800$ mm 时，取$h_0 = 800$ mm；当$h_0 \geqslant 2\,000$ mm 时，取$h_0 = 2\,000$ mm)；

　　　f_t——混凝土轴心抗拉强度设计值。

2. 有腹筋梁受剪承载力计算公式

(1)当仅配置箍筋时，矩形、T形、I形截面受弯构件的斜截面受剪承载力计算。

仅配置箍筋梁的受剪承载力计算公式采用式(3-38)两部分叠加的形式，由试验结果统计，按95%保证率取偏下限给出受剪承载力的计算公式为

$$V \leqslant V_u = V_{cs} = \alpha_{cv} f_t b h_0 + f_{yv} \frac{A_{sv}}{s} h_0 \tag{3-40}$$

式中　V——构件斜截面上的最大剪力设计值；

　　　V_{cs}——构件斜截面上混凝土和箍筋的受剪承载力设计值；

　　　α_{cv}——斜截面混凝土受剪承载力系数[对于一般受弯构件取0.7；对集中荷载作用下（包括作用有多种荷载，且其中集中荷载对支座截面或节点边缘所产生的剪力值占总剪力值的75%以上的情况）的独立梁，取$\alpha_{cv} = \dfrac{1.75}{\lambda + 1}$，$\lambda$为计算截面的剪跨比，可按式(3-35)取$\lambda = a/h_0$，$a$为计算截面至支座截面或节点边缘的距离，计算截面取集中荷载作用处的截面，当$\lambda < 1.5$时取$\lambda = 1.5$，当$\lambda > 3$时取$\lambda = 3$；计算截面至支座之间的箍筋，应均匀配置]；

　　　A_{sv}——配置在同一截面内箍筋各肢的全部截面面积，$A_{sv} = nA_{sv1}$，其中n为在同一个截面内箍筋的肢数，A_{sv1}为单肢箍筋的截面面积；

　　　s——沿构件长度方向上箍筋的间距；

　　　f_{yv}——箍筋抗拉强度设计值。

（2）当配置箍筋和弯起钢筋时，矩形、T形、I形截面受弯构件的斜截面受剪承载力计算。

配置箍筋和弯起钢筋梁的受剪承载力计算公式采用式(3-37)三部分叠加的形式，即

$$V_u = V_c + V_{sv} + V_{sb}$$

其中　　　　　　　　　　　$V_{sb} = 0.8 f_y A_{sb} \sin\alpha_s \tag{3-41}$

式中　A_{sb}——同一弯起平面内弯起钢筋的截面面积；

　　　f_y——弯起钢筋的抗拉强度设计值，考虑到弯起钢筋在靠近斜裂缝顶部的剪压区时，可能达不到屈服强度，乘以0.8的降低系数；

　　　α_s——斜截面上的弯起钢筋与构件纵向轴线的夹角，一般可取45°；当梁高大于800 mm时，取60°。

因此，对矩形、T形和I形截面的一般受弯构件，当配有箍筋和弯起钢筋时，其斜截面的受剪承载力应按下列公式计算：

$$V \leqslant V_u = V_{cs} + V_{sb} = \alpha_{cv} f_t b h_0 + f_{yv} \frac{A_{sv}}{s} h_0 + 0.8 f_y A_{sb} \sin\alpha_s \tag{3-42}$$

式中　V——配置弯起钢筋处截面剪力设计值，当计算第一排（对支座而言）弯起钢筋时，取用支座边缘处的剪力值；当计算以后的每一排弯起钢筋时，取用前一排（对支座而言）弯起钢筋弯起点处的剪力值。

3.3.4.3　公式的适用范围

1. 上限值——最小截面尺寸

对于有腹筋梁，其斜截面的剪力由混凝土、箍筋（有时包括弯起钢筋）共同承担。当配箍率超过一定值后，梁破坏时发生混凝土被压坏而箍筋未屈服的斜压破坏。此时，梁的受剪承载力取决于混凝土的抗压强度f_c和梁的截面尺寸。为了防止斜压破坏发生，《混凝土结构设计规范》(GB 50010—2010)规定，矩形、T形和I形截面的一般受弯构件，其受剪截

面应符合下列条件：

当 $\dfrac{h_w}{b} \leqslant 4$ 时 $\qquad\qquad\qquad V \leqslant 0.25\beta_c f_c bh_0$ （3-43）

当 $\dfrac{h_w}{b} \geqslant 6$ 时 $\qquad\qquad\qquad V \leqslant 0.2\beta_c f_c bh_0$ （3-44）

当 $4 < \dfrac{h_w}{b} < 6$ 时，按线性内插法取用。

式中 V——构件斜截面上的最大剪力设计值；

β_c——混凝土强度影响系数（当混凝土强度等级不超过 C50 时，取 $\beta_c = 1.0$；当混凝土强度等级为 C80 时，取 $\beta_c = 0.8$；其间按线性内插法取用）；

b——矩形截面的宽度，T 形截面或 I 形截面的腹板宽度；

h_w——截面的腹板高度（矩形截面取有效高度 h_0，T 形截面取有效高度减去翼缘高度，I 形截面取腹板净高）。

若上述条件不能满足，则应加大梁截面尺寸或提高混凝土的强度等级。

2. 下限值——最小配箍率和箍筋的构造规定

当配箍率小于一定值时，斜裂缝一出现，箍筋的应力很快达到其屈服强度（甚至被拉断），不能有效地限制斜裂缝的发展而导致发生斜拉破坏。为了防止这种情况发生，规范规定当 $V > 0.7 f_t bh_0$ 时，箍筋的配箍率应满足：

$$\rho_{sv} = \frac{A_{sv}}{bs} \geqslant \rho_{sv,min} = 0.24\frac{f_t}{f_{yv}}$$ （3-45）

为控制使用荷载下的斜裂缝宽度，并保证箍筋穿越每条斜裂缝，规范规定了最大箍筋间距 s_{max}，见表 3-3。

另外，为了使钢筋骨架具有一定的刚性，便于制作安装，箍筋的直径也不应太小。对截面高度大于 800 mm 的梁，其箍筋直径不宜小于 8 mm；对截面高度为 800 mm 及以下的梁，其箍筋直径不宜小于 6 mm，详见表 3-2。当梁中配有计算需要的纵向受压钢筋时，箍筋的直径尚不小于 $d/4$（d 为纵向受压钢筋的最大直径）。

当梁承受的剪力较小而截面尺寸较大，即满足 $V \leqslant \alpha_{cv} f_t bh_0$ 时，可不进行斜截面的受剪承载力计算，而按上述构造规定选配箍筋。

3.3.4.4 斜截面受剪承载力的计算方法

1. 计算截面位置

在计算斜截面受剪承载力时，其剪力设计值的计算截面应按下列规定采用（图 3-46）：

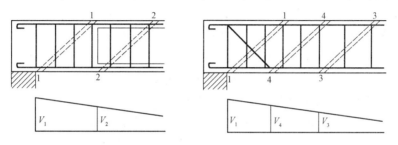

图 3-46 斜截面受剪承载力的计算截面

（1）支座边缘处的截面 1—1。

（2）腹板宽度改变处的截面 2—2。

（3）受控区弯起钢筋弯起点处的截面 3—3。

（4）箍筋截面面积或间距改变处的截面 4—4。

上述截面都是斜截面承载力比较薄弱的地方，所以都应该进行计算，并应取这些斜截面范围内的最大剪力作为剪力设计值。

2. 计算步骤

在实际工程中，受弯构件斜截面承载力的计算通常有两类问题，即截面设计和截面校核。

（1）截面设计。当已知剪力设计值 V、材料强度和截面尺寸，要求确定箍筋和弯起钢筋的数量，其计算步骤可归纳如下：

1）验算梁截面尺寸是否满足要求。梁的截面尺寸以及纵向钢筋通常已由正截面承载力计算初步设定，在进行受剪承载力计算时，首先应按式（3-43）或式（3-44）复核梁截面尺寸，当不满足要求时，应加大截面尺寸或提高混凝土强度等级。

2）判别是否需要按计算配置腹筋。若梁承受的剪力设计值满足 $V \leqslant \alpha_{\mathrm{cv}} f_t b h_0$，可不进行斜截面受剪承载力计算，而按构造规定选配箍筋，否则应按计算配置腹筋。

3）计算箍筋。当剪力完全由混凝土和箍筋承担时，箍筋按下列公式计算：

对于矩形、T 形或 I 形截面的一般受弯构件，由式（3-40）可得

$$\frac{nA_{\mathrm{sv1}}}{s} \geqslant \frac{V - \alpha_{\mathrm{cv}} f_t b h_0}{f_{\mathrm{yv}} h_0} \tag{3-46}$$

计算出 $\dfrac{nA_{\mathrm{sv1}}}{s}$ 后，可先确定箍筋的肢数（一般常用双肢箍，即 $n=2$）和单肢箍筋的截面面积 A_{sv1}，然后求出箍筋的间距 s，应满足最大箍筋间距和最小箍筋直径的要求。

4）计算弯起钢筋。当需要配置弯起钢筋与混凝土和箍筋共同承受剪力时，一般可先选定箍筋的直径和间距，并按式（3-40）计算出 V_{cs}，剩余部分由弯起钢筋承担，则需要弯起钢筋面积为

$$A_{\mathrm{sb}} \geqslant \frac{V - V_{\mathrm{cs}}}{0.8 f_y \sin\alpha_s} \tag{3-47}$$

5）绘制配筋图。根据计算值、构造规定布置腹筋，绘制配筋图。

（2）截面校核。当已知材料强度、截面尺寸、配箍量以及弯起钢筋的截面面积，要求校核斜截面所能承受的剪力 V 时，只需将各已知数据代入式（3-40）或式（3-42），即可求得解答。但应注意按式（3-43）或式（3-44）复核截面尺寸以及配箍率，并检验已配的箍筋直径和间距是否满足构造规定。

【例 3-10】　如图 3-47（a）所示一钢筋混凝土简支梁，承受永久荷载标准值 $g_k = 25 \ \mathrm{kN/m}$，可变荷载标准值 $q_k = 40 \ \mathrm{kN/m}$，环境类别为一类，采用混凝土强度等级为 C30，箍筋 HPB300 级，纵筋 HRB335 级，按正截面受弯承载力计算后，选配 3⌀25 纵筋，$h_0 = 460 \ \mathrm{mm}$，试根据斜截面受剪承载力要求确定腹筋。

【解】　配置腹筋的方法有两种：只配置箍筋；同时配置箍筋和弯起钢筋。

下面分别介绍：

方法一：只配置箍筋。

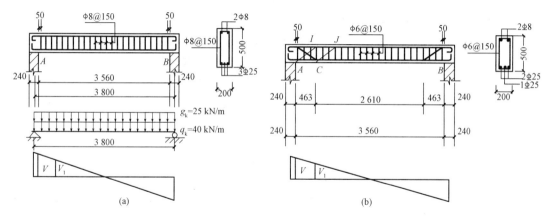

图 3-47 例 3-10 图

(1)已知条件：

$h_0 = 460$ mm，C30 级混凝土 $f_t = 1.43$ N/mm²。

HPB300 级钢筋 $f_{yv} = 270$ N/mm²，HRB335 级钢筋 $f_y = 300$ N/mm²。

(2)计算剪力设计值。

最危险的截面在支座边缘处，剪力设计值如下。

1)以永久荷载效应组合为主：

$$V = \frac{1}{2}(\gamma_G g_k + \gamma_Q q_k) \times l_n = \frac{1}{2} \times (1.35 \times 25 + 1.4 \times 40) \times 3.56 = 159.76(\text{kN})$$

2)以可变荷载效应组合为主：

$$V = \frac{1}{2}(\gamma_G g_k + \gamma_Q q_k) \times l_n = \frac{1}{2} \times (1.2 \times 25 + 1.4 \times 40) \times 3.56 = 153.08(\text{kN})$$

两者取大值：$V = 159.76$ kN。

(3)验算截面尺寸。

$h_w = h_0 = 460$ mm，$\dfrac{h_w}{b} = \dfrac{460}{200} < 4$。

$0.25\beta_c f_c b h_0 = 0.25 \times 14.3 \times 200 \times 460 = 3.289 \times 10^5 (\text{N}) = 328.9 \text{ kN} > V = 159.76 \text{ kN}$

截面尺寸满足要求。

(4)判别是否需要按计算配置腹筋。

$\alpha_{cv} f_t b h_0 = 0.7 \times 1.43 \times 200 \times 460 = 9.209 \times 10^4 (\text{N}) = 92.09 \text{ kN} < V = 159.76 \text{ kN}$

需要按计算配置腹筋。

(5)计算腹筋用量并验算配筋率。

$$\frac{nA_{sv1}}{s} \geqslant \frac{V - 0.7f_t b h_0}{f_{yv} h_0} = \frac{159.76 \times 10^3 - 0.7 \times 1.43 \times 200 \times 460}{270 \times 460} = 0.544\ 8(\text{mm}^2/\text{mm})$$

选 Φ8 双肢箍，$A_{sv1} = 50.3$ mm²，$n = 2$，代入上式得

$s \leqslant 185$ mm，取 $s = 150$ mm。

实际配箍率 $\rho_{sv} = \dfrac{nA_{sv1}}{bs} = \dfrac{2 \times 50.3}{200 \times 150} = 0.335\% \geqslant \rho_{sv,\min} = 0.24\dfrac{f_t}{f_{yv}} = 0.24 \times \dfrac{1.43}{270} = 0.127\%$

所选用箍筋的直径和间距均符合构造规定，配筋图如图 3-47(a)所示。

方法二：同时配置箍筋和弯起钢筋。

(1)截面尺寸验算与方法一相同。

(2)确定箍筋和弯起钢筋。一般可先确定箍筋，箍筋的数量可参考设计经验和构造要求，选φ6@150，弯起钢筋利用 HRB335 级纵筋弯起，弯起角 $\alpha_s=45°$，$f_y=300$ N/mm²。由式(3-47)可得

$$A_{sb} \geqslant \frac{V-V_{cs}}{0.8f_y\sin\alpha_s}$$

$$= \frac{159.76\times10^3-0.7\times1.43\times200\times460-270\times\dfrac{2\times28.3}{200}\times460}{0.8\times300\times\sin45°}$$

$$=191.62(mm^2)$$

实际从梁底弯起 $1\underline{\Phi}25$，$A_{sb}=491$ mm²，满足要求，若不满足，应修改箍筋直径和间距。

上面的计算考虑的是从支座边 A 处向上发展的斜截面 AI[图 3-47(b)]，为了保证沿梁各斜截面的安全，对纵筋弯起点 C 处的斜截面 CJ 也应该验算。根据弯起钢筋的弯终点到支座边缘的距离应符合 $s_1<s_{max}$，本例取 $s_1=50$ mm，根据 $\alpha=45°$ 可求出弯起钢筋的弯起点到支座边缘的距离为 $50+500-25\times2-6\times2-25=463(mm)$，因此 C 处的剪力设计值为

$$V_1 = \frac{0.5\times3.56-0.463}{0.5\times3.56}\times153.08=113.26(kN)$$

$$V_{cs} = \alpha_{cv}f_tbh_0+f_{yv}\frac{A_{sv}}{s}h_0 = 0.7\times1.43\times200\times460+270\times\frac{2\times28.3}{150}\times460$$

$$=1.3896\times10^5(N)=138.96\ kN>V_1=113.26\ kN$$

CJ 斜截面受剪承载力满足要求，若不满足，应修改箍筋直径和间距或再弯起一排钢筋，直到满足。既配箍筋又配弯起钢筋的情况如图 3-47(b)所示。

【例 3-11】　T 形截面简支梁，梁的支承情况、荷载设计值(包括梁自重)及截面尺寸如图 3-48 所示。混凝土强度等级为 C30，纵向钢筋采用 HRB400 级，箍筋采用 HRB335 级。梁截面受拉区配有 $8\underline{\Phi}20$ 纵向受力钢筋，$h_0=640$ mm。求：①仅配置箍筋，求箍筋的直径和间距；②配置双肢 φ8@200 箍筋，计算弯起钢筋的数量。

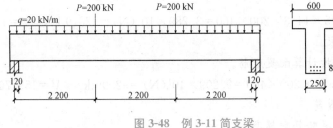

图 3-48　例 3-11 简支梁

【解】　(1)计算剪力设计值。

简支梁剪力图如图 3-49 所示。

最危险的截面在支座边缘处，以该处的剪力控制设计，支座边缘剪力为

$$V = \frac{1}{2}\times20\times(2.2\times3-0.24)+200=263.6(kN)$$

(2)验算截面尺寸。

截面为 T 形，故 $h_w=h_0-h_f'=640-100=540(mm)$。

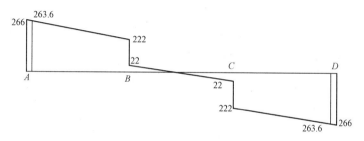

图 3-49　剪力图(单位为 kN)

$h_w/b=540/250=2.16<4$。

混凝土强度等级为 C30，$\beta_c=1.0$，$f_t=1.43$ N/mm^2，$f_c=14.3$ N/mm^2。

$0.25\beta_c f_c bh_0=0.25\times1.0\times14.3\times250\times640=5.72\times10^5(N)=572$ kN>263.6 kN

截面尺寸满足要求。

（3）验算是否需要按计算配置腹筋。由于集中荷载对支座截面所产生的剪力设计值均占支座截面总剪力设计值的 75% 以上，因此，各支座截面应考虑剪跨比。

$$\lambda=\frac{a}{h_0}=\frac{2\,200-120}{640}=3.25>3.0，取 \lambda=3.0。$$

$$\alpha_{cv}f_t bh_0=\frac{1.75}{\lambda+1}f_t bh_0=\frac{1.75}{3.0+1}\times1.43\times250\times640=100\,100\text{(N)}=100.1 \text{ kN}<263.6 \text{ kN}$$

故需要按计算配置腹筋。

（4）仅配置箍筋。

AB、CD 段箍筋计算：

$$\frac{A_{sv}}{s}\geqslant\frac{V-\dfrac{1.75}{\lambda+1}f_t bh_0}{f_{yv}h_0}=\frac{263.6\times10^3-100.1\times10^3}{300\times640}=0.852$$

取双肢 Φ8 箍筋，$A_{sv}=101$ mm^2。

则 $s\leqslant\dfrac{A_{sv}}{0.852}=119$(mm)，取 $s=100$ mm。

$$\rho=\frac{A_{sv}}{bs}=\frac{101}{250\times100}=0.404\%>\rho_{min}=0.24\frac{f_t}{f_{yv}}=0.24\times\frac{1.43}{300}=0.11\%$$

BC 段剪力设计值较小，按构造要求选用双肢 Φ8@250 即可。

（5）对于配置双肢 Φ8@200 箍筋，计算弯起钢筋的数量。

选用双肢 Φ8@200 箍筋，则

$$A_{sb}\geqslant\frac{V-V_{cs}}{0.8f_y\sin\alpha_s}=\frac{263.6\times10^3-(100.1\times10^3+300\times\dfrac{101}{200}\times640)}{0.8\times360\times\sin45°}=327\text{(mm}^2)$$

选用 2Φ20($A_s=628$ mm^2)，在 AB 段弯起三排，即每次弯起 2 根，分三次弯起，以覆盖 AB 段，并满足弯筋的构造要求。

3.3.5　纵向钢筋的弯起和截断

钢筋混凝土梁除可能沿斜截面发生受剪破坏外，还可能沿斜截面发生受弯破坏。如果

按跨中弯矩 M_{max} 计算的纵筋沿梁全长布置，既不弯起也不截断，则必然会满足任何截面上的弯矩。这种纵筋沿梁长布置，构造虽然简单，但钢筋强度除跨中弯矩 M_{max} 截面处得到充分利用，其他截面均没有得到充分利用，是不经济的。在实际工程中，一部分纵筋有时要弯起，有时要截断，这就可能影响梁的承载力，特别是影响斜截面的受弯承载力。因此，需要掌握根据正截面和斜截面的受弯承载力来确定纵筋的弯起点和截断位置的方法。

此外，梁的承载力还取决于纵向钢筋在支座处的锚固，如果锚固长度不足，可能引起支座处的粘结锚固破坏，造成钢筋强度不能充分发挥而降低承载力。如何通过构造措施，保证钢筋在支座处的有效锚固，也是十分重要的。

3.3.5.1 材料抵抗弯矩图

材料抵抗弯矩图是指按照梁实配的纵向钢筋的数量计算并绘制的各截面所能承受的弯矩图，它反映了沿梁长正截面上材料的抗力。图 3-50 中竖标所表示的正截面受弯承载力设计值 M_R 简称抵抗弯矩。曲线 aob 表示设计弯矩图 M 图，按照最大弯矩计算跨中截面需配置 $2\Phi25+1\Phi22$ 的纵筋，这三根纵筋若都向两边直通到支座，则沿梁任一截面都能抵抗同样大小的弯矩，我们画一条水平线 cd，称为材料抵抗弯矩图 M_R 图。该梁中每根钢筋所能承担的抵抗弯矩 M_{Ri} 可近似按该钢筋的面积 A_{si} 与总面积 A_s 的比，乘以 M_R 求得，即

$$M_{Ri}=\frac{A_{si}}{A_s}M_R \tag{3-48}$$

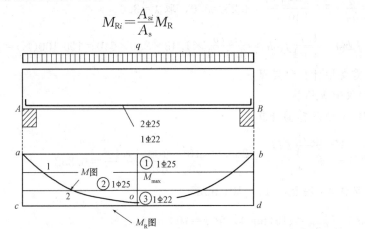

图 3-50　配通长筋简支梁的抵抗弯矩图

按上述公式近似计算出每根钢筋所能抵抗的弯矩，如图 3-50 所示。其中竖距 $a-1$ 代表 $1\Phi25$ 纵筋所能抵抗的弯矩，竖距 $1-2$ 代表另外 $1\Phi25$ 所能抵抗的弯矩，竖距 $2-o$ 代表 $1\Phi22$ 的纵筋所能抵抗的弯矩。

从图 3-50 可以看出，o 点处三根纵筋 $2\Phi25+1\Phi22$ 被充分利用，2 点处 $2\Phi25$ 纵筋被充分利用，而 1 点处只有 $1\Phi22$ 纵筋被充分利用。

图 3-51 是图 3-50 简支梁钢筋的另一种布置方法，跨中的 $2\Phi25+1\Phi22$ 的纵筋，在 C 点和 F 点将 $1\Phi22$ 弯起以抵抗斜截面剪力。这样在 CF 段有 $2\Phi25+1\Phi22$ 的纵筋，材料抵抗弯矩图为一水平直线 cf。在 AD 和 BG 段（D、G 为弯起钢筋和梁轴线的交点）只有 $2\Phi25$ 的纵筋，抵抗弯矩显然比 CF 段小，其值按式(3-48)来确定，其材料抵抗弯矩图可分别用水平直线 ed 和 hg 表示。CD 段和 FG 段按连续变化即平滑直线相连。

比较以上两种布置方案可知，纵筋沿梁通长布置是不经济的，因为沿梁多数截面的纵

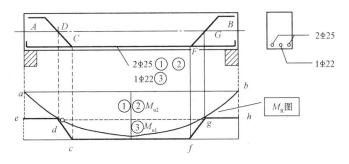

图 3-51 配弯起筋简支梁的抵抗弯矩图

筋没有被充分利用，有的则根本不需要。因此，从正截面的受弯构件承载力来看，把纵筋在不需要的地方弯起或截断是较为经济合理的。从抵抗弯矩图可以看出，抵抗弯矩图越靠近设计弯矩图，纵筋利用也就越充分，因而也越经济。但在实际工程中，纵筋弯起和截断还要根据梁的具体情况、构造要求等问题进行综合考虑。

3.3.5.2　纵筋弯起的构造要求

纵筋弯起点的位置要考虑以下几个方面因素：

(1)保证正截面的受弯承载力。纵筋弯起后，剩下的纵筋数量减少，正截面的受弯承载力要降低。为保证正截面的受弯承载力满足要求，必须使材料抵抗弯矩图包在设计弯矩图的外面。

(2)保证斜截面的受剪承载力。在设计中如果要利用弯起的纵筋抵抗斜截面的剪力，则纵筋的弯起位置还要满足：从支座边缘到第一排(相对支座而言)弯起钢筋上弯点的距离，以及前一排弯起钢筋的下弯点到次一排弯起钢筋上弯点的距离不得大于箍筋的间距 s_{max}，以防出现不与弯起钢筋相交的斜裂缝。

(3)为了保证斜截面的受弯承载力，纵筋弯起点的位置还应满足图 3-52 的要求，即弯起点应在按正截面受弯承载力计算该钢筋强度被充分利用的截面(称充分利用点)以外，其距离 s_1 应大于或等于 $h_0/2$。

在图 3-52 中，1 号筋的充分利用点在 a 点，不需要点在 b 点；应使 af 的水平距离 $s_1 \geqslant h_0/2$，同时 j 点不能落在 b 点的右边。2 号筋的充分利用点在 b 点，不需要点在 c 点；应使 bg 的水平距离 $s_1 \geqslant h_0/2$，同时 k 点不能落在 c 点的右边。3 号筋的充分利用点在 d 点，不需要点在 e 点；应使 dh 的水平距离 $s_1 \geqslant h_0/2$，同时 l 点不能落在 e 点的右边。

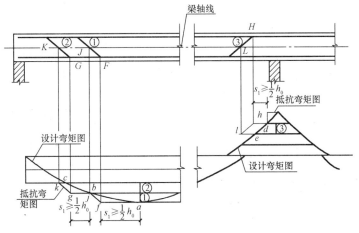

图 3-52　纵筋弯起的构造要求

3.3.5.3 纵筋的截断和锚固

1. 纵筋的截断

一般情况下，纵向受力钢筋不宜在受拉区截断，因为截断处受力钢筋面积突然减小，容易引起混凝土拉应力突然增大，导致在纵筋截断处过早出现斜裂缝。因此，对于梁底承受正弯矩的钢筋，通常是将计算上不需要的钢筋弯起作为抗剪钢筋或承受支座负弯矩的钢筋，而不采取截断的方式。在支座负弯矩区段，负弯矩向支座两侧迅速减小，常采用截断钢筋的办法，减少钢筋用量，以节省钢材。对于支座承受负弯矩的钢筋，必须截断时，应按以下规定进行（图 3-53）：

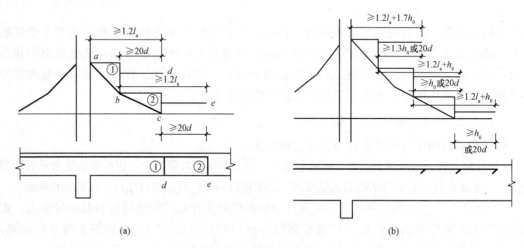

图 3-53 钢筋截断构造要求

(a)$V<0.7f_tbh_0$ 时的钢筋截断；(b)$V\geqslant0.7f_tbh_0$ 时的钢筋截断

（1）当 $V<0.7f_tbh_0$ 时，应延伸至正截面受弯承载力计算不需要该钢筋的截面以外不小于 $20d$ 处截断，而且从该钢筋充分利用截面伸出的长度不应小于 $1.2l_a$。

（2）当 $V\geqslant0.7f_tbh_0$ 时，应延伸至正截面受弯承载力计算不需要该钢筋的截面以外不小于 h_0 且不小于 $20d$ 处截断，而且从该钢筋充分利用截面伸出的长度不应小于$(1.2l_a+h_0)$。

（3）若按上述规定确定的截面点仍位于支座最大负弯矩对应的受拉区内，则应延伸不需要该钢筋的截面以外不小于 $1.3h_0$ 且不小于 $20d$，同时，从该钢筋充分利用截面伸出的长度不应小于$(1.2l_a+1.7h_0)$。

2. 纵筋的锚固

伸入支座的纵向钢筋应有足够的锚固长度，以防止斜裂缝形成后纵向钢筋被拔出。

（1）简支支座。简支梁和连续梁简支端的下部纵向钢筋伸入梁支座范围内的锚固长度 l_{as}（图 3-54）应符合下列条件：

当 $V\leqslant0.7f_tbh_0$ 时，$l_{as}\geqslant5d$；

当 $V>0.7f_tbh_0$ 时，带肋钢筋 $l_{as}\geqslant12d$；光圆钢筋 $l_{as}\geqslant15d$。

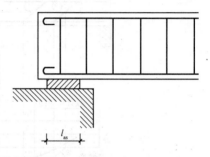

图 3-54 简支支座钢筋的锚固

式中，l_{as} 为钢筋的受拉锚固长度；d 为锚固钢筋直径。

如果纵向受力钢筋伸入梁支座范围内的锚固长度不符合上述规定，应采取弯钩或机械锚固等有效的锚固措施。

（2）中间支座。框架梁或连续梁的上部纵向钢筋应贯穿中间节点或中间支座范围。

框架梁或连续梁的下部纵向钢筋在中间节点或中间支座处的锚固应满足下列要求（图 3-55）。

1）当计算中不利用钢筋强度时，其伸入节点或中间支座处的锚固长度对带肋钢筋不小于 $12d$，对光圆钢筋不小于 $15d$，d 为钢筋的最大直径。

2）当计算中充分利用钢筋的抗压强度时，下部纵向钢筋应锚固在节点或支座内，采用直线锚固形式时，锚固长度不应小于 $0.7l_a$。

3）当计算中充分利用钢筋的抗拉强度时，下部纵向钢筋应按受压钢筋锚固在中间节点或中间支座内，其直线锚固长度不应小于 l_a［图 3-55(a)］。

4）下部纵向钢筋也可贯穿节点或支座范围，并在节点或支座以外梁内弯矩较小处设置搭接接头，搭接长度的起始点至节点或支座边缘的距离不应小于 $1.5h_0$［图 3-55(b)］。

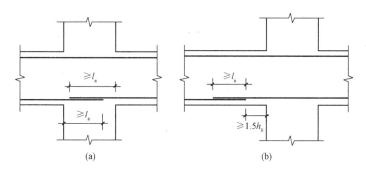

图 3-55　梁下部纵向钢筋在中间节点或中间支座处的锚固

3.3.5.4　弯起钢筋的构造要求

（1）弯起钢筋的间距。当设置抗剪弯起钢筋时，前一排（相对支座而言）弯起钢筋的下弯点到次一排弯起钢筋上弯点的距离不得大于表 3-3 规定的箍筋最大间距 s_{max}。

（2）弯起钢筋的锚固长度。弯起钢筋的末端应留有直线段作为锚固长度，其长度在受拉区不应小于 $20d$，在受压区不应小于 $10d$，对于光圆钢筋，在其末端还应设置弯钩（图 3-56）。此处，d 为弯起钢筋的直径。

图 3-56　弯起端部锚固

（3）弯起钢筋的弯起角度。梁中弯起钢筋的弯起角度一般可取 $45°$，当梁截面高度大于 800 mm 时，取为 $60°$。梁底层钢筋中的角部钢筋不弯起。

（4）受剪弯起钢筋的形式。当为了满足材料抵抗弯矩图的需要，不能弯起纵向受拉钢筋时，可设置单独的受剪弯起钢筋。单独的受剪弯起钢筋应采用"鸭筋"，而不应采用"浮筋"，否则一旦弯起，钢筋滑动将使斜裂缝开展过大(图 3-57)。

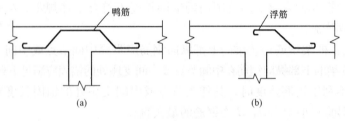

图 3-57 鸭筋和浮筋

(a)鸭筋；(b)浮筋

钢筋混凝土构件的承载能力极限状态计算是保证结构安全可靠的前提，以满足构件安全的要求。而要使构件具有预期的适用性和耐久性，则应进行正常使用极限状态的验算，即对构件进行裂缝宽度及变形验算。

考虑到结构构件不满足正常使用极限状态时所带来的危害性比不满足承载力极限状态时要小，其相应的可靠指标也要小些。《混凝土结构设计规范》(GB 50010—2010)规定，对于正常使用极限状态，结构构件应分别按荷载的准永久组合并考虑长期作用影响或标准组合并考虑长期作用影响进行验算，并应保证变形、裂缝宽度等计算值不超过相应的规定限值。由于混凝土构件的变形及裂缝宽度都随时间增大，验算变形及裂缝宽度时，应按荷载的准永久组合并考虑荷载长期效应的影响。

3.4.1　受弯构件的裂缝宽度验算

1. 裂缝控制的目的

由于混凝土的抗拉强度很低，在荷载不大时，当混凝土构件中产生的拉应力超过混凝土的抗拉强度时即开裂。因此，截面受有拉应力的钢筋混凝土构件在正常使用阶段出现裂缝是难免的，对于一般的工业与民用建筑来说，也是允许带裂缝工作的。

对裂缝的开展宽度进行限制，主要考虑两个方面的原因，一是外观的要求；二是耐久性的要求，并以后者为主。从外观要求考虑，裂缝过宽给人以不安全的感觉，同时也影响对质量的评估。从耐久性要求考虑，如果裂缝过宽，在有水浸入或空气相对湿度很大或所处的环境恶劣时，裂缝处的钢筋将锈蚀甚至严重腐蚀，导致钢筋截面面积减小，使构件的承载力下降。因此，必须对构件的裂缝宽度进行控制。

2. 裂缝的出现和开展

受弯构件的裂缝包括由弯矩产生的正应力引起的垂直裂缝和由弯矩、剪力产生的主拉应力引起的斜裂缝。对于主拉应力引起的斜裂缝，当按斜截面抗剪承载力计算配置了足够的腹筋后，其斜裂缝的宽度一般都不会超过规范所规定的最大裂缝宽度的限值，所以在此主要讨论由弯矩引起的垂直裂缝情况。

如图 3-58 所示的简支梁，CD 段为纯弯段，设 M 为外荷载产生的弯矩，M_{cr} 为构件沿正截面的开裂弯矩，即构件垂直裂缝即将出现时的弯矩。当 $M < M_{cr}$ 时，构件受拉区边缘混凝土的拉应力小于混凝土的抗拉强度，构件不会出现裂缝。当 $M = M_{cr}$ 时，纯弯段上最薄弱的截面将首先出现第一条裂缝。在第一条裂缝出现后，裂缝截面处的受拉混凝土退出工作，荷载产生拉力全部由钢筋承担，使开裂截面处纵向受拉钢筋的拉应力突然增大，而裂缝处混凝土的拉应力降为零，裂缝两侧尚未开裂的混凝土必然试图也使其拉应力降为零，从而使该处的混凝土向裂缝两侧回缩，混凝土与钢筋表面出现相对滑移并产生变形差，故裂缝一出现即具有一定的宽度。由于钢筋和混凝土之间存在粘结应力，因而裂缝截面处的钢筋应力又通过粘结应力逐渐传递给混凝土，钢筋的拉应力则相应减小，而混凝土拉应力则随着离开裂缝截面的距离的增大而逐渐增大，随着弯矩的增加，当 $M > M_{cr}$ 时，在离开第一条裂缝一定距离的截面的混凝土拉应力又达到了其抗拉强度，从而出现第二条裂缝。在第二条裂缝处的混凝土同样朝裂缝两侧滑移，混凝土的拉应力又逐渐增大，当其达到混凝土的抗拉强度时，又出现新的裂缝。按类似的规律，新的裂缝不断产生，裂缝间距不断减小，当裂缝减小到无法使未产生裂缝处的混凝土的拉应力增大到混凝土的抗拉强度时，这时即使弯矩继续增加，也不会产生新的裂缝，因而可以认为此时裂缝的出现已经稳定。

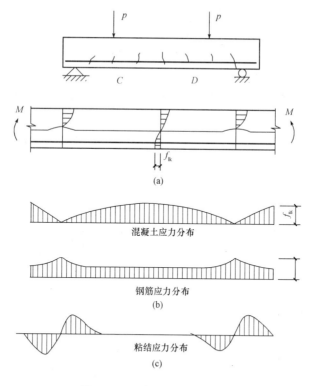

图 3-58　受弯构件裂缝的开展

当荷载继续增加，M 由 M_{cr} 增加到使用阶段荷载效应准永久组合的弯矩值 M_q 时，对一般梁，在使用荷载作用下裂缝的发展已趋于稳定，新的裂缝将不再增加。

3. 平均裂缝间距

计算构件裂缝宽度时，需先计算裂缝的平均间距。理论分析表明，裂缝间距主要取决于纵向受拉钢筋有效配筋率 ρ_{te}、钢筋直径 d、混凝土的保护厚度 c 等。根据试验结果，平均裂缝间距可按半理论半经验公式计算：

$$l_{cr} = 1.9c_s + 0.08\frac{d_{eq}}{\rho_{te}} \tag{3-49}$$

$$d_{eq} = \frac{\sum n_i d_i^2}{\sum n_i v_i d_i} \tag{3-50}$$

$$\rho_{te} = \frac{A_s}{A_{te}} \tag{3-51}$$

式中　c_s——最外层纵向受拉钢筋外边缘至受拉区底边的距离（当 $c_s < 20$ mm时，取 $c_s = 20$ mm；当 $c_s > 65$ mm时，取 $c_s = 65$ mm）；

　　　ρ_{te}——按有效受拉混凝土截面计算的纵向受拉钢筋配筋率（简称有效配筋率）（在最大裂缝宽度计算中，当 $\rho_{te} < 0.01$ 时，取 $\rho_{te} = 0.01$）；

　　　A_{te}——有效受拉混凝土的截面面积[对受弯、偏心受压和偏心受拉构件取 $A_{te} = 0.5bh + (b_f - b)h_f$，其中，$b_f$、$h_f$ 分别为受拉翼缘的宽度和高度，如图 3-59 所示]；

　　　A_s——受拉区纵向钢筋的截面面积；

　　　d_{eq}——受拉区纵向钢筋的等效直径；

　　　d_i——第 i 种纵向受拉钢筋的直径；

　　　n_i——第 i 种纵向受拉钢筋的根数；

　　　v_i——受拉区第 i 种纵向钢筋的相对粘结特性系数（对带肋钢筋，取 1.0；对光圆钢筋，取 0.7）。

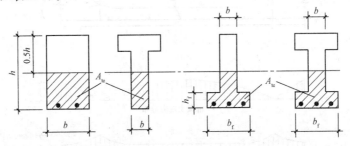

图 3-59　受拉区有效受拉混凝土截面面积 A_{te} 的取值

4. 平均裂缝宽度

如上所述，裂缝的开展是由于混凝土的回缩造成的。因此，两条裂缝之间受拉钢筋的伸长值与同一处受拉混凝土伸长值的差值就是构件的平均裂缝宽度，如图 3-60 所示，则受弯构件的平均裂缝宽度 w_m 为：

$$w_m = \varepsilon_{sm}l_{cr} - \varepsilon_{ctm}l_{cr} = \varepsilon_{sm}\left(1 - \frac{\varepsilon_{ctm}}{\varepsilon_{sm}}\right)l_{cr} \tag{3-52}$$

式中　ε_{sm}——纵向受拉钢筋的平均拉应变，$\varepsilon_{sm} = \psi\varepsilon_{sq} = \psi\sigma_{sq}/E_s$，$\psi$ 为裂缝间纵向受拉钢筋应变不均匀系数；

　　　ε_{ctm}——与纵向受拉钢筋相同水平处侧表面混凝土的平均拉应变。

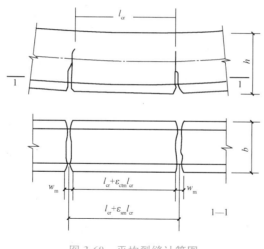

图 3-60　平均裂缝计算图

令 $\alpha_c = 1 - \dfrac{\varepsilon_{ctm}}{\varepsilon_{sm}}$，$\alpha_c$ 称为裂缝间混凝土自身伸长对裂缝宽度的影响系数，将 α_c 及 ε_{sm} 表达式代入式(3-52)，可得

$$w_m = \alpha_c \psi \frac{\sigma_{sq}}{E_s} l_{cr} \tag{3-53}$$

试验研究表明，α_c 系数虽然与配筋率、截面形状和混凝土保护层厚度等因素有关，但在一般情况下 α_c 变化不大，且对裂缝开展宽度的影响也不大，为简化计算，对受弯、轴心受拉、偏心受力构件，均可近似取 $\alpha_c = 0.85$，则式(3-53)成为

$$w_m = 0.85 \psi \frac{\sigma_{sq}}{E_s} l_{cr} \tag{3-54}$$

由式(3-54)可以看出，裂缝宽度主要与裂缝截面处的钢筋应力 σ_{sq}、裂缝间距 l_{cr}[式(3-49)]、裂缝间纵向受拉钢筋应变不均匀系数 ψ 有关，问题转换为确定 σ_{sq}、ψ 即可。

(1)裂缝截面处的钢筋应力 σ_{sq}。σ_{sq} 指按荷载效应的准永久组合计算的混凝土构件裂缝截面处纵向受拉钢筋的应力。对受弯构件，按下式计算：

$$\sigma_{sq} = \frac{M_q}{0.87 A_s h_0} \tag{3-55}$$

式中　M_q——按荷载效应的准永久组合计算的弯矩值。

(2)裂缝间纵向受拉钢筋应变不均匀系数 ψ。在两个相邻裂缝间，钢筋应变是不均匀的，裂缝截面处最大，离开裂缝截面就逐渐减小，这主要是由于裂缝间的受拉混凝土参加工作的缘故。因此，ψ 反映了裂缝之间混凝土协助钢筋抗拉工作的程度。ψ 越小，裂缝之间的混凝土协助钢筋抗拉工作越强。《混凝土结构设计规范》(GB 50010—2010)规定，ψ 按下式计算：

$$\psi = 1.1 - 0.65 \frac{f_{tk}}{\rho_{te}\sigma_{sq}} \tag{3-56}$$

式中　f_{tk}——混凝土轴心抗拉强度标准值；

　　　ψ——裂缝间纵向受拉钢筋应变不均匀系数(当 $\psi < 0.2$ 时，取 $\psi = 0.2$；当 $\psi > 1$ 时，取 $\psi = 1$；对直接承受重复荷载构件，取 $\psi = 1$)。

5. 最大裂缝宽度的计算及验算

(1)最大裂缝宽度的计算公式。按式(3-54)求得的 w_m 是整个构件上的平均裂缝宽度，而实际上由于混凝土质量的不均匀，裂缝的间距有疏有密，每条裂缝开展的宽度有大有小，裂缝宽度离散性是很大的。验算宽度是否超过允许值，应以最大裂缝宽度为准。同时在荷载长期作用下，由于混凝土的徐变和受拉混凝土的应力松弛导致裂缝间受拉混凝土不断退出工作，这将使 ψ 增大，从而使裂缝宽度随时间而增大。

为考虑这些不利因素，《混凝土结构设计规范》(GB 50010—2010)规定，对矩形、T形、倒 T 形、I 形截面的钢筋混凝土受弯构件，按荷载效应的准永久组合并考虑长期作用影响的最大裂缝宽度 w_{max} 可按下列公式计算：

$$w_{max} = \alpha_{cr}\psi\frac{\sigma_{sq}}{E_s}\left(1.9c_s + 0.08\frac{d_{eq}}{\rho_{te}}\right) \tag{3-57}$$

式中　α_{cr}——构件受力特征系数，受弯构件取 $\alpha_{cr}=1.9$。

(2)最大裂缝宽度的验算。为满足构件正常使用极限状态的要求，规范规定，按荷载效应的准永久组合并考虑长期作用影响，计算的最大裂缝宽度 w_{max} 不应超过最大裂缝宽度限值 w_{lim}。w_{lim} 为最大裂缝宽度的限值，即

$$w_{max} \leqslant w_{lim} \tag{3-58}$$

验算最大裂缝宽度的步骤可归纳为：

1)按荷载效应的准永久组合计算弯矩值 M_q。

2)计算纵向受拉钢筋应力 σ_{sq}。

3)计算有效配筋率 ρ_{te}。

4)计算受拉钢筋的应力不均匀系数 ψ。

5)计算最大裂缝宽度 w_{max}。

6)验算是否满足 $w_{max} \leqslant w_{lim}$。

6. 减小裂缝宽度的措施

若求出的最大裂缝宽度 w_{max} 大于规范规定的限值 w_{lim}，则应采取措施减小裂缝宽度。

(1)适当增加用钢量，裂缝宽度与裂缝截面处纵向受拉钢筋应力成正比，与有效受拉配筋率成反比，因此可适当增加钢筋截面面积 A_s，以提高 ρ_{te}、降低 σ_{sq}，从而减小裂缝宽度。

(2)合理选用钢筋，裂缝宽度与受拉钢筋直径成正比，其他条件相同情况下直径越大裂缝宽度越大，因此，在满足构造要求的前提下尽量选用直径较细、根数多的配筋方式，从而分散裂缝、减小裂缝宽度。

【例 3-12】 某简支梁，计算跨度 $l_0=5.0$ m，截面尺寸为 250 mm×700 mm，永久荷载标准值 $g_k=40$ kN/m(含自重)，可变荷载标准值 $q_k=16$ kN/m，准永久系数 $\psi_q=0.5$，强度等级为 C30 混凝土，HRB400 级钢筋，最外层纵向受拉钢筋外边缘至受拉区底边的距离 $c_s=20$ mm，按正截面计算配置 4Φ25($A_s=1\ 964$ mm²)纵向受拉钢筋，$a_s=40$ mm，环境等级为一类。$w_{lim}=0.3$ mm，试验算该梁的裂缝宽度是否满足要求。

【解】 (1)查表得：

$\alpha_{cr}=1.9$，$f_{tk}=2.01$ N/mm²，$E_s=2.0\times10^5$ N/mm²，$d_{eq}=25$ mm。

$h_0=h-a_s=700-40=660$(mm)，$A_s=1\ 964$ mm²。

(2)计算荷载准永久组合作用下跨中的弯矩值。

$$M_q = \frac{1}{8}(g_k+\psi_q q_k)l_0^2 = \frac{1}{8}\times(40+0.5\times16)\times5.0^2 = 150(\text{kN}\cdot\text{m})$$

（3）计算纵向受拉钢筋应力 σ_{sq}。

$$\sigma_{sq}=\frac{M_q}{0.87A_sh_0}=\frac{150\times10^6}{0.87\times1\,964\times660}=133.0(\text{N/mm}^2)$$

（4）按有效受拉混凝土截面面积计算配筋率 ρ_{te}。

$$\rho_{te}=\frac{A_s}{A_{te}}=\frac{A_s}{0.5bh}=\frac{1\,964}{0.5\times250\times700}=0.022\,4$$

该值大于 0.01。

（5）计算钢筋应变不均匀系数 ψ。

$$\psi=1.1-\frac{0.65f_{tk}}{\rho_{te}\sigma_{sq}}=1.1-\frac{0.65\times2.01}{0.022\,4\times133.0}=0.66$$

该值小于 1.0 大于 0.2。

（6）求最大裂缝宽度 w_{max}。

$$w_{max}=\alpha_{cr}\psi\frac{\sigma_{sq}}{E_s}(1.9c_s+0.08\frac{d_{eq}}{\rho_{te}})=1.9\times0.66\times\frac{133}{2\times10^5}\times(1.9\times20+0.08\times\frac{25}{0.022\,4})$$

$$=0.106(\text{mm})<w_{lim}=0.3\text{ mm}$$

满足要求。

3.4.2 受弯构件的变形验算

1. 变形控制的目的

一般建筑对混凝土构件的变形有一定的要求，主要是出于以下四个方面的考虑：

（1）保证建筑的使用功能要求。结构构件产生过大的变形将损害甚至丧失其使用功能。例如，厂房中吊车梁的挠度过大会妨碍吊车的正常运行等。

（2）防止对结构构件产生不良影响。这主要是指防止结构性能与设计中的假定不符。例如，梁端的旋转将使支撑面积减小，支撑反力偏心距增大，当梁支撑在砖墙（或柱）上时，可能使墙体沿梁顶、底出现内外水平缝，严重时将产生局部承压或墙体失稳破坏等。

（3）防止对非结构构件产生不良影响。这包括防止结构构件变形过大使门窗等活动部件不能正常开关；防止非结构构件如隔墙及天花板的开裂、压碎或其他形式的破坏等。

（4）保证人们的感觉在可接受程度之内。例如，防止厚度较小，板站上人后产生过大的颤动或明显下垂引起的不安全感等。

2. 截面抗弯刚度的主要特点

构件的最大挠度可以根据其刚度，用结构力学的方法计算。对匀质弹性材料梁，其跨中挠度计算公式为：

$$f=S\frac{Ml_0^2}{EI} \tag{3-59}$$

式中　f——梁跨中最大挠度；

　　S——与荷载形式、支撑条件有关的荷载效应系数（承受均布荷载的简支梁，$S=5/48$；跨中承受集中荷载的简支梁，$S=1/12$）；

　　M——跨中最大弯矩；

　　EI——截面抗弯刚度。

对于材料力学中研究的梁，梁的截面抗弯刚度 $B=EI$ 是一个常数。因此，弯矩与挠度之间是始终不变的正比例关系，如图 3-61 中虚线 OA 所示。

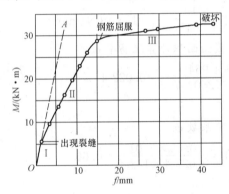

图 3-61　受弯构件挠度与弯矩关系图

对混凝土受弯构件，上述关于匀质弹性材料梁的力学概念仍然适用，但不同之处在于钢筋混凝土实际上是非匀质弹性材料，因而，混凝土受弯构件的截面抗弯刚度不为常数而是变化的，其主要特点如下：

(1)随荷载的增加而减小。适筋梁从加载开始到破坏的 $M\text{-}f$ 曲线如图 3-61 所示。在裂缝出现前，$M\text{-}f$ 曲线与直线 OA 几乎重合，因而截面抗弯刚度可视为常数，当接近裂缝出现即进入第 I 阶段末时，$M\text{-}f$ 曲线已偏离直线，逐渐弯曲，说明截面抗弯刚度有所降低。出现裂缝后即进入第 II 阶段后，$M\text{-}f$ 曲线发生转折，f 增加较快，截面抗弯刚度明显降低。钢筋屈服后进入第 III 阶段，此时 M 增加很小，f 激增，截面抗弯刚度明显降低。

按正常使用极限状态验算变形时，通常在 $M\text{-}f$ 曲线第 II 阶段内，截面抗弯刚度仍然随弯矩的增大而变小。

(2)随配筋率 ρ 的降低而减小。试验表明，其他条件都相同的适筋梁，配筋率大的其 $M\text{-}f$ 曲线陡，变形小，相应的截面抗弯刚度大，反之，配筋率小，$M\text{-}f$ 曲线平缓，变形大，截面抗弯刚度就小。

(3)沿构件跨度截面抗弯刚度是变化的。试验表明，即使在纯弯区段，各个截面承受的弯矩相同，但截面抗弯刚度却不相同，裂缝截面处的小些，裂缝间截面的大些。所以，验算变形时采用的截面抗弯刚度是指纯弯区段内平均的截面抗弯刚度。

(4)随加载时间的增长而减小。试验表明，在构件上始终施加不变的荷载，则随时间的增长，截面抗弯刚度将会减小。对一般构件三年以后截面抗弯刚度可趋于稳定。因此，在变形验算中，除了要考虑荷载的短期效应组合以外，还应考虑荷载的长期效应组合的影响，对前者采用短期刚度 B_s，对后者则采用长期刚度 B。

综上所述，混凝土受弯构件的变形验算中所用到的截面抗弯刚度，是指构件上一段长度范围内的平均截面抗弯刚度（以下简称刚度）；考虑到荷载作用时间的影响，有短期刚度 B_s 和长期刚度 B 之分，两者都随弯矩的增大而减小，随配筋率的降低而减小。

3. 受弯构件短期刚度 B_s 计算

在裂缝控制等级要求的荷载组合作用下，钢筋混凝土受弯构件的短期刚度 B_s 可按下列公式计算：

$$B_s = \frac{E_s A_s h_0^2}{1.15\psi + 0.2 + \dfrac{6\alpha_E \rho}{1 + 3.5\gamma'_f}} \tag{3-60}$$

$$\gamma'_f = \frac{(b'_f - b)h'_f}{bh_0} \tag{3-61}$$

式中　ρ——纵向受拉钢筋配筋率；

　　　α_E——钢筋弹性模量与混凝土弹性模量之比值，即 $\alpha_E = E_s/E_c$；

　　　γ'_f——T 形、I 形截面受压翼缘面积与腹板有效面积之比；

　b'_f，h'_f——截面受压翼缘的宽度和高度；当 $h'_f > 0.2h_0$ 时，取 $h'_f = 0.2h_0$。

4. 受弯构件长期刚度 B 计算

在长期荷载作用下，钢筋混凝土梁的挠度将随时间而不断缓慢增长，抗弯刚度随时间而不断降低。钢筋混凝土梁挠度不断增长的原因主要是由于受压区混凝土的徐变变形，使混凝土的压应变随时间而增长。另外，裂缝之间受压区混凝土的应力松弛、受拉钢筋和混凝土之间粘结滑移徐变，都使混凝土不断退出工作，从而使受拉钢筋平均应变随时间增大。因此，凡是影响混凝土徐变和收缩的因素（如加荷龄期、使用环境的温湿度等），都对长期荷载作用下构件挠度的增长有影响。

对于受弯构件，《混凝土结构设计规范》（GB 50010—2010）规定，矩形、T 形、倒 T 形、I 形截面的钢筋混凝土受弯构件考虑荷载长期效应影响的刚度 B 可按下式计算：

采用荷载效应准永久组合时

$$B = \frac{B_s}{\theta} \tag{3-62}$$

式中　θ——考虑荷载长期作用对挠度增大的影响系数。

对受弯构件 θ 取值如下：

当 $\rho' = 0$ 时 $\theta = 2.0$；当 $\rho' = \rho$ 时 $\theta = 1.6$；当 ρ' 为中间值时，θ 按线性内插法取用。此处，$\rho' = A'_s/(bh_0)$，$\rho = A_s/(bh_0)$。对翼缘位于受拉区的倒 T 形截面，θ 应增加 20%。

5. 受弯构件的最小刚度原则及挠度计算

(1)最小刚度原则。钢筋混凝土构件截面的抗弯刚度随弯矩的增大而减小。因此，即使等截面梁，由于梁的弯矩一般沿梁长方向是变化的，故梁各个截面的抗弯刚度也不一样，弯矩大的截面抗弯刚度小，弯矩小的截面抗弯刚度大，即梁的刚度沿梁长为变值。变刚度梁的挠度计算是十分复杂的。实际设计中为了简化计算，通常采用"最小刚度原则"，即在同号弯矩区段内采用其最大弯矩 M_{max}（绝对值）截面处的最小刚度作为该区段的抗弯刚度来计算变形。

(2)挠度计算。受弯构件的最大挠度应按荷载效应的准永久组合并考虑荷载长期作用的影响，由结构力学方法用式(3-59)计算，即

$$f = S\frac{M_q l_0^2}{B} \tag{3-63}$$

按上述公式计算所得钢筋混凝土受弯构件的挠度值不应大于《混凝土结构设计规范》（GB 50010—2010）规定的挠度限值 f_{lim}，即

$$f \leqslant f_{lim} \tag{3-64}$$

验算挠度的步骤可归纳为：

1)按受弯构件荷载效应的准永久组合并计算弯矩值 M_q。

2)计算受拉钢筋应变不均匀系数 ψ。

3)计算构件的短期刚度 B_s。

①计算钢筋与混凝土弹性模量比值 α_E。

②计算纵向受拉钢筋配筋率 $\rho = A_s / (bh_0)$。

③计算受压翼缘面积与腹板有效面积的比值 γ'_f，对矩形截面 $\gamma'_f = 0$。

④计算短期刚度 B_s。

4)计算构件刚度 B。

5)计算构件挠度，并验算是否满足 $f = S \dfrac{M_q l_0^2}{B} \le f_{\lim}$。

6. 减小构件挠度的措施

若求出的构件挠度 f 大于《混凝土结构设计规范》(GB 50010—2010)规定的挠度限值 $f_{\lim}$，则应采取措施减小挠度。减小挠度的实质就是提高构件的抗弯刚度，最有效的措施就是增大构件截面高度，其次是增加钢筋的截面面积，其他措施(如提高混凝土强度等级，选用合理的截面形状等)效果都不显著。此外，采用预应力混凝土构件也是提高受弯构件刚度的有效措施。

【例 3-13】 某简支梁，计算跨度 $l_0 = 6.0$ m，截面尺寸为 200 mm $\times 600$ mm，强度等级为 C25 混凝土，HRB400 级钢筋，$c_s = 25$ mm，按正截面计算配置 $4\phi18(A_s = 1\,017$ mm$^2)$钢筋，$a_s = 40$ mm。已知作用在梁上的恒荷载标准值 $g_k = 12$ kN/m(含自重)，活荷载标准值 $q_k = 9$ kN/m(准永久值系数 $\psi_q = 0.4$)，梁的允许挠度值为 $f_{\lim} = \dfrac{l_0}{200}$，试验算该梁的挠度。

【解】 查表 2-3、表 2-4、表 2-6 得：

$f_{tk} = 1.78$ N/mm^2，$E_s = 2.0 \times 10^5$ N/mm^2，$d_{eq} = 18$ mm。

$E_c = 2.8 \times 10^4$ N/mm^2，$h_0 = 600 - 40 = 560$(mm)。

(1)内力计算。按荷载效应的准永久组合计算的弯矩值

$$M_q = \frac{1}{8}(g_k + \psi_q q_k)l_0^2 = \frac{1}{8} \times (12 + 0.4 \times 9) \times 6^2 = 70.2(\text{kN} \cdot \text{m})$$

(2)梁的短期刚度计算。

1)钢筋与混凝土弹性模量之比。

$$\alpha_E = \frac{E_s}{E_c} = \frac{2.0 \times 10^5}{2.8 \times 10^4} = 7.14$$

2)纵向受力钢筋的配筋率 ρ。

$$\rho = \frac{A_s}{bh_0} = \frac{1\,017}{200 \times 560} = 0.009, \ \rho' = 0$$

3)按有效受拉区配筋率 ρ_{te}。

$$\rho_{te} = \frac{A_s}{A_{te}} = \frac{A_s}{0.5bh} = \frac{1\,017}{0.5 \times 200 \times 600} = 0.016\,95 > 0.01$$

4)短期效应组合下的钢筋应力 σ_{sq}。

$$\sigma_{sq} = \frac{M_q}{0.87 A_s h_0} = \frac{70.2 \times 10^6}{0.87 \times 1\,017 \times 560} = 141.68(\text{N/mm}^2)$$

5)钢筋应变不均匀系数 ψ。

$$\psi = 1.1 - \frac{0.65 f_{tk}}{\rho_{te}\sigma_{sq}} = 1.1 - \frac{0.65 \times 1.78}{0.016\,95 \times 141.68} = 0.62$$

该值在 $0.2 \sim 1.0$ 之间。

6)梁的短期刚度 B_s。

$$B_s = \frac{E_s A_s h_0^2}{1.15\psi + 0.2 + \dfrac{6\alpha_E \rho}{1+3.5\gamma_f'}} = \frac{2.0\times10^5 \times 1\,017 \times 560^2}{1.15\times0.62 + 0.2 + \dfrac{6\times7.14\times0.009}{1+3.5\times0}}$$

$$= 4.91\times10^{13}(\text{N}\cdot\text{mm}^2)$$

(3)梁的长期刚度 B。

$\rho' = 0$ 时 $\theta = 2.0$。

一般受弯构件采用荷载效应准永久组合：

$$B = \frac{B_s}{\theta} = \frac{4.91\times10^{13}}{2} = 2.46\times10^{13}(\text{N}\cdot\text{mm}^2)$$

(4)梁的挠度验算。

$$f_{max} = \frac{5M_q l_0^2}{48B} = \frac{5\times70.2\times10^6\times6\,000^2}{48\times2.46\times10^{13}} = 10.7(\text{mm})$$

故 $f_{max} < [f] = \dfrac{6\,000}{200} = 30(\text{mm})$，满足要求。

本章小结

1. 钢筋混凝土梁由于配筋率不同，有超筋梁、少筋梁和适筋梁三种破坏形态，其中超筋梁和少筋梁在设计中不能采用。适筋梁的破坏经历三个阶段。第Ⅰ阶段末Ⅰa为受弯构件抗裂度的计算依据；第Ⅱ阶段是一般钢筋混凝土受弯构件的使用阶段，是裂缝宽度和变形的计算依据；第Ⅲ阶段末Ⅲa是受弯构件正截面承载力的计算依据。

2. 受弯构件分为单筋矩形截面、双筋矩形截面和T形截面。

3. 随着梁的剪跨比和配箍率的变化，梁沿斜截面可发生斜拉破坏、剪压破坏和斜压破坏等主要破坏形态，这几种破坏都是脆性破坏。斜截面受剪承载力的计算公式是以剪压破坏的受力特征为依据建立的，通过 $V \leqslant 0.25\beta_c f_c b h_0$ 控制斜压破坏，通过控制最小配箍率 $\rho_{sv} = \dfrac{A_{sv}}{bs} \geqslant \rho_{sv,min} = 0.24\dfrac{f_t}{f_{yv}}$ 控制斜拉破坏。

4. 斜截面承载力包括斜截面受剪承载力和斜截面受弯承载力两方面。不仅要满足计算要求，而且应采取必要的构造措施来保证。弯起钢筋的弯起位置、纵筋的截断位置以及有关纵筋的锚固要求、箍筋的构造要求等，在设计中均应予以考虑和重视。

5. 提高构件截面刚度的有效措施是增加截面高度；减小裂缝宽度的有效措施是增加用钢量和采用直径较细的钢筋。

1. 矩形截面梁，$b=250$ mm，$h=600$ mm，承受弯矩设计值 $M=180$ kN·m，纵向受拉钢筋采用 HRB400 级（$f_y=360$ N/mm²），$a_s=40$ mm，混凝土强度等级为 C25（$f_c=11.9$ N/mm²，$f_t=1.27$ N/mm²），环境类别为一类，$\xi_b=0.518$，试求纵向受拉钢筋截面面积 A_s。

2. 已知一钢筋混凝土现浇简支板，板厚 $h=80$ mm，计算跨度 $l_0=2$ m，承受均布活荷载标准值 $q_k=2.5$ kN/m²，混凝土强度等级为 C20（$f_c=9.6$ N/mm²，$f_t=1.1$ N/mm²），采用 HPB300 级（$f_y=270$ N/mm²）钢筋，$\xi_b=0.576$，$a_s=25$ mm，永久荷载分项系数 $\gamma_G=1.2$，可变荷载分项系数 $\gamma_Q=1.4$，钢筋混凝土容重为 25 kN/m³，环境类别为一类，求受拉钢筋截面面积 A_s。

3. 一矩形截面梁，$b=200$ mm，$h=500$ mm，承受弯矩设计值 $M=300$ kN·m，纵向受拉钢筋采用 HRB400 级（$f_y=360$ N/mm²），混凝土强度等级为 C25（$f_c=11.9$ N/mm²，$f_t=1.27$ N/mm²），环境类别为一类，$\xi_b=0.518$，$a_s=a_s'=65$ mm，试求纵向受力钢筋截面面积。

4. 一钢筋混凝土梁的基本条件与计算题3相同，但在受压区已经配置了 2Φ18（$A_s'=509$ mm²）的受压钢筋，试求所需配置的受拉钢筋截面面积 A_s。

5. 一钢筋混凝土矩形截面简支梁，$b\times h=250$ mm×500 mm，计算跨度 $l_0=6$ m，混凝土强度等级为 C30（$f_c=14.3$ N/mm²，$f_t=1.43$ N/mm²），纵向受拉钢筋采用 3Φ20 的 HRB400 级（$f_y=360$ N/mm²），箍筋直径为 8 mm，环境类别为一类。试求该梁所能承受的均布荷载设计值（包括梁自重）。

6. 一钢筋混凝土 T 形截面梁，$b_f'=600$ mm，$h_f'=100$ mm，$b=200$ mm，$h=800$ mm，混凝土强度等级为 C25（$f_c=11.9$ N/mm²），钢筋选用 HRB400 级（$f_y=360$ N/mm²，$\xi_b=0.518$），$a_s=65$ mm，环境类别为一类，截面所承受的弯矩设计值 $M=240$ kN·m。试求所需的受拉钢筋面积 A_s。

7. 已知一 T 形截面梁的基本条件与计算题6相同，承受的最大弯矩设计值 $M=600$ kN·m，试求所需的受拉钢筋面积 A_s。

8. 一矩形截面简支梁，截面尺寸 $b\times h=200$ mm×500 mm。两端支承在砖墙上，净跨为 5.74 m。梁承受均布荷载设计值 $p=40$ kN/m（包括梁自重）。混凝土强度等级为 C20，箍筋采用 HPB300 级，$a_s=40$ mm。若此梁只配置箍筋，试确定箍筋的直径和间距。

9. 一钢筋混凝土矩形截面外伸梁支承于砖墙上。梁跨度、截面尺寸及均布荷载设计值（包括梁自重）如图 3-62 所示，$h_0=640$ mm。混凝土强度等级为 C30，纵向钢筋采用 HRB400 级，箍筋采用 HPB300 级。根据正截面受弯承载力计算配置纵筋 3Φ22＋3Φ20。求箍筋和弯筋的数量。

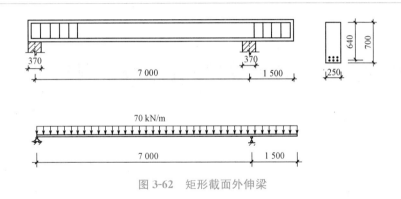

图 3-62　矩形截面外伸梁

10. 已知一钢筋混凝土简支梁，计算跨度为 5 m，截面尺寸为 250 mm×600 mm，强度等级为 C25 混凝土，HRB400 级钢筋，c_s＝25 mm，按正截面计算配置 4Φ25(A_s＝1 964 mm²)纵向受拉钢筋。已知作用在梁上的恒荷载标准值 g_k＝20 kN/m(含自重)，活荷载标准值 q_k＝40 kN/m(准永久值系数 ψ_q＝0.5)，a_s＝40 mm，w_{lim}＝0.3 mm，试验算该梁的最大裂缝宽度。

11. 某简支梁，计算跨度 l_0＝6.0 m，截面尺寸为 200 mm×600 mm，强度等级为 C25 混凝土，HRB400 级钢筋，c_s＝25 mm，按正截面计算配置 4Φ18(A_s＝1 017 mm²)钢筋，a_s＝40 mm。已知作用在梁上的恒荷载标准值 g_k＝12 kN/m(含自重)，活荷载标准值 q_k＝9 kN/m(准永久值系数 ψ_q＝0.4)，梁的允许挠度值 $[f]$＝$l_0/200$，试验算该梁的挠度。

项目 4　钢筋混凝土受压构件设计

学习目标

通过对钢筋混凝土受压构件设计的学习，掌握受压构件正截面承载能力计算，掌握轴心受压构件普通箍筋柱和螺旋箍筋柱正截面承载力计算方法，理解螺旋箍筋柱承载力提高的原因，理解长细比对构件承载力的影响；了解大、小偏心受压构件破坏形态；掌握大、小偏心受压的判别条件；掌握大、小偏心受压构件对称配筋计算方法。

任务 4.1　钢筋混凝土轴心受压构件设计

著名土木工程学家茅以升《为什么看不见柱子》有如下描述：柱子孤零零地立在地上，四面无依无靠，上面负担着房顶或者楼板上的重量，下面很牢靠地在地底下"生根"。它是长长的、笔直的，而且上下一般粗的。它把上面房顶或者楼板的重量传送到下面的土地中。它在房屋建筑里起着骨干作用，所有它上面的重量，不管多大，都由它包下来，由它负责，很好地传达到地面。房屋里有了柱子，有它顶住上面的东西，我们就可以安心地在下面读书或工作，它是把方便让与别人，把困难留给自己啊！

4.1.1　受压构件的概念

以承受轴向压力为主的构件属于受压构件，例如柱、拱、屋架上弦杆、剪力墙、桥梁结构中的桥墩等。受压构件按其受力情况可分为轴心受压构件、单向偏心受压构件和双向偏心受压构件。在此为了方便，忽略混凝土的不均匀性与不对称配筋的影响，按单一匀质材料分析钢筋混凝土受压构件。当纵向压力的作用线与构件截面形心轴线重合时为轴心受压，不重合时为偏心受压。当轴向压力的作用线对构件截面的一个主轴有偏心距时为单向偏心受压构件，当轴向压力的作用线对构件截面的两个主轴都有偏心距时为双向偏心受压构件，如图 4-1 所示。

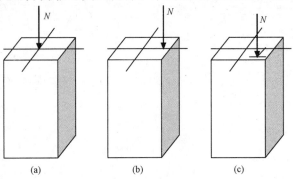

图 4-1　受压构件

(a)轴心受压；(b)单向偏心受压；(c)双向偏心受压

实际工程中，真正的轴心受压构件是不存在的。但是为了方便，以恒载为主的多层建筑的内柱和屋架的受压腹杆等少数构件，常近似按轴心受压构件进行设计，而框架结构柱、单层工业厂房柱、承受节间荷载的屋架上弦杆、拱等大量构件，一般按偏心受压构件进行设计。

4.1.2 受压构件的基本构造要求

1. 材料强度等级

为充分发挥混凝土材料的抗压性能，减小构件的截面尺寸，节约钢筋，宜采用强度等级较高的混凝土，一般采用 C25、C30、C35、C40，必要时可以采用强度等级更高的混凝土。

由于受到混凝土受压最大应变的限制，高强度的钢筋不能充分发挥作用，因此不宜采用高强度钢筋。《混凝土结构设计规范》(GB 50010—2010)规定，纵向受力普通钢筋宜采用 HRB400 级、HRBF400 级、HRB500 级、HRBF500 级。箍筋宜采用 HRB400 级、HRBF400 级、HRB500 级、HRBF500 级、HPB300 级，也可采用 HRB335 级、HRBF335 级钢筋。

2. 截面形式和尺寸

钢筋混凝土受压构件的截面形式要考虑到受力合理和模板制作的方便，柱截面一般采用方形或矩形，有时根据需要也采用圆形或多边形。当截面尺寸较大时，为节约混凝土和减轻柱的自重，常常采用 I 形截面。

受压构件截面尺寸需根据内力大小、构件长度及构造要求等条件决定，为避免构件长细比过大，承载力降低过多，柱截面尺寸不宜过小，一般不宜小于 250 mm×250 mm；矩形截面柱截面尺寸宜满足 $h \geqslant l_0/25$，$b \geqslant l_0/30$，此处 l_0 为柱的计算长度，b、h 为柱的短边、长边尺寸。当截面尺寸在 800 mm 以下时，取 50 mm 的倍数，在 800 mm 以上时，取 100 mm 的倍数；I 形截面要求翼缘厚度不宜小于 120 mm，腹板厚度不宜小于 100 mm。

3. 纵向钢筋

柱的全部纵向钢筋的配筋率不应小于表 4-1 中规定数值，且不宜超过 5%，以免造成浪费。同时，一侧钢筋的配筋率不应小于 0.2%(表 4-1)。

表 4-1　钢筋混凝土结构构件中纵向受力钢筋的最小配筋百分率

受力类型			最小配筋百分率/%
受压构件	全部纵向钢筋	强度级别 500 MPa	0.50
		强度级别 400 MPa	0.55
		强度级别 300 MPa、335 MPa	0.60
	一侧纵向钢筋		0.20
受弯构件、偏心受拉、轴心受拉构件一侧的受拉钢筋			0.20 和 $45f_t/f_y$ 中的较大值

注：1. 受压构件全部纵向钢筋最小配筋百分率，当采用 C60 以上强度等级的混凝土时，应按表中规定增加 0.10；
　　2. 板类受弯构件(不包括悬臂板)的受拉钢筋，当采用强度等级 400 MPa、500 MPa 的钢筋时，其最小配筋百分率应允许采用 0.15 和 $45f_t/f_y$ 中的较大值；
　　3. 偏心受拉构件中的受压钢筋，应按受压构件一侧纵向钢筋考虑；
　　4. 受压构件的全部纵向钢筋和一侧纵向钢筋的配筋率以及轴心受拉构件和小偏心受拉构件一侧受拉钢筋的配筋率均应按构件的全截面面积计算；
　　5. 受弯构件、大偏心受拉构件一侧受拉钢筋的配筋率应按全面积扣除受压翼缘面积 $(b'_f-b)h'_f$ 后的截面面积计算；
　　6. 当钢筋沿构件截面周边布置时，"一侧纵向钢筋"是指沿受力方向两个对边中一边布置的纵向钢筋。

纵向受力钢筋宜采用直径较大的钢筋，直径不宜小于 12 mm，通常在 16～32 mm 范围内选用。钢筋应沿截面的四周均匀布置，矩形截面时，钢筋根数不得少于 4 根；圆形截面时，不应少于 6 根，且不宜少于 8 根。钢筋的净间距不应小于 50 mm，且不宜大于 300 mm；对于水平浇筑的预制柱，其净间距可以按梁的有关规定取用。偏心受压构件垂直于弯矩作用平面的侧面和轴心受压构件各边的纵向受力钢筋，其间距不宜大于 300 mm。当偏心受压柱的截面高度 $h \geqslant 600$ mm 时，在侧面应设置直径不小于 10 mm 的纵向构造钢筋，并相应设置附加箍筋或拉筋，如图 4-2 所示。

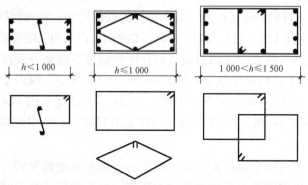

图 4-2　偏心受压柱的纵向构造钢筋与复合箍筋

4. 箍筋

（1）箍筋的作用。钢筋混凝土受压构件中箍筋的作用不但可以防止纵向钢筋压屈，而且在施工时起固定纵向钢筋位置的作用，另外，还约束核心混凝土受压时的侧向膨胀。

（2）箍筋的直径和间距。箍筋直径不应小于 $d/4$（d 为纵向钢筋最大直径）且不应小于 6 mm。

当纵筋配筋率超过 3% 时，箍筋直径不应小于 8 mm，间距不应大于 $10d$（d 为纵筋最小直径）且不应大于 200 mm。箍筋末端应做成 135° 弯钩且弯钩末端平直段长度不应小于箍筋直径的 10 倍。

箍筋间距不应大于 400 mm 及构件横截面的短边尺寸，且不应大于 $15d$（d 为纵筋最小直径）。

（3）箍筋的形式。受压构件中周边箍筋应做成封闭式。

箍筋的形式须根据截面形式、尺寸和纵向钢筋根数决定。当柱短边截面尺寸大于 400 mm 且各边纵向钢筋多于 3 根时，或当截面短边尺寸不大于 400 mm，但各边纵向钢筋多于 4 根时，应设置复合箍筋，如图 4-3 所示。其他截面形式柱的箍筋如图 4-4 所示。对截面形状复杂的柱，不得采用具有内折角的箍筋，以避免箍筋受拉时使折角处混凝土破损。

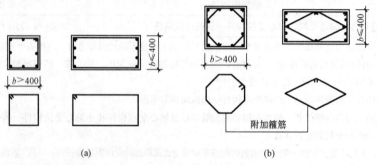

(a)　　　　　　　　　(b)

图 4-3　矩形截面柱的复合箍筋

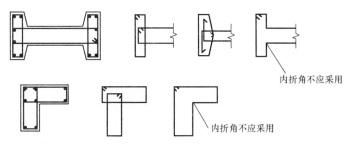

图 4-4 复杂截面的箍筋形式

内折角不应采用

内折角不应采用

4.1.3 轴心受压构件承载力计算

作为最具有代表性受压构件的柱子，按箍筋配置形式的不同可分为两种类型：配有纵向钢筋和普通箍筋的柱，称为普通箍筋柱；配有纵向钢筋和螺旋式或焊接环式箍筋的柱，称为螺旋箍筋柱，如图 4-5 所示。

4.1.3.1 轴心受压普通箍筋柱承载力计算

1. 钢筋混凝土轴心受压柱的破坏形态

普通箍筋柱是工程中最常见的受压构件形式，截面形式一般为方形、矩形和圆形。纵向钢筋所起的作用为：帮助混凝土承受压力，减小构件截面尺寸；承担初始偏心距引起的弯矩和某些偏心弯矩下产生的拉力；防止构件突然脆裂破坏及增加构件延性；减小混凝土徐变。箍筋的作用为：与纵筋形成骨架，防止纵筋受力后屈曲，保证混凝土和纵筋共同受力直至破坏；对核心部分混凝土有一定的约束作用，提高混凝土的极限压应变，增大延性；若为螺旋箍，除对核心混凝土有约束作用外，还可以提高承载能力及延性。

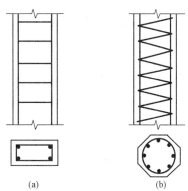

图 4-5 轴心受压柱类型
(a)普通箍筋柱；(b)螺旋箍筋柱

根据试验研究结果，轴心受压构件可按长细比的不同分为短柱和长柱。短柱指的是长细比 $l_0/b \leqslant 8$（矩形截面，b 为截面短边尺寸）、$l_0/d \leqslant 7$（圆形截面，d 为直径）或 $l_0/i \leqslant 28$（i 为任意截面回转半径）。通过对比方法来观察长细比不同的轴心受压构件的破坏特征，短柱可不考虑稳定性影响的因素；而长柱则需考虑到构件过于细长后，稳定性的影响因素。

短柱在轴心荷载作用下，整个截面的应变基本上是均匀的。如图 4-6 所示为钢筋和混凝土应力与荷载关系曲线，当荷载较小时，混凝土和钢筋都处于弹性阶段，柱子压缩变形的增加与荷载的增加成正比。混凝土和钢筋压应力的增加与荷载的增加也成正比。当荷载较大时，由于混凝土塑性变形的发展，压缩变形增加的速度快于荷载增长速度。纵筋配筋率越小，这种现象就越明显。由于混凝土的变形模量随应力增大而变小，则在相同荷载增量下，钢筋的压应力比混凝土的压应力增长得快。随着荷载继续增加，柱中开始出现竖向细微裂缝，在临近破坏荷载时，柱四周出现明显的纵向裂缝，箍筋间的纵筋发生压曲，向外凸出，混凝土被压碎而发生破坏，如图 4-7 所示。

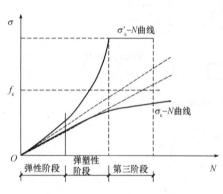

图 4-6 应力与荷载关系曲线

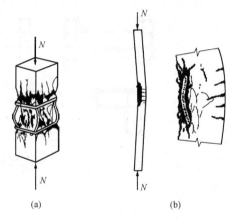

图 4-7 轴心受压柱破坏形态
(a)短柱；(b)长柱

对于长细比较大的柱子，由于各种偶然因素造成的初始偏心距的影响是不可忽略的。柱子施加荷载以后，初始偏心距导致产生附加弯矩和相应的侧向挠度，而侧向挠度又增大了荷载的偏心距，随着荷载增加，附加弯矩和侧向挠度将不断增大。这种相互影响的结果使长柱在轴向力和弯矩的共同作用下发生破坏。试验表明，长柱的破坏荷载低于其他条件相同的短柱。长细比越大，各种偶然因素造成的初始偏心距越大，从而产生的附加弯矩和相应的侧向挠度也越大，承载能力降低就越多。若长细比过大，还会产生失稳破坏。

2. 轴心受压构件承载力计算公式

《混凝土结构设计规范》(GB 50010—2010)给出的配有纵筋和普通箍筋的钢筋混凝土轴心受压柱正截面承载力计算公式为：

$$N \leqslant 0.9\varphi(f_c A + f'_y A'_s) \tag{4-1}$$

式中　N——轴向压力设计值；

　　　φ——钢筋混凝土轴心受压构件的稳定系数，按表 4-2 采用；

　　　f_c——混凝土轴心抗压强度设计值；

　　　A——构件截面面积；

　　　A'_s——全部纵向普通钢筋的截面面积。

当纵向钢筋配筋率大于 3% 时，式(4-1)中的 A 应改用 $(A-A'_s)$ 代替。

表 4-2　钢筋混凝土轴心受压构件的稳定系数 φ

l_0/b	≤8	10	12	14	16	18	20	22	24	26	28
l_0/d	≤7	8.5	10.5	12	14	15.5	17	19	21	22.5	24
l_0/i	≤28	35	42	48	55	62	69	76	83	90	97
φ	1.00	0.98	0.95	0.92	0.87	0.81	0.75	0.70	0.65	0.60	0.56
l_0/b	30	32	34	36	38	40	42	44	46	48	50
l_0/d	26	28	29.5	31	33	34.5	36.5	38	40	41.5	43
l_0/i	104	111	118	125	132	139	146	153	160	167	174
φ	0.52	0.48	0.44	0.40	0.36	0.32	0.29	0.26	0.23	0.21	0.19

注：表中 l_0 为构件计算长度，b 为矩形截面短边尺寸，d 为圆形截面的直径，i 为截面的最小回转半径。

《混凝土结构设计规范》(GB 50010—2010)规定，对于一般多层房屋中梁柱为刚接的框架结构各层柱的计算长度 l_0 可以按表4-3确定。

表4-3　框架结构各层柱的计算长度

楼盖类型	柱的类别	计算长度 l_0
现浇楼盖	底层柱	$1.0H$
	其余各层柱	$1.25H$
装配式楼盖	底层柱	$1.25H$
	其余各层柱	$1.5H$

3. 承载力计算

轴心受压正截面承载力计算包括截面设计、截面复核两类问题。

（1）截面设计。已知：轴向力 N，构件截面尺寸，构件高度 H，材料强度等级。计算配筋 A'_s。

步骤：先查规范求出计算长度 l_0；再根据表4-2查得稳定系数 φ；根据承载力计算公式 $N \leqslant 0.9\varphi(f_c A + f'_y A'_s)$，求出 A'_s，查钢筋表选配钢筋；最后求出配筋率 ρ'，验算配筋率是否满足构造要求（全部纵筋配筋率不低于 0.6%，不宜超过 5%；单侧配筋率不低于 0.2%）。同时，要注意当纵向钢筋配筋率大于 3% 时，式(4-1)中的 A 应改用 $(A-A'_s)$ 代替。

【例4-1】　钢筋混凝土框架柱的截面尺寸为 $400\text{ mm} \times 400\text{ mm}$，承受轴向压力设计值 $N=2\,500\text{ kN}$，柱的计算长度 $l_0 = 5.0\text{ m}$，混凝土强度等级为C30，钢筋采用HRB335级。要求确定纵筋数量 A'_s。

【解】　根据选用材料，查表2-2、表2-5可知：$f_c = 14.3\text{ N/mm}^2$；$f'_y = 300\text{ N/mm}^2$。$l_0/b = 5\,000/400 = 12.5$，查表4-2并用内插法求得 $\varphi = 0.942\,5$。

按式(4-1)求 A'_s：

$$A'_s = \frac{1}{f'_y}\left(\frac{N}{0.9\varphi} - f_c A\right) = \frac{1}{300} \times \left(\frac{2\,500 \times 10^3}{0.9 \times 0.942\,5} - 14.3 \times 400 \times 400\right) = 2\,197(\text{mm}^2)$$

配筋率 $\rho' = \dfrac{A'_s}{A} = \dfrac{2\,197}{400 \times 400} = 0.013\,7 > \rho'_{min} = 0.6\%$ 且 $\rho' < 3\%$。

选用4根直径20 mm和4根直径18 mm的HRB335级钢筋。
$$A'_s = 1\,256 + 1\,017 = 2\,273(\text{mm}^2)$$

直径20 mm的钢筋布置在截面四角，直径18 mm的钢筋布置在截面四边中部。

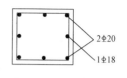

图4-8　配筋截面图

截面一侧配筋率 $\rho' = \dfrac{314.2 \times 2 + 254.5}{400 \times 400} = 0.005\,5 > 0.2\%$，满足要求。如图4-8所示为配筋截面图。

（2）截面复核。已知：N，构件截面尺寸 b 及 h，构件高度 H，配筋 A'_s，混凝土强度等级和钢筋强度等级。求 N_u。

步骤：先查规范求出计算长度 l_0；再根据表4-2查得稳定系数 φ；由式(4-1)计算出 $N_u = 0.9\varphi(f_c A + f'_y A'_s)$；当 $N_u = 0.9\varphi(f_c A + f'_y A'_s) \geqslant N$，认为轴心受压承载力满足要求，否则认为不安全。

【例4-2】　某建筑门厅处有现浇柱四根，截面尺寸为 $400\text{ mm} \times 400\text{ mm}$。由两端支承条件确定其计算高度为 $l_0=3.2$ m；柱内配置 4 根直径 20 mm 的 HRB400 级钢筋（$A_s'=1\ 256$ mm²），混凝土强度等级为 C30。柱的轴向压力设计值 $N=1\ 450$ kN。验算截面是否安全。

【解】 由 $l_0/b=3\ 200/400=8.0$，查表 4-2 并用内插法求得 $\varphi=1.0$。

查表可知：$f_c=14.3$ N/mm²，$f_y'=360$ N/mm²。

按式（4-1）得

$$N_u=0.9\varphi(f_cA+f_y'A_s')=0.9\times1.0\times(14.3\times400^2+360\times1\ 256)=2\ 466\times10^3\ (\text{N})$$
$$=2\ 466\ \text{kN}>N$$

故截面安全。

4.1.3.2 轴心受压螺旋箍筋柱承载力计算

钢筋混凝土柱配有螺旋钢箍，螺旋钢箍能够有效约束核心混凝土在纵向受压时产生的横向变形，因而可以显著提高混凝土的抗压强度，并改善其变形性能。

因此，当普通箍筋柱承受很大轴心压力且柱截面尺寸由于建筑上及使用上的要求受到限制，采用提高混凝土强度等级和增大配筋量也不能满足承载力要求时，可以考虑采用螺旋筋或焊接环筋(也可称为间接钢筋)，以提高承载力来满足要求。这种柱的形状一般为圆形或多边形。如图 4-9 所示为轴心受压螺旋式和焊接环式箍筋柱。《混凝土结构设计规范》(GB 50010—2010)规定，间接钢筋间距 s 不应大于 80 mm 及 $d_{cor}/5$（d_{cor} 构件核心直径），也不小于 40 mm。间接钢筋的直径应按箍筋的有关规定采用。

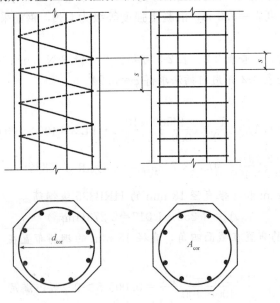

图 4-9 轴心受压柱

1. 轴心受压构件承载力计算公式

在轴心压力作用下，混凝土的横向变形使螺旋筋或焊接环筋产生拉应力，当拉应力达到箍筋的抗拉屈服强度时，就不再能有效地约束混凝土的横向变形，混凝土的抗压强度也就不能再提高，这时构件破坏。构件的混凝土保护层在螺旋筋或焊接环筋受到较大拉应力时发生开裂，故在计算构件承载力时不考虑该部分混凝土的抗压能力，只考虑螺旋筋内核

心面积 A_{cor} 的混凝土作为计算截面面积。

根据上述分析可知，螺旋箍筋或焊接环筋所包围的核心截面混凝土的实际抗压强度，处于三轴受压状态，其纵向抗压强度得到提高，其值可利用圆柱体混凝土周围加液压所得近似关系进行计算：

$$f = f_c + 4\sigma_\tau \tag{4-2}$$

式中　　f——被约束混凝土的轴心抗压强度；

σ_τ——当间接钢筋的应力达到屈服强度时，柱核心区混凝土受到的径向压应力值。

在间接钢筋间距 s 范围内，利用 σ_τ 的合力与钢筋的拉力平衡(图 4-10)，可得

$$\sigma_\tau = \frac{2\alpha f_y A_{ss1}}{s d_{cor}} = \frac{2\alpha f_y A_{ss1} d_{cor}\pi}{4 \cdot \frac{\pi d_{cor}^2}{4} s} = \frac{2\alpha f_y A_{ss0}}{4 A_{cor}} \tag{4-3}$$

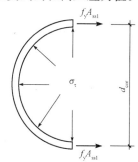

图 4-10　间接钢筋径向应力

式中　　α——间接钢筋对混凝土约束的折减系数(当混凝土强度等级不大于 C50 时，取 $\alpha = 1.0$；当混凝土强度等级为 C80 时，取 $\alpha = 0.85$；当混凝土强度等级在 C50 与 C80 之间时，按直线内插法确定)；

d_{cor}——构件的核心直径，按间接钢筋内表面确定；

A_{cor}——构件的核心截面面积；

f_y——间接钢筋的抗拉强度设计值；

s——沿构件轴线方向间接钢筋的间距；

A_{ss1}——单根间接钢筋的截面面积；

A_{ss0}——间接钢筋的换算截面面积。

$$A_{ss0} = \frac{\pi d_{cor} A_{ss1}}{s} \tag{4-4}$$

根据力的平衡条件得

$$N_u = (f_c + 4\sigma_\tau)A_{cor} + f_y' A_s'$$

故　　　　　$$N_u = f_c A_{cor} + 2 f_y A_{ss0} + f_y' A_s' \tag{4-5}$$

考虑可靠度调整系数 0.9 以后，螺旋式或焊接环式间接钢筋柱的承载力计算公式为

$$N_u = 0.9(f_c A_{cor} + 2\alpha f_y A_{ss0} + f_y' A_s') \tag{4-6}$$

公式说明：

(1)为了防止间接钢筋外面的混凝土保护层过早脱落，按式(4-6)算得的构件受压承载力不应大于按式(4-1)算得的构件受压承载力的 1.5 倍 $[\leqslant 0.9\varphi(f_c A + f_y' A_s') \times 1.5]$。

(2)凡属下列情况之一者，不考虑间接钢筋的影响而按式(4-1)计算构件的承载力：

1)当 $l_0/d > 12$ 时，因构件长细比较大，有可能因纵向弯曲在螺旋筋尚未屈服时构件已经破坏。

2)当按式(4-6)计算的受压承载力小于按式(4-1)计算的受压承载力时。

3)当间接钢筋换算截面面积 A_{ss0} 小于纵筋全部截面面积的 25% 时，可以认为间接钢筋配置太少，间接钢筋对核心混凝土的约束作用不明显。

2. 承载力计算

截面设计。已知：轴向压力 N，构件高度 H，混凝土、纵向受力钢筋和箍筋强度等级，

截面尺寸。进行配筋。

步骤：

(1)首先按普通箍筋柱进行设计，然后验算纵筋配筋率。

(2)纵筋配筋率超过5％，而构件截面尺寸和构件材料强度等级不能提高时，采用螺旋箍筋柱截面，问题转入设计螺旋箍筋柱。

(3)根据承载力公式[式(4-6)]，纵筋 A'_s 和螺旋箍筋 A_{ss0} 均为未知量而公式只有一个，需通过设定纵筋配筋率 ρ' 来确定纵筋 A'_s，然后通过承载力公式计算箍筋。

(4)根据式(4-6)求螺旋箍筋换算面积 A_{ss0}，验算是否满足构造要求($A_{ss0}>0.25A'_s$)，然后根据式(4-4)初选箍筋直径求出箍筋间距 s，同时注意箍筋间距应满足构造要求。

(5)计算螺旋箍筋柱的实际受压承载力，验算其值是否大于按式(4-1)算得的承载力值，是否小于按式(4-1)算得的承载力值的1.5倍。

【例 4-3】 某商住楼底层门厅采用现浇钢筋混凝土柱，承受轴向压力设计值 $N=4\,800$ kN，从基础顶面至二层楼面高度 $H=5.0$ m，混凝土强度等级为 C30，纵筋采用 HRB400 级，箍筋采用 HRB335 级。建筑要求柱截面为圆形，直径为 $d=450$ mm。要求进行柱的受压承载力计算。

【解】 按普通箍筋柱计算。

查表 2-2、表 2-5，混凝土 $f_c=14.3$ N/mm²，纵筋 $f'_y=360$ N/mm²，箍筋 $f_y=300$ N/mm²。

(1)求计算长度 l_0。

取钢筋混凝土现浇框架底层柱的计算长度 $l_0=H=5.0$ m。

(2)计算稳定系数 φ。$l_0/d=5\,000/450=11.11$，查表 4-2 并用内插法求得 $\varphi=0.938$。

(3)求纵筋 A'_s。

圆形混凝土柱截面面积 $A=\pi d^2/4=3.14\times450^2/4=15.90\times10^4$ (mm²)

由式(4-1)得

$$A'_s=\frac{1}{f'_y}\left(\frac{N}{0.9\varphi}-f_cA\right)=\frac{1}{360}\times\left(\frac{4\,800\times10^3}{0.9\times0.938}-14.3\times15.90\times10^4\right)=9\,478\text{(mm}^2)$$

(4)核算配筋率。

$$\rho'=A'_s/A=9\,478/(15.90\times10^4)=5.96\%$$

若混凝土强度等级不再提高，会导致配筋率太高。由于 $l_0/d<12$，可以考虑采用螺旋箍筋柱。

(5)假定纵筋配筋率为 $\rho'=0.04$，则 $A'_s=\rho'A=0.04\times15.90\times10^4=6\,360$(mm²)。

选用 14 根直径 25 mm 的 HRB400 级钢筋，查表 3-8 单根直径 25 mm 的 HRB400 级钢筋面积为 490.9 mm²，则 14 根直径 25 mm 的 HRB400 级钢筋面积为 $A'_s=14\times490.9=6\,873$ mm²。混凝土保护层厚度取为 30 mm，则得

$$d_{cor}=d-30\times2=450-60=390\text{(mm)}$$

$$A_{cor}=\frac{1}{4}\pi d_{cor}^2=\frac{1}{4}\times3.14\times390^2=11.94\times10^4\text{(mm}^2)$$

(6)计算螺旋筋的换算截面面积。

混凝土强度等级<C50，$\alpha=1.0$，由式(4-6)可得

$$A_{ss0}=\frac{\dfrac{N}{0.9}-(f_cA_{cor}+f'_yA'_s)}{2\alpha f_y}$$

$$=\frac{\dfrac{4\ 800\times10^3}{0.9}-(14.3\times11.94\times10^4+360\times6\ 873)}{2\times1.0\times300}=1\ 919(\mathrm{mm}^2)$$

$A_{\mathrm{ss0}}>0.25A_{\mathrm{s}}'=0.25\times6\ 873=1\ 718(\mathrm{mm}^2)$，满足构造要求。

(7)假定螺旋箍筋直径 $d=10$ mm，则单肢螺旋筋面积 $A_{\mathrm{ss1}}=78.5$ mm^2。螺旋筋的间距可由式(4-4)求得。

$$s=\pi d_{\mathrm{cor}}A_{\mathrm{ss1}}/A_{\mathrm{ss0}}=3.14\times390\times78.5/1\ 919=50.1(\mathrm{mm})$$

取 $s=45$ mm，满足构造要求。

(8)根据配置的螺旋箍筋计算间接配筋柱轴向压力承载能力。

$$A_{\mathrm{ss0}}=\frac{\pi d_{\mathrm{cor}}A_{\mathrm{ss1}}}{s}=\frac{3.14\times390\times78.5}{45}=2\ 136(\mathrm{mm}^2)$$

$$\begin{aligned}N_{\mathrm{u}}&=0.9(f_{\mathrm{c}}A_{\mathrm{cor}}+2\alpha f_{\mathrm{y}}A_{\mathrm{ss0}}+f_{\mathrm{y}}'A_{\mathrm{s}}')\\&=0.9\times(14.3\times11.94\times10^4+2\times1.0\times300\times2\ 136+360\times6\ 873)\\&=4\ 917\times10^3(\mathrm{N})\\&=4\ 917\ \mathrm{kN}>N=4\ 800\ \mathrm{kN}\end{aligned}$$

满足承载力要求。

按式(4-1)得

$$\begin{aligned}N_{\mathrm{u}}&=0.9\varphi(f_{\mathrm{c}}A+f_{\mathrm{y}}'A_{\mathrm{s}}')\\&=0.9\times0.938\times[14.3\times(15.90\times10^4-6\ 873)+360\times6\ 873]=3\ 925\times10^3(\mathrm{N})\\&=3\ 925\ \mathrm{kN}\end{aligned}$$

核算：3 925 kN$<$4 917 kN$<$1.5$\times$3 925=5 887.5(kN)，满足要求。

任务4.2 钢筋混凝土偏心受压构件设计

偏心受压构件相当于作用轴向力 N 和弯矩 M 的压弯构件，其受力性能介于受弯构件与轴心受压构件之间。当 $N=0$ 且只有 M 时，为受弯构件；当 $M=0$ 时，为轴心受压构件。故受弯构件和轴心受压构件是偏心受压构件的特殊情况。工程中的偏心受压构件大部分都是按单向偏心受压来进行截面设计的，本节仅介绍单向受压构件正截面承载力的计算。

4.2.1 偏心受压构件破坏特征

钢筋混凝土偏心受压构件的破坏形态有受拉破坏和受压破坏两种情况，受拉破坏习惯上称为"大偏心受压破坏"；受压破坏习惯上称为"小偏心受压破坏"。

1. 大偏心受压破坏(受拉破坏)

破坏条件：轴向力 N 的偏心距 e_0 较大，且纵向受拉筋配筋率不高时。

破坏过程：受荷后，靠近轴力 N 一侧的部分截面受压，另一侧受拉。随着轴力 N 的增加，首先在受拉区较早产生地出现横向裂缝，并随 N 的增加，拉区裂缝不断开展，在破坏前裂缝逐渐明显。由于配筋率不高，受拉钢筋(A_{s})应力增长较快，达到屈服，进入流幅阶段，此时受拉变形的发展大于受压变形，中和轴向受压区移动，受压区高度迅速减小，最后受压钢筋(A'_s)屈服，受压区混凝土达到其极限压应变，出现纵向裂缝而混凝土压碎破坏。在破坏过程中其特点是受拉钢筋先达到屈服，最终导致压区混凝土界面破坏。这种破坏形态在破坏前有明显的预兆，与适筋梁类似，属于延性破坏[图 4-11(a)]。

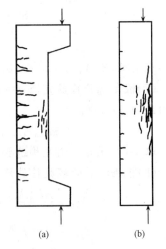

2. 小偏心受压破坏(受压破坏)

破坏条件：当轴力 N 的相对偏心距 e_0/h_0 较小；虽然相对偏心距 e_0/h_0 较大，但受拉侧纵向钢筋配置较多。

破坏过程：

(1)当轴力 N 的相对偏心距 e_0/h_0 较小时，构件截面全部受压或大部分受压，如图 4-12(a)、(b)所示。一般

图 4-11 偏心受压柱的破坏形态
(a)大偏心受压破坏；(b)小偏心受压破坏

情况下，截面破坏是从靠近轴向力一侧受压边缘处的压应变达到混凝土极限压应变值开始的。破坏时，受压应力较大一侧的混凝土被压坏，同侧的受压钢筋的应力也达到抗压屈服强度；离轴向力远侧的钢筋可能受拉也可能受压，但都不屈服，其截面上的应力状态如图 4-12 所示，破坏无明显的预兆。

(2)当轴向力的偏心距虽然较大，但却配置了特别多的受拉钢筋时，受拉钢筋始终不屈服。破坏时，受压区边缘混凝土达到极限压应变值，受压钢筋应力达到抗压屈服强度，而远侧钢筋受拉而不屈服，其截面上的应力状态如图 4-12(c)所示。破坏也无明显预兆。

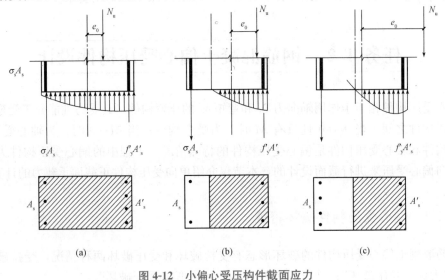

图 4-12 小偏心受压构件截面应力
(a)截面全部受压；(b)截面部分受压；(c)受拉钢筋较多

总之，受压破坏形态或称小偏心受压破坏形态的特点是混凝土先被压碎，远侧钢筋可能受拉也可能受压，但都不屈服，属于脆性破坏类型。

3. 大、小偏心判别条件

在"受拉破坏形态"与"受压破坏形态"之间存在着一种界限破坏形态，称为"界限破坏"。

它不仅有横向主裂缝，而且比较明显。其主要特征是：在受拉钢筋应力达到屈服强度的同时，受压区混凝土被压碎。界限与受弯构件中的适筋破坏与超筋破坏的界限完全相同，因而，其相对界限受压区高度的计算公式与受弯构件计算公式完全相同。

当 $\xi = x/h_0 \leqslant \xi_b$ 时，为大偏心破坏；当 $\xi = x/h_0 > \xi_b$ 时，为小偏心破坏。

4. N_u-M_u 曲线

对于给定的截面、材料强度和配筋，达到正截面承载力极限状态时，其压力和弯矩是相互关联的，可用一条 N_u-M_u 曲线表示，如图 4-13 所示。该曲线反映了正截面在压力和弯矩共同作用下压弯承载力的规律，具有以下特点：

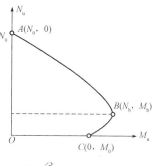

图 4-13　N_u-M_u 曲线

(1)曲线上的任一点代表截面处于正截面承载力极限状态时的一种内力组合。如一组内力 $(N，M)$ 在曲线内侧，说明截面未达到极限状态，是安全的；如 $(N，M)$ 在曲线外侧，则说明正截面承载力不足。

(2)当 $M=0$ 时，轴向承载力最大，即为轴心受压承载力 N_0（A 点）；当 $N=0$ 时，为受纯弯承载力 M_0（C 点）。

(3)截面受弯承载力 M_u 与作用的轴压力 N 大小有关：当轴压力较小时，M_u 随 N 的增加而增加（CB 段）；当轴压力较大时，M_u 随 N 的增加而减小（AB 段）。

(4)截面受弯承载力在 $B(N_b，M_b)$ 点达到最大，该点近似为界限破坏；CB 段（$N \leqslant N_b$）为受拉破坏，即大偏压；AB 段（$N > N_b$）为受压破坏，即小偏压。

4.2.2　初始偏心距与附加偏心距

由于存在施工误差、计算偏差和材料的不均匀等，实际工程中不存在理想的轴心受压构件。为考虑这些因素的不利影响，引入附加偏心距 e_a，偏心距取计算偏心距 $e_0 = M/N$ 与附加偏心距 e_a 之和，称为初始偏心距 e_i，即

$$e_i = e_0 + e_a \tag{4-7}$$

式中　e_a——附加偏心距，其值取 20 mm 和偏心方向截面尺寸的 1/30 两者中的较大值。

4.2.3　矩形截面偏心受压构件正截面受压承载力计算公式

1. 偏心受压长柱的附加弯矩或二阶弯矩

钢筋混凝土长柱在荷载作用下会产生横向挠度 δ，如图 4-14 所示，长柱中间横向变形的实测情况清楚地表明了这点。混凝土长柱在荷载作用下产生的横向挠度 δ 提高了柱的横向总侧移量 $e_i + \delta$，故构件承担的实际弯矩 $M = N(e_i + \delta)$，其值明显大于初始弯矩 $M_0 = N \times e_i$，这种由加载后构件的变形而引起的内力增大的情况称为"二阶效应"。初始弯矩称为"一阶弯矩"，附加弯矩 $N\delta$ 称为"二阶弯矩"。

2. 不考虑"二阶弯矩"的范围

《混凝土结构设计规范》(GB 50010—2010)规定，对于弯矩作用平面内截面对称的偏心受压构件，当同一主轴方向的杆端弯矩比 M_1/M_2 不大于 0.9 且设计轴压比不大于 0.9 时，

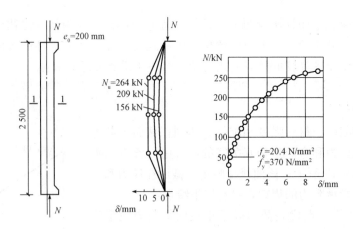

图 4-14　钢筋混凝土长柱在荷载作用下的横向变形

若构件的长细比满足式(4-8)的要求，可不考虑该方向构件自身挠曲产生的附加弯矩影响，否则应按截面的两个主轴方向分别考虑构件自身挠曲产生的附加弯矩影响。

$$\frac{l_0}{i} \leqslant 34 - 12\left(\frac{M_1}{M_2}\right) \tag{4-8}$$

式中　M_1，M_2——偏心受压构件两端截面按结构分析确定的对同一主轴的组合弯矩设计值，绝对值较大端为 M_2，绝对值较小端为 M_1，当构件按单曲率弯曲时，M_1/M_2 取正值，否则取负值；

　　　　l_0——构件的计算长度，可近似取偏心受压构件相应主轴方向上下支撑点之间的距离；

　　　　i——偏心方向的截面回转半径。

3. 考虑"二阶弯矩"后控制截面的弯矩设计值

除排架结构柱外，其他偏心受压构件，考虑轴向压力在挠曲杆件中产生的二阶效应后控制截面弯矩设计值应按下列公式计算：

$$M = C_m \eta_{ns} M_2 \tag{4-9}$$

$$C_m = 0.7 + 0.3 \frac{M_1}{M_2} \geqslant 0.7 \tag{4-10}$$

$$\eta_{ns} = 1 + \frac{1}{1\,300(M_2/N + e_a)/h_0}\left(\frac{l_0}{h}\right)^2 \zeta_c \tag{4-11}$$

$$\zeta_c = \frac{0.5 f_c A}{N} \leqslant 1.0 \tag{4-12}$$

式中　C_m——构件截面偏心距调节系数；

　　　　η_{ns}——弯矩增大系数；

　　　　N——与弯矩设计值 M_2 相应的轴向压力设计值；

　　　　ζ_c——截面曲率修正系数；

　　　　h——截面高度；

　　　　h_0——截面有效高度；

　　　　A——构件的截面面积。

当 $C_m \eta_{ns}$ 小于 1.0 时取 1.0；对剪力墙类构件及核心筒类构件，可取 $C_m \eta_{ns}$ 等于 1.0。

4. 大偏心受压构件正截面受压承载力计算

对于大偏心受压构件，为简化计算，采用与受弯构件相同的处理方法，把受压区混凝土曲线压应力图用等效矩形图形替代，其应力值取为 $\alpha_1 f_c$，截面受压区高度取为 x，纵向受力钢筋 A_s 的应力取抗拉强度设计值 f_y，纵向受压钢筋 A'_s 的应力一般也能达到抗压强度设计值 f'_y。截面应力计算图形如图 4-15 所示。

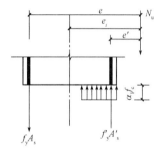

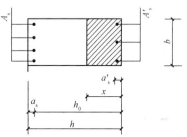

（1）计算公式。由力的平衡条件及各力对受拉钢筋合力点取矩的力矩平衡条件，可以得到下面两个基本计算公式：

$$N_u = \alpha_1 f_c bx + f'_y A'_s - f_y A_s \qquad (4\text{-}13)$$

$$N_u e = \alpha_1 f_c bx\left(h_0 - \frac{x}{2}\right) + f'_y A'_s(h_0 - a'_s) \qquad (4\text{-}14)$$

$$e = e_i + \frac{h}{2} - a_s \qquad (4\text{-}15)$$

式中　N_u——受压承载力设计值；

　　　α_1——系数取值同受弯构件；

　　　e——轴向力作用点至受拉钢筋 A_s 合力点之间的距离；

图 4-15　大偏心受压计算图形

　　　x——受压区计算高度。

（2）适用条件。

1）为了保证构件破坏时受拉区钢筋应力先达到屈服强度，要求

$$x \leqslant x_b = \xi_b h_0 \qquad (4\text{-}16)$$

式中　x_b——界限破坏时受压区计算高度，同受弯构件。

2）为了保证构件破坏时受压钢筋应力能达到屈服强度和双筋受弯构件相同，要求满足：

$$x \geqslant 2a'_s \qquad (4\text{-}17)$$

式中　a'_s——纵向受压钢筋合力点至受压区边缘的距离。

若计算中出现 $x < 2a'_s$ 的情况，说明破坏时纵向受压钢筋的应力没有达到抗压强度设计值 f'_y，此时可近似取 $x = 2a'_s$，并对受压钢筋 A'_s 的合力点取矩得

$$N_u e = f_y A_s(h_0 - a'_s) \qquad (4\text{-}18)$$

$$e' = e_i - \frac{h}{2} + a_s \qquad (4\text{-}19)$$

式中　e'——轴向压力作用点至受压区纵向钢筋 A'_s 合力点的距离，如图 4-15 所示。

5. 小偏心受压构件正截面受压承载力计算

小偏心受压破坏时，受压区混凝土被压碎，受压钢筋 A'_s 的应力达到屈服强度，而另一侧钢筋 A_s 受拉或受压，但都不屈服，所以 A_s 的应力用 σ_s 表示。受压区混凝土曲线压应力图形仍用等效矩形应力图形来替代，截面应力计算图形如图 4-16 所示。

（1）计算公式。根据力的平衡条件及力矩平衡条件可得

$$N_u = \alpha_1 f_c bx + f'_y A'_s - \sigma_s A_s \qquad (4\text{-}20)$$

$$N_u e = \alpha_1 f_c bx\left(h_0 - \frac{x}{2}\right) + f'_y A'_s(h_0 - a'_s) \qquad (4\text{-}21)$$

或 $$N_u e' = \alpha_1 f_c bx \left(\frac{x}{2} - a'_s \right) + \sigma_s A_s (h_0 - a'_s) \tag{4-22}$$

式中　x——受压区计算高度，当 $x > h$ 时，取 $x = h$；

　　e，e'——轴向力作用点至受拉钢筋 A_s 合力点和受压钢筋 A'_s 合力点之间的距离；

　　σ_s——钢筋 A_s 的应力值。

根据截面应变平截面假定，σ_s 可近似按下式计算：

$$\sigma_s = \frac{\xi - \beta_1}{\xi_b - \beta_1} f_y \tag{4-23}$$

式中　ξ，ξ_b——相对受压区计算高度和相对界限受压区计算高度；

　　β_1——同受弯构件，随混凝土强度等级不同而不同，当混凝土强度等级为 C50 时，取 $\beta_1 = 0.8$；当混凝土强度等级为 C80 时，取 $\beta_1 = 0.74$，其间用线性内插法确定。

当 σ_s 的计算值为正号时，表示 A_s 受拉，为负号时，表示 A_s 受压。同时，应符合下列要求：

$$-f'_y \leqslant \sigma_s \leqslant f_y \tag{4-24}$$

(2)适用条件。

1) $x > \xi_b h_0$。

2) $x \leqslant h$；若 $x > h$，取 $x = h$ 进行计算。

对于轴向压力作用点靠近界面重心的小偏心受压构件，当 A'_s 比 A_s 大得较多，且轴向力很大时，截面实际形心轴偏向 A'_s 一边，导致偏心方向改变，因此，也可能发生离轴向力较远一侧混凝土先压碎的破坏，这种破坏称为反向破坏，截面应力图如图 4-17 所示。《混凝土结构设计规范》(GB 50010—2010)规定，对于小偏心受压构件，为防止这种反向破坏的发生，必须满足：

$$N_u e' \leqslant \alpha_1 f_c bh \left(h'_0 - \frac{h}{2} \right) + f'_y A_s (h'_0 - a_s) \tag{4-25}$$

$$e' = \frac{h}{2} - a' - (e_0 - e_a) \tag{4-26}$$

式中　h'_0——钢筋合力点至离纵向力较远一侧边缘的距离，$h'_0 = h - a_s$。

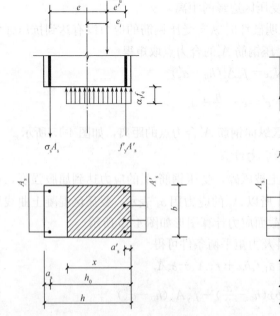
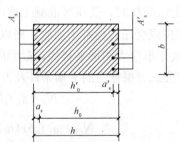

图 4-16　小偏心受压计算图形　　　　图 4-17　小偏心反向受压破坏计算图形

4.2.4 非对称配筋矩形截面偏心受压构件正截面承载力计算

4.2.4.1 截面设计

通常，已知构件截面尺寸 $b×h$，混凝土的强度等级，钢筋种类，轴向力设计值 N 及弯矩设计值 M_1、M_2，构件的计算长度 l_0。求钢筋截面面积 A_s 及 A'_s。

思路：根据条件首先判断是否需要考虑二阶弯矩，$\frac{M_1}{M_2}>0.9$ 时，或 $\frac{N}{f_cA}>0.9$ 时，或 $\frac{l_0}{i}>34-12\left(\frac{M_1}{M_2}\right)$ 时需考虑二阶弯矩，否则不予考虑，确定 M 后，判别大、小偏心受压。

(1)选择使用公式：判定大、小偏压的标准是：$\xi\leqslant\xi_b$ 时，为大偏心破坏；$\xi>\xi_b$ 时，为小偏心破坏。而 $\xi=x/h_0$，此时 x 还是未知的，所以不能在这里就判定大小偏压，而是根据经验来初步选择计算公式：

一般情况下：当 $e_i>0.3h_0$ 时，可先按大偏心受压计算 A_s、A'_s；

当 $e_i\leqslant0.3h_0$ 时，可先按小偏心受压计算 A_s、A'_s。

(2)算得 A_s、A'_s 后再计算 x，用 $\xi=x/h_0$ 与 ξ_b 的关系检查前面选择的计算公式是否正确，如果正确，就继续；如果不正确，则根据判定结果用其对应的公式再计算。

(3)算得后的 A_s、A'_s 还要满足最小配筋率的规定；同时，$(A_s+A'_s)$ 不宜大于 bh 的 5%。

(4)最后，应按轴心受压构件验算垂直于弯矩作用平面的受压承载力。

1. 大偏心受压构件的计算

情况一 已知：截面尺寸 $b×h$，混凝土的强度等级，钢筋种类，轴向力设计值 N 及弯矩设计值 M_1、M_2，长细比 l_0/h。求钢筋截面面积 A_s 及 A'_s。

步骤：

(1)判断是否需要考虑二阶弯矩，确定设计弯矩 M。

(2)令 $N=N_u$，$M=N_ue_0$，由式(4-13)、式(4-14)可以看出，此时共有 x、A_s 和 A'_s 三个未知数，而只有两个方程，以总用钢量 $(A_s+A'_s)$ 最小为补充条件，取 $x=\xi_bh_0$，代入式(4-14)，解出 A'_s。

(3)取 $x=x_b=\xi_bh_0$，得钢筋 A'_s 的计算公式：

$$A'_s=\frac{Ne-\alpha_1f_cbx_b(h_0-0.5x_b)}{f'_y(h_0-a'_s)}=\frac{Ne-\alpha_1f_ch_0^2\xi_b(1-0.5\xi_b)}{f'_y(h_0-a'_s)} \tag{4-27}$$

(4)将求得的 A'_s 及 $x=\xi_bh_0$ 代入式(4-11)，可以得到 A_s：

$$A_s=\frac{\alpha_1f_ch_0\xi_b-N}{f_y}+\frac{f'_y}{f_y}A'_s \tag{4-28}$$

如果 $A'_s<\rho_{min}bh$ 且数值相差较多，则取 $A'_s=\rho_{min}bh$，按第二种情况(已知 A'_s 求 A_s)计算 A_s。

(5)最后，按轴心受压构件验算垂直于弯矩作用平面的受压承载力，当其不小于 N 值时为满足，即 $N\leqslant0.9\varphi(f_cA+f'_yA'_s)$，$A'_s$ 为上面算得 $(A_s+A'_s)$，否则要重新设计。

情况二 已知：构件截面尺寸 $b×h$，混凝土的强度等级，钢筋种类，轴向力设计值 N 及弯矩设计值 M_1、M_2，构件的计算长度 l_0 及受压钢筋截面面积 A'_s。求受拉钢筋截面面

积 A_s。

步骤：

(1)判断是否需要考虑二阶弯矩，确定设计弯矩 M。

(2)令 $N=N_u$，$M=M_u e_0$，由式(4-13)、式(4-14)可以看出，此时只有 x、A_s 两个未知数，可以利用计算公式直接求解。但注意 x 有两个根，计算中要判别真实根。

(3)x 值可能出现以下三种情况：

其一，$x>\xi_b h_0$，说明受压钢筋数量不足，应增大 A'_s 后，按第一种情况计算或加大构件截面尺寸后重新计算。

其二，$2a'_s \leqslant x \leqslant \xi_b h_0$，说明受压钢筋 A'_s 配置合适，则由式(4-13)得

$$A_s = \frac{\alpha_1 f_c bx + f'_y A'_s - N}{f_y} \tag{4-29}$$

其三，$x<2a'_s$，说明已知受压钢筋不能屈服，此时对受压钢筋合力作用点取矩来求 A_s：

$$A_s = \frac{N\left(e_i - \dfrac{h}{2} + a'_s\right)}{f_y(h_0 - a'_s)} \tag{4-30}$$

(4)再按 $A'_s=0$，利用式(4-13)、式(4-14)算出 A_s，与上式计算结果进行比较，取其较小配筋值。

(5)按轴心受压验算垂直于弯矩作用平面的受压承载力。若不满足要求，应重新进行截面设计。

2. 小偏心受压构件的计算

首先，依然需要判别是否需要考虑二阶弯矩，确定计算弯矩 M 后进行配筋。对于小偏心受压构件，首先变换计算公式，将 x 代换为 ξh_0，将 σ_s 代换为 $\dfrac{\xi-\beta_1}{\xi_b-\beta_1} f_y$。

$$N_u = \alpha_1 f_c b\xi h_0 + f'_y A'_s - \frac{\xi-\beta_1}{\xi_b-\beta_1} A_s \tag{4-31}$$

$$N_u e = \alpha_1 f_c b h_0^2 \xi(1-0.5\xi) + f'_y A'_s(h_0-a'_s) \tag{4-32}$$

或 $$N_u e' = \alpha_1 f_c b\xi h_0(0.5\xi h_0 - a'_s) + \sigma_s A_s(h_0-a'_s) \tag{4-33}$$

从以上两个公式可以观察到，共有 ξ、A_s 及 A'_s 三个未知数，因此，同样需要补充一个使钢筋($A_s+A'_s$)的总用量为最小的条件来确定 ξ。但对于小偏心受压构件，要找到与经济配筋相应的 ξ 值，需用试算逼近法求得，其计算非常复杂。实用上可采用如下方法：

小偏心受压应满足 $\xi>\xi_b$ 及 $-f'_y \leqslant \sigma_s \leqslant f_y$ 的条件。当纵筋 A_s 的应力 σ_s 达到受压屈服强度 $-f'_y$ 且 $-f'_y=f_y$ 时，由式(4-24)可计算出其相对受压区计算高度：

$$\xi_{cy} = 2\beta_1 - \xi_b \tag{4-34}$$

(1)当 $\xi_b<\xi<\xi_{cy}$ 时，不论 A_s 配置的数量多少，一般总是不屈服的；为了使钢筋用量最小，只能按最小配筋率配置 A_s。因此，计算时可先假定 $A_s=\rho_{min}bh$ 求得 ξ 和 σ_s。

若 $\sigma_s<0$，取 $A_s=\rho'_{min}bh_0$，利用式(4-33)重新计算 ξ。

若满足 $\xi_b<\xi<\xi_{cy}$，则按式(4-32)计算 A_s'。

(2)若 $\xi \leqslant \xi_b$，按大偏心受压计算。

(3)若 $\dfrac{h}{h_0}>\xi>\xi_{cy}$，$\sigma_s$ 达到 $-f'_y$，计算时可取 $\sigma_s=-f'_y$，$\xi=\xi_{cy}$，求得 A_s 及 A'_s 值。

(4)若 $\xi > \dfrac{h}{h_0}$，则取 $\sigma_s = -f'_y$，$x = h$，求得 A_s 及 A'_s 值。

对于(3)和(4)两种情况，均应再复核反向破坏的承载力，即满足要求。

对于 $\sigma_s < 0$ 的情况，A_s 及 A'_s 应分别满足 $A_s = \rho_{\min} bh$，$A_s = \rho'_{\min} bh$ 的要求，$\rho'_{\min} = 0.2\%$。同样，小偏心受压亦要按轴心受压验算垂直于弯矩作用平面的受压承载力。

【例 4-4】 已知：某矩形截面钢筋混凝土柱，构件环境类别为一类。$b = 400$ mm，$h = 600$ mm，柱的计算长度 $l_0 = 7.2$ m。承受轴向压力设计值 $N = 1\ 000$ kN，柱两端弯矩设计值分别为 $M_1 = 400$ kN·m，$M_2 = 450$ kN·m。该柱采用 HRB400 级钢筋（$f_y = f'_y = 360$ N/mm^2），混凝土强度等级为 C25（$f_c = 11.9$ N/mm^2，$f_t = 1.27$ N/mm^2）。若采用非对称配筋，试计算纵向钢筋截面面积。

【解】 （1）材料强度和几何参数。

$f_c = 11.9$ N/mm^2，$f_y = f'_y = 360$ N/mm^2，$\xi_b = 0.518$，$\alpha_1 = 1.0$，$\beta_1 = 0.8$。

由构件的环境类别为一类，柱类构件及设计使用年限按 50 年考虑，构件最外层钢筋的保护层厚度为 20 mm，对混凝土强度等级不超过 C25 的构件要多加 5 mm，初步确定受压柱箍筋直径采用 8 mm，柱受力纵筋为 20～25 mm，则取 $a_s = a'_s = 20 + 5 + 8 + 12 = 45$ (mm)。

（2）求弯矩设计值。

$M_1/M_2 = 400/450 = 0.889$

$$i = \sqrt{\dfrac{I}{A}} = \sqrt{\dfrac{1}{12}} h = \sqrt{\dfrac{1}{12}} \times 600 = 173.2 \text{(mm)}$$

$l_0/i = 7\ 200/173.2 = 41.57 \text{(mm)} > 34 - 12 \dfrac{M_1}{M_2} = 23.33 \text{(mm)}$。应考虑附加弯矩的影响。

$$\zeta_c = \dfrac{0.5 f_c A}{N} = \dfrac{0.5 \times 11.9 \times 400 \times 600}{1\ 000 \times 10^3} = 1.428 > 1.0，取 \zeta_c = 1.0。$$

$$C_m = 0.7 + 0.3 \dfrac{M_1}{M_2} = 0.7 + 0.3 \times \dfrac{400}{450} = 0.966\ 7 > 0.7$$

$$e_a = \dfrac{h}{30} = \dfrac{600}{30} = 20 \text{(mm)}$$

$$h_0 = h - a_s = 600 - 45 = 555 \text{(mm)}$$

$$\eta_{ns} = 1 + \dfrac{1}{1\ 300(M_2/N + e_a)/h_0} \left(\dfrac{l_0}{h}\right)^2 \zeta_c$$

$$= 1 + \dfrac{1}{1\ 300 \times [450 \times 10^6/(1\ 000 \times 10^3) + 20]/555} \times \left(\dfrac{7\ 200}{600}\right)^2 \times 1.0 = 1.13$$

考虑二阶效应后的弯矩设计值为

$M = C_m \eta_{ns} M_2 = 0.966\ 7 \times 1.13 \times 450 = 491.57 \text{(kN·m)}$

（3）求 e_i，判别大小偏心受压。

$$e_0 = \dfrac{M}{N} = \dfrac{491.57 \times 10^6}{1\ 000 \times 10^3} = 491.57 \text{(mm)}$$

$e_i = e_0 + e_a = 491.57 + 20 = 511.57 \text{(mm)} > 0.3 h_0 = 0.3 \times 555 = 166.5 \text{(mm)}$

可先按大偏心受压计算。

（4）求 A_s 及 A'_s。

因 A_s 及 A'_s 均为未知，取 $\xi = \xi_b = 0.518$，且 $\alpha_1 = 1.0$。

$$e = e_i + \frac{h}{2} - a_s = 511.57 + 300 - 45 = 766.57 \text{(mm)}$$

由式(4-27)得

$$A'_s = \frac{Ne - \alpha_1 f_c b h_0^2 \xi_b (1 - 0.5\xi_b)}{f'_y(h_0 - a_s)}$$

$$= \frac{1\,000 \times 10^3 \times 766.57 - 1.0 \times 11.9 \times 400 \times 555^2 \times 0.518 \times (1 - 0.5 \times 0.518)}{360 \times (555 - 45)}$$

$$= 1\,109.95(\text{mm}^2) > 0.002bh = 480(\text{mm}^2)$$

由式(4-28)得

$$A_s = \frac{\alpha_1 f_c b h_0 \xi_b + f'_y A'_s - N}{f_y}$$

$$= \frac{1.0 \times 11.9 \times 400 \times 555 \times 0.518 + 360 \times 1\,109.95 - 1\,000 \times 10^3}{360}$$

$$= 2\,133.43(\text{mm}^2)$$

(5)选择钢筋及截面配筋图。

选择受压钢筋为 3Φ22(A'_s=1 140 mm^2)；受拉钢筋为 3Φ25+2Φ22，A_s=2 233 mm^2。$A'_s + A_s = 1\,140 + 2\,233 = 3\,373(\text{mm}^2)$，全部纵向钢筋的配筋率：

$$\rho = \frac{3\,373}{400 \times 600} = 1.4\% > 0.55\%，满足要求。$$

(6)垂直于弯矩作用平面的轴心受压计算略。

4.2.4.2 截面承载力复核

在实际工程中，有时需要对偏心受压构件进行承载力复核，此时截面尺寸 $b \times h$、构件的计算长度 l_0、截面配筋 A_s 和 A'_s、截面上作用的轴向压力设计值 N、弯矩设计值 M(或截面的偏心距 e_0)、混凝土强度等级和钢筋种类均为已知。要求判别构件截面是否能够满足承载力的要求或计算截面能够承受的弯矩设计值 M。截面承载力复核一般包括弯矩作用平面的承载力复核和垂直于弯矩作用平面的承载力复核两部分。

1. 弯矩作用平面的承载力复核

(1)已知轴向力设计值 N，求弯矩设计值 M。

由于截面尺寸、配筋和材料强度均已知，未知数只有 x 和 M 两个。

若 $N \leq N_{ub} = \alpha_1 f_c b \xi_b h_0 + f'_y A'_s - f_y A_s$ 为大偏心受压，可按式(4-13)计算 x，再将 x 和由式(4-14)求得的 e，代入式(4-15)求出 e_i，进而求得 e_0，则得 $M = Ne_0$，而后判定是否需考虑二阶弯矩，确定弯矩设计值。当 $N > N_{ub}$ 时，为小偏心受压，可按式(4-19)、式(4-24)计算 x，再将 x 代入式(4-21)求出 e，进而求得 e_0；然后计算弯矩设计值 $M = Ne_0$；最后判定是否需考虑二阶弯矩，确定弯矩设计值。

(2)已知截面偏心距 e_0，求轴向力设计值 N。

由于截面配筋已知，将截面全部内力对 N 的作用点取矩，可以求出截面混凝土受压区高度 x。当 $x \leq x_b$ 时，为大偏心受压，将 x 及已知数据代入式(4-13)即可求出轴向力设计值 N；当 $x > x_b$ 时，为小偏心受压，将已知数据代入式(4-20)、式(4-21)、式(4-23)联立求解，即可求出轴向力设计值 N。

2. 垂直于弯矩作用平面的承载力复核

不论何种偏心受压，垂直于弯矩作用平面的承载力复核，均按轴心受压构件进行。计

算 φ 值时，取 b 作为截面高度。

【例 4-5】 已知一偏心受压柱，截面尺寸为 300 mm×400 mm。$a_s=a'_s=50$ mm，由两端支承条件确定弯矩作用平面内计算高度为 $l_0=3.5$ m；柱内配置 HRB400 级钢筋，受拉筋为 $4\Phi20(A_s=1\ 256\ mm^2)$，受压筋为 $3\Phi16(A'_s=603\ mm^2)$，混凝土强度等级为 C30。环境类别为一类，柱的轴向压力设计值 $N=254$ kN，柱两端弯矩设计值分别为 $M_1=122$ kN·m，$M_2=135$ kN·m。验算截面是否安全。

【解】 $f_y=f'_y=360$ N/mm^2，$f_c=14.3$ N/mm^2，$h_0=h-a_s=400-50=350$(mm)。

(1)判断构件是否考虑二阶弯矩。

$M_1/M_2=122/135=0.904>0.9$，需考虑二阶弯矩。

$\dfrac{h}{30}=\dfrac{400}{30}=13.3(mm)<20$ mm，取 $e_a=20$ mm。

$\zeta_c=\dfrac{0.5f_cA}{N}=\dfrac{0.5\times14.3\times400\times300}{254\times10^3}=3.38>1.0$，取 $\zeta_c=1.0$。

$C_m=0.7+0.3\dfrac{M_1}{M_2}=0.7+0.3\times0.904=0.971>0.7$

$\eta_{ns}=1+\dfrac{1}{1\ 300(M_2/N+e_a)/h_0}\left(\dfrac{l_0}{h}\right)^2\zeta_c$

$\qquad=1+\dfrac{1}{1\ 300\times[135\times10^6/(254\times10^3)+20]/350}\times\left(\dfrac{3\ 500}{400}\right)^2\times1.0=1.04$

考虑二阶效应后的弯矩设计值为

$M=C_m\eta_{ns}M_2=0.971\times1.04\times135=136.33$(kN·m)

(2)判别大小偏心。

$e_0=\dfrac{M}{N}=\dfrac{136.33\times10^6}{254\times10^3}=537$(mm)

$e_i=e_0+e_a=537+20=557$(mm)$>0.3h_0=0.3\times350=105$(mm)

可暂先按大偏心受压计算。

$e=e_i+\dfrac{h}{2}-a_s=557+200-50=707$(mm)

由式(4-13)、式(4-14)得

$$\begin{cases} N_u=\alpha_1f_cbx+f'_yA'_s-f_yA_s=1.0\times14.3\times300x+360\times603-360\times1\ 256 \\ N_u\times707=\alpha_1f_cbx\left(h_0-\dfrac{x}{2}\right)+f'_yA'_s(h_0-a'_s) \\ \qquad=1.0\times14.3\times300x\times(350-0.5x)+360\times603\times(350-50) \end{cases}$$

解得 $x=128$ mm$<\xi_bh_0=0.518\times350=181.3$(mm)

$N_u=314.3$ kN$>N=254$ kN，承载力满足要求。

4.2.5 对称配筋矩形截面偏心受压构件正截面承载力计算

对称配筋就是截面两侧配置相同数量和相同种类的钢筋，即 $A_s=A'_s$，$f_y=f'_y$。在实际工程中，偏心受压构件在不同内力组合下，承受两个相反方向的弯矩，当其数值相差不大或相差较大，但按对称配筋设计求得的纵向钢筋总量增加不多时，宜采用对称配筋。对称配筋的设计和施工比较简便，且在装配吊装时不会出错，因此，对称配筋应用更为广泛。

1. 截面设计

大、小偏心受压的判别:

根据公式 $x=\dfrac{N}{\alpha_1 f_c b}$,若 $x\leqslant\xi_b h_0$,为大偏心受压;当 $x>\xi_b h_0$,为小偏心受压。

(1)大偏心受压构件。将 x 代入式(4-14),可以求得

$$A_s=A_s'=\frac{Ne-\alpha_1 f_c bx(h_0-\dfrac{x}{2})}{f_y'(h_0-a_s')} \tag{4-35}$$

如果 $x<2a_s'$,可按不对称配筋计算方法计算出 A_s,然后取 $A_s'=A_s$。

(2)小偏心受压构件。因为是对称配筋 $A_s'=A_s$,$f_y'=f_y$,$a_s'=a_s$,所以式(4-20)、式(4-21)、式(4-23)联立消去 A_s'、f_y',得到含有 ξ 的一元三次方程,通过转化得到

$$\xi=\frac{N-\xi_b\alpha_1 f_c bh_0}{\dfrac{Ne-0.43\alpha_1 f_c bh_0^2}{(\beta_1-\xi_b)(h_0-a_s')}+\alpha_1 f_c bh_0}+\xi_b \tag{4-36}$$

将 ξ 值代入式(4-32)得

$$A_s=A_s'=\frac{Ne-\alpha_1 f_c bh_0^2\xi(1-0.5\xi)}{f_y'(h_0-a_s')} \tag{4-37}$$

对称配筋同样需要满足配筋率的要求。

2. 截面复核

截面复核方法同不对称配筋的截面复核方法,复核时取 $A_s=A_s'$,$f_y=f_y'$。

【**例 4-6**】 已知同例 4-4,设计成对称配筋。求钢筋截面积 $A_s'=A_s$。

【**解**】 (1)由例 4-4 得,$a_s=a_s'=45$ mm,$b\times h_0=400$ mm$\times555$ mm,$N=1\,000$ kN,$f_y=f_y'=360$ N/mm^2,$\xi_b=0.518$,$\alpha_1=1.0$,$f_c=11.9$ N/mm^2,$e_i=511.57$ mm,$e=766.57$ mm。

(2)判别偏心受压类型。

$$x=\frac{N}{\alpha_1 f_c b}=\frac{1\,000\times10^3}{1.0\times11.9\times400}=210.1(\text{mm})<\xi_b h_0=0.518\times555=287.5(\text{mm})$$

$$>2a_s'=90(\text{mm})$$

类型为大偏心受压。

(3)计算配筋。

$$A_s=A_s'=\frac{Ne-\alpha_1 f_c bx(h_0-\dfrac{x}{2})}{f_y'(h_0-a_s')}$$

$$=\frac{1\,000\times10^3\times766.57-1.0\times11.9\times400\times210.1\times(555-0.5\times210.1)}{360\times(555-45)}$$

$$=1\,724.32(\text{mm}^2)>0.002bh=480(\text{mm}^2)$$

每边选用纵筋 3Φ22+2Φ20 对称配置($A_s=A_s'=1\,769$ mm^2),按构造要求箍筋选用 Φ8@250。

与例 4-4 比较可知,采用对称配筋时,钢筋总量 $1\,727.1\times2=3\,454.2(\text{mm}^2)$要比非对称配筋 $1\,108.65+2\,132.12=3\,240.77(\text{mm}^2)$为多,并且偏心距越大,对称配筋的总用钢量越多。

(4)验算垂直于弯矩作用平面的受压承载力(略,配筋量较例 4-4 多,承载力肯定满足要求)。

【**例 4-7**】 已知某矩形截面钢筋混凝土框架柱,构件环境类别为一类。$b=400$ mm,

$h=450$ mm，柱的计算长度 $l_0=4.0$ m。取 $a_s=a_s'=40$ mm，承受轴向压力设计值 $N=320$ kN，柱两端弯矩设计值分别为 $M_1=-100$ kN·m，$M_2=300$ kN·m。该柱采用 HRB400 级钢筋($f_y=f_y'=360$ N/mm²)，混凝土强度等级为 C30($f_c=14.3$ N/mm²)。若采用对称配筋，试求纵向钢筋截面面积。

【解】 (1)判断构件是否考虑二阶弯矩。

$$A=b\times h=400\times 450=180\ 000(\text{mm}^2) \qquad h_0=450-40=410(\text{mm})$$

$$M_1/M_2=100/300=0.333<0.9$$

$$\frac{N}{f_c A}=\frac{320\ 000}{14.3\times 400\times 450}=0.124<0.9$$

$$I=\frac{1}{12}bh^3=\frac{1}{12}\times 400\times 450^3=3\ 037.5\times 10^6(\text{mm}^4)$$

$$i=\sqrt{\frac{I}{A}}=\sqrt{\frac{3\ 037.5\times 10^6}{180\ 000}}=129.9(\text{mm})$$

$$\frac{l_0}{i}=\frac{4\ 000}{129.9}=30.8<34-12\left(\frac{M_1}{M_2}\right)=34-12\times\left(\frac{-100}{300}\right)=38$$

故不考虑二阶效应的影响。

(2)判别大、小偏心。

$$x=\frac{N}{\alpha_1 f_c b}=\frac{320\times 10^3}{1.0\times 14.3\times 400}=55.94(\text{mm})<\xi_b h_0=0.518\times 410=212.4(\text{mm})$$

$$<2a_s'=2\times 40=80(\text{mm})$$

$$\frac{h}{30}=\frac{450}{30}=15(\text{mm})<20\ \text{mm，取}\ e_a=20\ \text{mm}。$$

$$e_0=\frac{M_2}{N}=\frac{300\times 10^6}{320\times 10^3}=937.5(\text{mm})$$

$$e_i=e_0+e_a=937.5+20=957.5(\text{mm})$$

$$e'=e_i-\frac{h}{2}+a_s=957.5-450/2+40=772.5(\text{mm})$$

(3)计算配筋。由式(4-18)得：

$$A_s=A_s'=\frac{Ne'}{f_y'(h_0-a_s')}=\frac{320\times 10^3\times 772.5}{360\times(410-40)}=1\ 856(\text{mm}^2)$$

截面每侧各配置 4⏀25($A_s=A_s'=1\ 964$ mm²)，配筋如图 4-18 所示。

$$\rho=\frac{A_s+A_s'}{bh}=\frac{2\times 1\ 964}{400\times 450}=2.18\%>\rho_{\min}=0.55\%$$

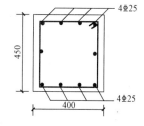

图 4-18 截面配筋图

4.2.6 偏心受压构件斜截面受剪承载力计算

一般情况下，偏心受压构件的剪力值相对较小，可不进行斜截面的承载力计算。但对于有较大水平力作用的框架柱、有横向力作用的桁架上弦压杆，剪力影响较大，必须进行斜截面承载力计算。试验表明，轴向压力对构件抗剪有利，轴向压力的存在能够阻滞斜裂缝的出现和开展，增加混凝土剪压区的高度，使剪压区的面积相对增大，提高了剪压区混凝土的抗剪能力。但是，轴向压力对构件抗剪承载力的提高有一定限度。

《混凝土结构设计规范》(GB 50011—2010)规定，对于矩形、T形和I形截面偏心受压构件的受剪承载力，采用在受弯构件受剪承载力计算公式的基础上增加一项附加受剪承载力的办法来考虑轴向压力的有利影响，按下式进行计算：

$$V_u = \frac{1.75}{\lambda + 1.0} f_t b h_0 + f_{yv} \frac{A_{sv}}{s} h_0 + 0.07N \tag{4-38}$$

式中　λ——偏心受压构件计算截面的剪跨比；

　　　N——与剪力设计值 V 相应的轴向压力设计值[当 $N > 0.3 f_c A$ 时，取 $N = 0.3 f_c A$（A 为构件的截面面积）]。

本章小结

1. 配有纵筋和普通箍筋的钢筋混凝土轴心受压柱正截面承载力计算公式为 $N \leqslant 0.9\varphi(f_c A + f_y' A_s')$。

2. 螺旋式（或焊接环式）箍筋通过对核心混凝土的约束，可间接提高构件的承载力，其承载力表达式为 $N_u = 0.9(f_c A_{cor} + 2\alpha f_y A_{ss0} + f_y' A_s')$。

3. 大偏心受压构件的破坏特点是受拉钢筋先达到屈服，最终导致压区混凝土界面破坏。这种破坏形态在破坏前有明显的预兆，与适筋梁类似，属于延性破坏。小偏心受压破坏形态的特点是混凝土先被压碎，远侧钢筋可能受拉也可能受压，但都不屈服，属于脆性破坏类型。

4. 大、小偏心判别条件为当 $\xi = x/h_0 < \xi_b$ 时，为大偏心破坏；当 $\xi = x/h_0 > \xi_b$ 时，为小偏心破坏。

5. 大、小偏心受压构件在考虑了附加弯矩后，根据界面应力和外力的平衡条件可分别得出其计算公式。

6. 偏心受压构件截面配筋可采用不对称配筋和对称配筋两种形式，但考虑到施工的方便性，大多情况下采用对称配筋。

思考与练习

1. 受压构件中纵向钢筋和箍筋的作用分别是什么？

2. 什么情况下要采用复合箍筋？为什么要采用这样的箍筋？

3. 什么情况下不考虑间接钢筋的影响而按普通箍筋柱轴心受压构件承载力计算公式计算构件的承载力？

4. 判别大、小偏心受压破坏的条件是什么？大、小偏心受压的破坏特征分别是什么？

5. 偏心受压短柱和长柱有何本质的区别？何谓二阶弯矩？

6. 附加偏心距 e_a 的物理意义是什么？

7. 怎样进行对称配筋矩形截面偏心受压构件正截面承载力的设计与复核？

8. 已知现浇多层钢筋混凝土框架结构，底层中柱按轴心受压构件计算，$N=2\,450$ kN，柱截面尺寸 $b\times h=400$ mm$\times400$ mm，混凝土强度等级为 C30，钢筋选用 HRB400 级，柱高 $H=6.4$ m，配置纵筋。

9. 某框架结构柱，截面尺寸 $b\times h=400$ mm$\times450$ mm，计算长度 $l_0=5$ m，$a_s=a_s'=40$ mm，混凝土强度等级为 C30，$\alpha_1=1.0$，用 HRB400 级钢筋，轴心压力设计值 $N=336$ kN，弯矩设计值 $M_2=399$ kN·m，采用非对称配筋，试求所需钢筋截面面积(按两端弯矩相等 $M_1/M_2=1$ 的框架柱考虑)。

10. 已知偏心受压柱的轴向力设计值 $N=500$ kN，柱端较大弯矩设计值 $M_2=380$ kN·m，截面尺寸 $b\times h=400$ mm$\times450$ mm，$a_s=a_s'=40$ mm，计算长度 $l_0=5$ m，混凝土强度等级为 C30，钢筋为 HRB400 级，采用对称配筋，求钢筋截面面积(按两端弯矩相等 $M_1/M_2=1$ 的框架柱考虑)。

11. 已知偏心受压柱的截面尺寸为 $b\times h=400$ mm$\times500$ mm，采用混凝土强度等级为 C30，纵筋为 HRB400 级，受拉筋为 $A_s=1\,570$ mm^2，受压筋为 $A_s'=1\,016$ mm^2，处于一类环境，承受的轴向力设计值 $N=750$ kN，求柱能承受的弯矩设计值 M。

项目5 钢筋混凝土受扭构件设计

学习目标

通过对钢筋混凝土受扭构件设计的学习，掌握纯扭、剪扭、弯剪扭构件的受扭承载力计算，了解剪扭相关性、抗扭计算中截面限制条件及抗扭钢筋的构造要求等。

任务5.1 受扭构件的分类

扭转是结构构件受力的一种基本形式。构件截面受有扭矩，截面就要受扭。受扭构件是指处于扭矩作用下的受力构件。

钢筋混凝土结构中，构件受到的扭矩作用通常可分为两类：第一类是由荷载作用直接引起，并且由结构的平衡条件所确定的扭矩，它是维持结构平衡不可缺少的主要内力之一，通常称这类扭矩为"平衡扭矩"。常见的这一类扭矩作用的构件有雨篷梁[图5-1(a)]和吊车横向制动力作用下的吊车梁[图5-1(b)]等。第二类是由于相邻构件的弯曲转动受到支承梁的约束，在支承梁内引起的扭转，其扭矩由于梁的开裂会产生内力重分布而减小，这类扭矩一般称为"变形协调扭矩"，其值不能仅由平衡条件得出，需结合变形协调条件才能求得。例如，钢筋混凝土框架中与次梁一起整浇的边框架主梁[图5-1(c)]，当次梁在荷载作用下弯曲时，主梁由于具有一定的抗扭刚度而对次梁梁端的转动产生约束作用。本项目介绍的内容主要是针对平衡扭矩问题的。

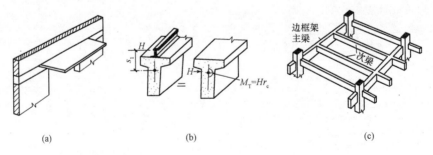

图5-1 常见受扭构件示例
(a)雨篷梁；(b)吊车梁；(c)边框架主梁

在实际工程中，承受扭矩作用的构件，大多数情况下还同时承受弯矩、剪力的共同作用，如雨篷梁、吊车横向制动力作用下的吊车梁等。因此，受扭构件承载力计算，实质上是一个弯剪扭的复合受力计算问题。为便于分析，本项目首先介绍纯扭构件的承载力计算，然后再介绍弯剪扭共同作用下的承载力计算问题。

任务 5.2 纯扭构件的承载力计算

5.2.1 矩形截面纯扭构件的破坏形态

试验表明，素混凝土构件在扭矩作用下，首先在构件一个长边侧面的中点 m 附近出现斜裂缝。该条裂缝沿着与构件轴线约 45°的方向迅速延伸，到达该侧面的上、下边缘 a、b 两点后，在顶面和底面上大致沿 45°方向继续延伸到 c、d 两点，形成构件三面开裂一面受压的受力状态。最后，受压面 c、d 两点连线上的混凝土被压碎，构件裂断破坏。破坏面为一个空间扭曲面(图 5-2)。构件破坏具有突然性，属于脆性破坏。

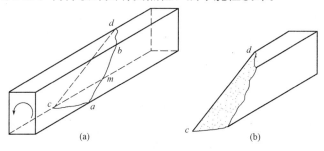

图 5-2　素混凝土纯扭构件破坏面

配有适量纵筋和箍筋的矩形截面构件在扭矩作用下，裂缝出现前，钢筋应力很小，抗裂扭矩 T_{cr} 与同截面的素混凝土构件极限扭矩 T_u 几乎相等，配置的钢筋对抗裂扭矩 T_{cr} 的贡献很少。裂缝出现后，由于钢筋的存在，构件并不立即破坏，而是随着外扭矩的增加，构件表面逐渐形成大体连续、近于 45°方向呈螺旋式向前发展的斜裂缝(图 5-3)，而且裂缝之间的距离从总体来看是比较均匀的。此时，原由混凝土承担的主拉力大部分由与斜裂缝相交的箍筋和抗扭纵筋承担，构件可以继续承受更大的扭矩。

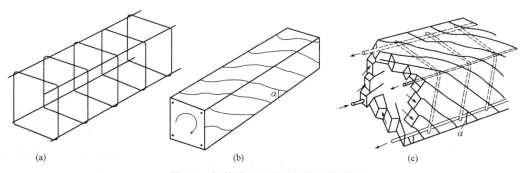

图 5-3　钢筋混凝土纯扭构件适筋破坏

纯扭构件中，最合理的抗扭配筋方式是在构件靠近表面处设置呈 45°方向的螺旋形箍筋，其方向与混凝土的主拉应力方向相平行，也就是与裂缝相垂直，但是螺旋箍筋施工比较复杂，实际上很少采用。在实际工程中，一般采用靠近构件表面设置的横向箍筋和沿构件周边均匀对称布置的纵向钢筋共同组成抗扭钢筋骨架。

根据试验结果，受扭构件的破坏可分为以下四类。

1. 少筋破坏

当构件中的箍筋和纵筋或者其中之一配置过少，配筋构件的抗扭承载力与素混凝土构件抗扭承载力几乎相等。这种破坏层脆性，没有任何预兆，在工程设计中应予以避免。因此，应控制受扭构件箍筋和纵筋的最小配筋率。

2. 适筋破坏

当构件中的箍筋和纵筋配置适当时，构件上先后出现多条呈 45°走向的螺旋裂缝，随着与其中一条裂缝相交的箍筋和纵筋达到屈服，该条裂缝不断加宽，形成三面开裂、一边受压的空间破坏面，最后受压边混凝土被压碎，构件破坏。整个破坏过程有一定的延性和较明显的预兆，工程设计中应设计成具有这种破坏特征的构件。

3. 部分超筋破坏

当构件中的箍筋或纵筋配置过多时，构件破坏前，数量相对较少的那部分钢筋受拉屈服，而另一部分钢筋直到构件破坏仍未能屈服。由于构件破坏时有部分钢筋达到屈服，破坏特征并非完全脆性，所以这类构件在设计中允许采用，但不经济。

4. 完全超筋破坏

当构件中的箍筋和纵筋配置过多时，在两者都未达到屈服前，构件中混凝土被压碎而导致突然破坏。这类构件破坏具有明显的脆性，工程设计中也应予以避免。

试验研究表明，为了使抗扭箍筋和抗扭纵筋均能得以充分利用，共同发挥抗扭作用，应将两种钢筋的用量比例控制在合理的范围内，采用纵向钢筋与箍筋的配筋强度比值 ζ 进行控制：

$$\zeta = \frac{f_y A_{stl} s}{f_{yv} A_{st1} u_{cor}}$$ (5-1)

$$A_{cor} = b_{cor} h_{cor}$$

式中 A_{stl}——受扭计算中取对称布置的全部纵向钢筋截面面积；

　　A_{st1}——受扭计算中沿截面周边配置的箍筋单肢截面面积；

　　f_y——受扭纵筋抗拉强度设计值；

　　f_{yv}——受扭箍筋抗拉强度设计值；

　　s——箍筋间距；

　　A_{cor}——截面核心部分的面积；

　　b_{cor}——箍筋内表面范围内截面核心部分的短边，$b_{cor} = b - 2c$；

　　h_{cor}——箍筋内表面范围内截面核心部分的长边，$h_{cor} = h - 2c$；

　　u_{cor}——截面核心部分的周长，$u_{cor} = 2(b_{cor} + h_{cor})$，如图 5-4 所示。

试验表明，只有当 ζ 值在 0.5～2.0 范围内，才能保证构件破坏时纵筋和箍筋的强度得到充分利用。为稳妥计，《混凝土结构设计规范》(GB 50010—2010)规定，ζ 应满足 0.6≤ζ≤1.7，

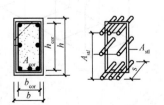

图 5-4　受扭构件配筋形式

当 $\zeta > 1.7$ 时，取 $\zeta = 1.7$。当 ζ 接近 1.2 时，为钢筋达到屈服的最佳值。

5.2.2 矩形截面纯扭构件的开裂扭矩及承载力计算

5.2.2.1 矩形截面纯扭构件开裂扭矩计算

对于匀质弹性材料，矩形截面在扭矩 T 的作用下，截面中各点均产生剪应力 τ，其分布规律如图 5-5 所示。最大剪应力 τ_{max} 发生在截面长边的中点，与该点剪应力作用相对应的主拉应力 σ_{tp} 和主压应力 σ_{cp} 分别与构件轴线成 45° 方向，其大小均为 τ_{max}。当主拉应力 σ_{tp} 超过混凝土的抗拉强度时，混凝土将沿主压应力方向开裂，并发展成螺旋形裂缝。

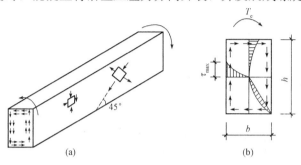

图 5-5　矩形截面弹性状态的剪应力分布

按照弹性理论，当 $\sigma_{tp} = \tau_{max} = f_t$ 时的扭矩即为开裂扭矩 T_{cr}，按下列公式计算：

$$T_{cr} = f_t W_{te} \tag{5-2}$$

式中　W_{te}——截面的受扭弹性抵抗矩；

　　　f_t——混凝土抗拉强度设计值。

对于理想的塑性材料，在弹性阶段，最大剪应力发生在截面长边的中点，当该剪应力达到屈服点时，并不说明构件破坏，仅说明构件开始进入塑性阶段，仍能继续增加荷载，直到截面上的应力全部达到屈服点后，构件才开始丧失承载力而破坏。这时，截面上的剪应力分布如图 5-6(a) 所示。

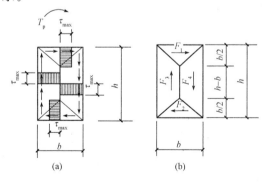

图 5-6　矩形截面塑性状态的剪应力分布

按图 5-6(a) 所示的应力分布求截面的塑性抗扭承载力。为便于计算，将截面上的剪应力分成四个部分[图 5-6(b)]，计算各部分剪应力的合力及相应组成的力偶，其力偶矩的总

和即为开裂扭矩 T_{cr}：

$$T_{cr}=\left\{2\cdot\frac{b}{2}\cdot(h-b)\cdot\frac{b}{4}+4\cdot\frac{b}{2}\cdot\frac{b}{2}\cdot\frac{1}{2}\cdot\frac{b}{3}+2\cdot\frac{b}{2}\cdot\frac{b}{2}\left[\frac{2}{3}\cdot\frac{b}{2}+\frac{1}{2}(h-b)\right]\right\}\tau_{max}$$

$$=\frac{b^2}{6}(3h-b)\tau_{max}=W_t f_t \tag{5-3}$$

式中　W_t——截面的受扭塑性抵抗矩，矩形截面 $W_t=\frac{b^2}{6}(3h-b)$；

　　　　b——矩形截面的短边；

　　　　h——矩形截面的长边。

由于混凝土既非弹性材料又非理想塑性材料，而是介于两者之间的弹塑性材料，为了计算方便，可按全塑性状态的截面应力分布计算，而将材料强度适当降低。《混凝土结构设计规范》(GB 50010—2010)，取混凝土抗拉强度降低系数为 0.7，故开裂扭矩的计算公式为：

$$T_{cr}=0.7f_t W_t \tag{5-4}$$

5.2.2.2　矩形截面纯扭构件承载力计算

1. 承载力计算公式

试验研究结果表明，钢筋混凝土纯扭构件的抗扭承载力由混凝土的抗扭承载力 T_c 和钢筋(纵筋和箍筋)的抗扭承载力 T_s 两部分组成，即

$$T=T_c+T_s \tag{5-5}$$

《混凝土结构设计规范》(GB 50010—2010)给出矩形截面钢筋混凝土纯扭构件的受扭承载力计算公式为：

$$T\leqslant T_u=0.35f_t W_t+1.2\sqrt{\zeta}f_{yv}\frac{A_{st1}A_{cor}}{s} \tag{5-6}$$

式中　T——扭矩设计值；

　　　　f_t——混凝土的抗拉强度设计值；

　　　　W_t——截面的受扭塑性抵抗矩，矩形截面 $W_t=\frac{b^2}{6}(3h-b)$；

　　　　f_{yv}——箍筋抗拉强度设计值；

　　　　A_{st1}——箍筋单肢截面面积；

　　　　s——箍筋间距；

　　　　A_{cor}——截面核心部分的面积，$A_{cor}=b_{cor}h_{cor}$；

　　　　ζ——抗扭纵筋与箍筋的配筋强度比，按式(5-1)计算。

钢筋混凝土矩形截面纯扭构件的配筋计算步骤：

先假定 ζ 值，然后按式(5-6)和式(5-1)分别求得箍筋和纵筋用量。由式(5-1)可知，ζ 表示了纵筋用量($A_{stl}\cdot s$)与箍筋用量($A_{st1}\cdot u_{cor}$)的比值，纵筋用量越多，ζ 值越大；从施工角度来看，箍筋用量越小，施工越简单，故设计时 ζ 取值略大一些，此时较为理想。设计中，一般取 $\zeta=1.2$，此时效果最佳。

2. 公式的适用范围

为了保证受扭构件破坏时有一定的延性，设计中应避免出现少筋破坏和超筋破坏，承载力计算公式要满足相应的限制条件：

(1)上限值——最小截面尺寸。对于完全超筋破坏，采用控制截面尺寸不能过小的方式

来防止，《混凝土结构设计规范》（GB 50010—2010）规定的截面尺寸限制条件为：

当 $\dfrac{h_w}{b} \leqslant 4$ 时 $\qquad\qquad T \leqslant 0.25\beta_c f_c W_t$ （5-7）

当 $\dfrac{h_w}{b} = 6$ 时 $\qquad\qquad T \leqslant 0.2\beta_c f_c W_t$ （5-8）

当 $4 < \dfrac{h_w}{b} < 6$ 时，按线性内插法取用。

式中　T——构件截面上的扭矩设计值；

　　　β_c——混凝土强度影响系数（当混凝土强度等级不超过 C50 时，取 $\beta_c = 1.0$；当混凝土强度等级为 C80 时，取 $\beta_c = 0.8$；其间按线性内插法取用）；

　　　b——矩形截面的宽度，T 形截面或 I 形截面的腹板宽度；

　　　h_w——截面的腹板高度（矩形截面取有效高度 h_0，T 形截面取有效高度减去翼缘高度，I 形截面取腹板净高）。

（2）下限值——最小配筋率。对少筋破坏，用限制最小配筋率来防止，《建筑抗震设计规范》（GB 50011—2010）规定，箍筋的最小配筋率应满足：

$$\rho_{sv} = \frac{A_{sv}}{bs} \geqslant \rho_{sv,\min} = 0.28\frac{f_t}{f_{yv}}$$ （5-9）

相应地，纵向抗扭纵筋的最小配筋率应满足：

$$\rho_{tl} = \frac{A_{stl}}{bh} \geqslant \rho_{tl,\min} = 0.6\sqrt{\frac{T}{Vb}}\frac{f_t}{f_y}$$

其中，当 $\dfrac{T}{Vb} > 2$ 时，取 $\dfrac{T}{Vb} = 2$，故上式可表示为

$$\rho_{tl} = \frac{A_{stl}}{bh} \geqslant \rho_{tl,\min} = 0.85\frac{f_t}{f_y}$$ （5-10）

对于满足 $T \leqslant 0.7 f_t W_t$ 条件的受扭构件，不需要按计算配抗扭钢筋，但按构造要求配置的抗扭纵筋与箍筋也应满足上述最小配筋率的要求。

【例 5-1】 一钢筋混凝土矩形截面纯扭构件，承受的扭矩设计值 $T = 20$ kN·m。截面尺寸 $b \times h = 250$ mm $\times 500$ mm，混凝土强度等级为 C30，纵筋采用 HRB335 级，箍筋采用 HPB300 级，一类环境。求此构件所需配置的受扭纵筋和箍筋。

【解】　（1）确定基本参数。

查表 2-5 可知，C30 混凝土 $f_c = 14.3$ N/mm²，$f_t = 1.43$ N/mm²，$\beta_c = 1.0$；HRB335 级钢筋 $f_y = 300$ N/mm²，HPB300 级钢筋 $f_{yv} = 270$ N/mm²。

一类环境，$c = 25$ mm，$b_{cor} = b - 2c = 200$ mm，$h_{cor} = h - 2c = 450$ mm，$A_{cor} = 200 \times 450 = 90\,000$（mm²）。

（2）验算截面尺寸。

$$W_t = \frac{b^2}{6}(3h - b) = \frac{250^2}{6} \times (3 \times 500 - 250) = 13 \times 10^6 \text{(mm}^3)$$

$$h_w = h_0 = h - a_s = 500 - 35 = 465 \text{(mm)}$$

$$\frac{h_w}{b} = \frac{465}{250} < 4$$

$$\frac{T}{W_t} = \frac{20 \times 10^6}{13 \times 10^6} = 1.54 \text{(N/mm}^2) < 0.25\beta_c f_c = 3.575 \text{(N/mm}^2)$$

$$>0.7f_t=1.00(N/mm^2)$$

截面尺寸合适，并按计算配筋。

（3）计算箍筋。

取 $\zeta=1.2$，代入式（5-6）求 A_{st1}/s。

$$\frac{A_{st1}}{s}\geqslant\frac{T-0.35f_tW_t}{1.2\sqrt{\zeta}f_{yv}A_{cor}}=\frac{20\times10^6-0.35\times1.43\times13\times10^6}{1.2\sqrt{1.2}\times270\times90\,000}=0.42$$

选用 Φ8 箍筋，$A_{st1}=50.3\,mm^2$，$s\leqslant\dfrac{50.3}{0.42}=120(mm)$，取 $s=110\,mm$。

验算配箍率 $\rho_{sv}=\dfrac{2A_{st1}}{bs}=\dfrac{2\times50.3}{250\times110}=0.003\,66$

$$>\rho_{sv,min}=0.28\frac{f_t}{f_{yv}}=\frac{0.28\times1.43}{270}=0.001\,48$$

（4）计算纵筋。

$$u_{cor}=2(b_{cor}+h_{cor})=2\times(200+450)=1\,300(mm)$$

按式（5-1）计算 A_{stl}：

$$A_{stl}=\frac{\zeta f_{yv}A_{st1}u_{cor}}{f_ys}=\frac{1.2\times270\times50.3\times1\,300}{300\times90}=785(mm^2)$$

选用 6Φ14，$A_{stl}=923\,mm^2$，验算抗扭纵筋的最小配筋率 $\rho_{tl,min}$：

$$\rho_{tl}=\frac{A_{stl}}{bh}=\frac{923}{250\times500}=0.738\%>\rho_{tl,min}=0.85\frac{f_t}{f_y}=\frac{0.85\times1.43}{300}=0.405\%$$

满足要求。

截面配筋如图 5-7 所示。

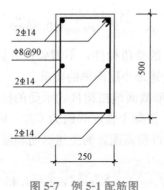

图 5-7　例 5-1 配筋图

任务 5.3　弯剪扭构件的承载力计算

在实际工程中，纯扭构件是很少见的，大多数情况是承受弯矩、剪力、扭矩的共同作用，构件处于弯剪扭共同作用的复合应力状态下。由于构件的受扭、受剪、受弯承载力之间是相互影响的，这种相互影响的性质称为相关性。由于弯剪扭组合构件受力情况及承载力计算相当复杂，很难用一个统一的相关方程来表示。为简化计算，《混凝土结构设计规范》（GB 50010—2010）规定，对弯剪扭构件的计算：对混凝土提供的抗力部分考虑相关性，而对钢筋部分不考虑相关性采用叠加的方法。

5.3.1 剪扭构件承载力计算

同时受到剪力和扭矩作用的构件，其承载力总是低于剪力或扭矩单独作用时的承载力，即存在着剪扭相关性。剪扭构件的受力性能比较复杂，完全按照其相关关系进行承载力计算是很困难的。由于受剪承载力和纯扭承载力中均包含混凝土和钢筋两项，《混凝土结构设计规范》(GB 50010—2010)在试验研究的基础上，采用混凝土部分相关、钢筋部分不相关的近似计算方法。箍筋按剪扭构件的受剪承载力和受扭承载力分别计算其所需箍筋用量，采用叠加配筋方法。混凝土部分为了防止重复利用而降低承载能力，通过采用降低系数 β_t 来考虑其相关关系。一般剪扭构件降低系数 β_t 的计算公式为

$$\beta_t = \frac{1.5}{1+0.5\dfrac{VW_t}{Tbh_0}} \tag{5-11}$$

式中　β_t——剪扭构件的混凝土强度降低系数(当 $\beta_t < 0.5$ 时，取 $\beta_t = 0.5$；当 $\beta_t > 1.0$ 时，取 $\beta_t = 1.0$，即 β_t 应符合 $0.5 \leqslant \beta_t \leqslant 1.0$)。

1. 一般剪扭构件

(1)受剪承载力计算公式。

$$V_u = 0.7(1.5-\beta_t)f_t bh_0 + f_{yv}\frac{A_{sv}}{s}h_0 \tag{5-12}$$

式中　A_{sv}——受剪承载力所需的箍筋截面面积。

(2)受扭承载力计算公式。

$$T_u = 0.35\alpha_h\beta_t f_t W_t + 1.2\sqrt{\zeta}f_{yv}\frac{A_{st1}A_{cor}}{s} \tag{5-13}$$

2. 集中荷载作用下的独立剪扭构件

(1)受剪承载力计算公式。

$$V \leqslant (1.5-\beta_t)\frac{1.75}{\lambda+1}f_t bh_0 + f_{yv}\frac{A_{sv}}{s}h_0 \tag{5-14}$$

式中　A_{sv}——受剪承载力所需的箍筋截面面积。

(2)受扭承载力计算公式。按式(5-13)计算，但式中降低系数 β_t 按式(5-15)得到：

$$\beta_t = \frac{1.5}{1+0.2(\lambda+1)\dfrac{VW_t}{Tbh_0}} \tag{5-15}$$

在弯矩、剪力和扭矩共同作用下的钢筋混凝土构件，当符合式(5-16)条件时可不进行构件剪扭承载力计算，但为了防止构件的脆断和保证构件破坏时具有一定的延性，需按构造要求配置纵向钢筋和箍筋。

$$\frac{V}{bh_0} + \frac{T}{W_t} \leqslant 0.7f_t \tag{5-16}$$

5.3.2 弯剪扭构件承载力计算

根据前述剪扭构件配筋计算的方法，钢筋混凝土弯剪扭构件配筋计算的一般原则是：

纵向钢筋应按受弯构件正截面受弯承载力和剪扭构件的受扭承载力所需的钢筋截面面积并配置在相应的位置，箍筋应按剪扭构件的受剪承载力和受扭承载力分别按所需的箍筋截面面积并配置在相应的位置。

在弯矩、剪力和扭矩共同作用下但剪力或扭矩较小的钢筋混凝土构件，当符合下列条件时，可按相应规定进行承载力计算：

(1)当 $V \leqslant 0.35 f_t bh_0$ 或 $V \leqslant 0.875 f_t bh_0/(\lambda+1)$ 时，可忽略剪力对构件承载力的影响，仅按受弯构件的正截面承载力和纯扭构件的受扭承载力分别进行计算，按弯矩和扭矩共同作用构件计算配筋后叠加配置。

(2)当 $T \leqslant 0.175 f_t W_t$ 或 $T \leqslant 0.175 \alpha_h f_t W_t$ 时，可忽略扭矩对构件承载力的影响，仅按受弯构件的正截面承载力和斜截面承载力分别进行计算，即按弯矩和剪力共同作用构件计算配筋。

5.3.3 计算公式的适用范围和构造要求

1. 适用范围

(1)截面限制条件。为了保证受扭构件截面尺寸不致过小，避免其在破坏时混凝土首先被压碎，《混凝土结构设计规范》(GB 50010—2010)规定，截面尺寸的限制条件为：

当 $\dfrac{h_w}{b} \leqslant 4$ 时 $\qquad \dfrac{V}{bh_0} + \dfrac{T}{0.8W_t} \leqslant 0.25\beta_c f_c$ (5-17)

当 $\dfrac{h_w}{b} = 6$ 时 $\qquad \dfrac{V}{bh_0} + \dfrac{T}{0.8W_t} \leqslant 0.2\beta_c f_c$ (5-18)

当 $4 < \dfrac{h_w}{b} < 6$ 时，按线性内插法取用。

若不满足上式，则需增大截面尺寸或提高混凝土强度等级。

(2)最小配筋率。《混凝土结构设计规范》(GB 50010—2010)规定，弯剪扭构件中箍筋的配筋率 ρ_{sv} 应符合式(5-9)，即：

$$\rho_{sv} = \frac{A_{sv}}{bs} \geqslant \rho_{sv,min} = 0.28\frac{f_t}{f_{yv}}$$

相应地，纵向抗扭纵筋的最小配筋率应满足：

$$\rho_{tl} = \frac{A_{stl}}{bh} \geqslant \rho_{tl,min} = 0.6\sqrt{\frac{T}{Vb}}\frac{f_t}{f_y}$$ (5-19)

其中，当 $\dfrac{T}{Vb} > 2$ 时，取 $\dfrac{T}{Vb} = 2$。

弯曲受拉边纵向受拉钢筋的最小配筋量不应小于按受弯构件纵向受拉钢筋最小配筋率计算出的钢筋截面面积与按受扭构件纵向受力钢筋最小配筋率计算，并分配到弯曲受拉边的钢筋截面面积之和。

2. 构造要求

(1)箍筋的构造要求。为了保证箍筋在整个周长上都能充分发挥抗拉作用，必须将其做成封闭式且应沿截面周边布置。当采用复合箍筋时，位于截面内部的箍筋不应计入受扭所需的箍筋面积；当采用绑扎骨架时，受扭所需箍筋的末端应做成135°弯钩，弯钩端头平直段长度不应小于 $10d$(d 为箍筋直径)，如图5-8所示。另外，箍筋的直径和间距还应符合受弯构件对箍筋的有关规定(参见项目 3)。

(2)纵筋的构造要求。构件中的抗扭纵筋应均匀地沿截面周边对称布置，间距不应大于 250 mm 和梁截面短边长度，在截面的四角必须设有抗扭纵筋。当支座边作用有较大扭矩时，受扭纵筋应按充分受拉钢筋锚固在支座内。当受扭纵筋是按计算确定时，纵筋的接头及锚固均应按受拉钢筋的构造要求处理。

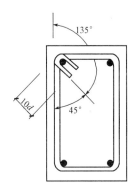

图 5-8 受扭箍筋

5.3.4 承载力计算步骤

一般情况下，已知构件中的弯矩设计值、剪力设计值和扭矩设计值，并初步选定了截面尺寸和材料强度等级后，弯剪扭构件的承载力计算可按以下步骤进行：

1. 验算截面尺寸

(1)按式(5-17)或式(5-18)验算构件截面是否满足要求。如不满足，则应加大构件截面尺寸或提高混凝土的强度等级。

(2)满足 $V \leqslant 0.35 f_t bh_0$ 或 $V \leqslant 0.875 f_t bh_0 / (\lambda + 1)$ 条件时，可不考虑剪力作用，只按抗弯和抗扭进行配筋计算。

(3)满足式(5-16)的条件时，不需对构件进行抗剪和抗扭计算，箍筋和抗扭纵筋分别按最小配筋用量的要求配置，同时满足构造要求。

(4)满足 $T \leqslant 0.175 f_t W_t$ 或 $T \leqslant 0.175 \alpha_h f_t W_t$ 条件时，可仅按受弯构件的正截面受弯承载力和斜截面受剪承载力分别进行计算。

2. 确定箍筋用量

选取扭矩和剪力相对较大的一个或几个截面，考虑剪扭相关性，分别进行抗扭和抗剪计算。计算时，首先应选定一个适当的纵筋与箍筋的配筋强度比 ζ 值，一般可取 $\zeta = 1.2$。然后按式(5-11)或式(5-15)计算系数 β_t。将 ζ、β_t 和其他数据代入抗剪公式式(5-12)或式(5-14)以及抗扭公式式(5-13)，分别求得抗剪所需的单侧箍筋用量 A_{sv1}/s 和抗扭所需的单侧箍筋用量 A_{st1}/s。两者相加即可求出单侧箍筋总量，并考虑有关构造要求选取箍筋直径和间距。

3. 确定纵筋用量

先由抗弯计算和考虑了剪扭相关性的抗扭计算分别确定所需的纵筋数量。抗弯纵筋数量按"项目 3"受弯构件正截面强度计算方法确定。抗扭纵筋由于在有扭矩作用的区段内一般是通长布置，因此可利用已求得的抗扭所需的单侧箍筋用量 A_{st1}/s 所选定的系数 ζ，由式(5-1)求得 A_{stl}，最后按照图 5-9 的方式进行叠加，以确定整个截面中纵向钢筋的数量及其布置方式，同时还应满足有关的构造要求。纵筋叠加过程为：对构件截面先分别按抗弯和抗扭进行计算，然后如图 5-9(a)所示，将抵抗弯矩所需的纵筋 A_s 布置在截面受拉侧；将抵抗扭矩所需的纵筋 A_{stl} 均匀对称地布置在截面周边，如图 5-9(b)所示，选用 6 根直径相同的钢筋；截面最后配置的纵向钢筋如图 5-9(c)所示。

【例 5-2】 已知矩形截面构件，$b \times h = 250$ mm $\times 500$ mm，承受扭矩设计值 $T = 12$ kN·m，剪力设计值 $V = 100$ kN，采用强度等级为 C20 混凝土和 HPB300 级钢筋，一类环境。试计算其配筋。

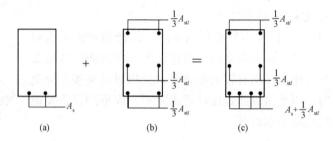

图 5-9 矩形截面弯剪扭构件纵向钢筋叠加图
(a)抗弯钢筋；(b)抗扭钢筋；(c)抗弯扭钢筋

【解】 (1)确定基本参数。

C20 混凝土，$f_c=9.60\ \text{N/mm}^2$，$f_t=1.10\ \text{N/mm}^2$，$\beta_c=1.0$；

HPB300 级钢筋，$f_y=f_{yv}=270\ \text{N/mm}^2$。

一类环境，$c=25\ \text{mm}$，$b_{cor}=200\ \text{mm}$，$h_{cor}=450\ \text{mm}$。

则 $A_{cor}=b_{cor}h_{cor}=200\times450=9.0\times10^4\,(\text{mm}^2)$

$u_{cor}=2(b_{cor}+h_{cor})=2\times(200+450)=1\,300\,(\text{mm})$。

取 $a_s=35\ \text{mm}$，则 $h_0=h-35=465\,(\text{mm})$，$h_w=h_0=465\ \text{mm}$。

$$W_t=\frac{b^2}{6}(3h-b)=\frac{250^2}{6}\times(3\times500-250)=13.02\times10^6\,(\text{mm}^3)$$

(2)验算截面尺寸。

当 $\dfrac{h_w}{b}=\dfrac{465}{250}<4$ 时

$$\frac{V}{bh_0}+\frac{T}{0.8W_t}=\frac{100\,000}{250\times465}+\frac{12\times10^6}{0.8\times13.02\times10^6}$$
$$=2.01(\text{N/mm}^2)<0.25\beta_c f_c$$
$$=2.40(\text{N/mm}^2)$$

$$\frac{V}{bh_0}+\frac{T}{W_t}=\frac{100\,000}{250\times465}+\frac{12\times10^6}{13.02\times10^6}=1.78(\text{N/mm}^2)>0.7f_t=0.77(\text{N/mm}^2)$$

截面合适，按计算配筋。

(3)计算抗扭折减系数 β_t。

$$\beta_t=\frac{1.5}{1+0.5\dfrac{VW_t}{Tbh_0}}=\frac{1.5}{1+0.5\times\dfrac{100\times10^3\times13.02\times10^6}{12\times10^6\times250\times465}}=1.02>1.0$$

取 $\beta_t=1.0$。

(4)计算抗剪箍筋。

$$\frac{nA_{sv1}}{s}\geqslant\frac{V-0.5\times0.7f_tbh_0}{f_{yv}h_0}=\frac{100\,000-0.5\times0.7\times1.10\times250\times465}{270\times465}=0.440(\text{mm}^2/\text{mm})$$

采用双肢箍，$n=2$，则

$$\frac{A_{sv1}}{s}\geqslant0.220\ \text{mm}^2/\text{mm}$$

(5)计算抗扭箍筋和纵筋。

取配筋强度比 $\zeta=1.2$，由式(5-13)得

$$\frac{A_{st1}}{s} \geq \frac{T - 0.35\beta_t f_t W_t}{1.2\sqrt{\zeta} f_{yv} A_{cor}} = \frac{12 \times 10^6 - 0.35 \times 1.0 \times 1.1 \times 13.02 \times 10^6}{1.2\sqrt{1.2} \times 270 \times 90\,000} = 0.219(\text{mm}^2/\text{mm})$$

所需抗扭纵筋的面积为

$$A_{stl} = \zeta \frac{A_{st1}}{s} \cdot \frac{u_{cor} f_{yv}}{f_y} = 1.2 \times 0.219 \times \frac{1\,300 \times 270}{270} = 342(\text{mm}^2)$$

$$\frac{T}{Vb} = \frac{12 \times 10^6}{100 \times 10^3 \times 250} = 0.48 < 2, \quad 则$$

$$\rho_{tl,\min} = 0.6\sqrt{\frac{T}{Vb}} \cdot \frac{f_t}{f_y} = 0.6 \times \sqrt{0.48} \times \frac{1.10}{270} = 0.170\%$$

$$A_{stl} > \rho_{tl,\min} bh = 0.001\,70 \times 250 \times 500 = 212.5(\text{mm}^2)$$

（6）选配钢筋。

抗剪扭箍筋：

$$\frac{A_{sv总}}{s} = \frac{A_{sv1}}{s} + \frac{A_{st1}}{s} \geq 0.220 + 0.219 = 0.439(\text{mm}^2/\text{mm})$$

$$\rho_{sv} = \frac{A_{sv总}}{bs} = \frac{0.439}{250} = 0.176\% > \rho_{sv,\min} = 0.28\frac{f_t}{f_{yv}} = 0.28 \times \frac{1.10}{270} = 0.114\%$$

选 $\Phi 8$，单肢面积为 $50.3\ \text{mm}^2$，则

$$s \leq \frac{50.3}{0.439} = 115(\text{mm}), \quad 实取\ s = 100\ \text{mm}。$$

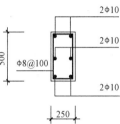

抗扭纵筋：由构造要求，抗扭纵筋不少于 6 根，所以选用 $6\Phi 10(471\ \text{mm}^2)$。截面配筋如图 5-10 所示。

【例 5-3】 已知矩形截面构件，截面尺寸与材料选用同例 5-2，承受扭矩设计值 $T = 12\ \text{kN·m}$，弯矩设计值 $M = 90\ \text{kN·m}$，剪力设计值 $V = 100\ \text{kN}$。试计算其配筋。

图 5-10 例 5-2 配筋图

【解】 （1）剪扭承载力部分与例 5-2 相同。

（2）计算抗弯纵筋。

$$\alpha_s = \frac{M}{\alpha_1 f_c bh_0^2} = \frac{90 \times 10^6}{1.0 \times 9.60 \times 250 \times 465^2} = 0.173$$

$$\xi = 1 - \sqrt{1 - 2\alpha_s} = 1 - \sqrt{1 - 2 \times 0.173} = 0.191 < \xi_b = 0.576, \quad 不超筋。$$

$$A_s = \frac{\alpha_1 f_c bh_0 \xi}{f_y} = \frac{1.0 \times 9.6 \times 250 \times 465 \times 0.191}{270} = 789(\text{mm}^2)$$

$$\rho_{\min} = 0.45\frac{f_t}{f_y} = 0.45 \times \frac{1.10}{270} = 0.183\% < 0.2\%, \quad 取\ \rho_{\min} = 0.2\%。$$

$$A_s > \rho_{\min} bh = 0.2\% \times 250 \times 500 = 250(\text{mm}^2), \quad 不少筋。$$

（3）配筋。

抗剪扭箍筋：选 $\Phi 8$ 双肢箍，单肢面积为 $50.3\ \text{mm}^2$，取 $s = 100\ \text{mm}$。

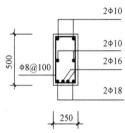

抗扭纵筋：$A_{stl} = 342\ \text{mm}^2$。抗弯纵筋：$A_s = 790\ \text{mm}^2$。

将抗扭纵筋 $A_{stl} = 342\ \text{mm}^2$ 分上、中、下三排布置，每排面积为 $\dfrac{A_{stl}}{3} = 114\ \text{mm}^2$，则上、中部可选用 $2\Phi 10(157\ \text{mm}^2)$；

图 5-11 例 5-3 配筋图

下部所需钢筋面积为 $A_s + \dfrac{A_{stl}}{3} = 904 \text{ mm}^2$，可以选用 2Φ18＋2Φ16（911 mm²）。截面配筋如图 5-11 所示。

本章小结

1. 扭转是构件的基本受力形式之一，实际工程中纯扭构件是很少的，大多数情况是承受弯矩、剪力、扭矩的共同作用下的复合受扭情况。

2. 混凝土既非弹性材料又非理想塑性材料，而是介于两者之间的弹塑性材料，混凝土构件的开裂扭矩可按全塑性状态的截面应力分布计算的基础上，乘以一个降低系数。

3. 实际工程中一般采用靠近构件表面设置的横向箍筋和沿构件周边均匀对称布置的纵向钢筋共同组成骨架来抵抗扭矩。钢筋混凝土构件的抗扭承载力由混凝土的抗扭承载力 T_c 和钢筋（纵筋和箍筋）的抗扭承载力 T_s 两部分组成，抗扭钢筋包括抗扭纵筋和抗扭箍筋两类，ζ 为纵向钢筋与箍筋的配筋强度比。

4. 弯剪扭构件的受扭、受剪、受弯承载力之间是相互影响的，这种相关性是相当复杂的，很难用一个统一的相关方程来表示。为简化计算，《混凝土结构设计规范》（GB 50010—2010）规定，对弯剪扭构件的计算采用对混凝土提供的抗力部分考虑相关性，而对钢筋部分不考虑相关性，采用叠加的方法。

思考与练习

1. 钢筋混凝土矩形截面纯扭构件，$b \times h = 250 \text{ mm} \times 500 \text{ mm}$，承受的扭矩设计值 $T = 15 \text{ kN} \cdot \text{m}$。混凝土强度等级为 C20，纵筋为 HRB335 级，箍筋为 HPB300 级，一类环境。试配置该构件所需的抗扭钢筋。

2. 一钢筋混凝土矩形截面悬臂梁，$b \times h = 200 \text{ mm} \times 400 \text{ mm}$，混凝土强度等级为 C25，纵筋为 HRB400 级，箍筋为 HPB300 级，若在悬臂支座截面处作用设计弯矩 $M = 56 \text{ kN} \cdot \text{m}$，设计剪力 $V = 60 \text{ kN}$ 和设计扭矩 $T = 4 \text{ kN} \cdot \text{m}$，试确定该构件的配筋，并画出配筋图。

3. 已知矩形截面构件，$b \times h = 250 \text{ mm} \times 600 \text{ mm}$，选用强度等级为 C20 混凝土，箍筋采用 HPB300 级钢筋，纵向钢筋采用 HRB335 级钢筋，一类环境。承受如下内力：

（1）扭矩设计值为 $T = 12 \text{ kN} \cdot \text{m}$；

（2）扭矩设计值为 $T = 12 \text{ kN} \cdot \text{m}$，剪力设计值为 $V = 95 \text{ kN}$；

（3）扭矩设计值为 $T = 12 \text{ kN} \cdot \text{m}$，弯矩设计值为 $M = 140 \text{ kN} \cdot \text{m}$，剪力设计值为 $V = 95 \text{ kN}$。

试计算各组内力作用下该截面的配筋并绘出配筋图。

项目6 钢筋混凝土梁板结构设计

学习目标

通过对梁板结构设计的学习，能充分认识钢筋混凝土梁板结构设计；掌握单向板肋梁楼盖结构布置和设计计算；掌握板式楼梯和梁式楼梯的设计计算；掌握雨篷的设计要点。

任务 6.1 梁板结构的认识

梁板结构是土木工程中常见的结构形式，例如楼盖和屋盖、楼梯、雨篷、地下室底板和挡土墙等(图 6-1)，在建筑结构中得到广泛应用，还用于桥梁的桥面结构，特种结构中水池的顶盖、池壁和底板等。其中，楼盖和屋盖是最典型的梁板结构。因此，楼盖形式的合理选择，正确地进行设计计算，具有普遍的工程意义。本项目着重讲述建筑结构中的楼(屋)盖设计。

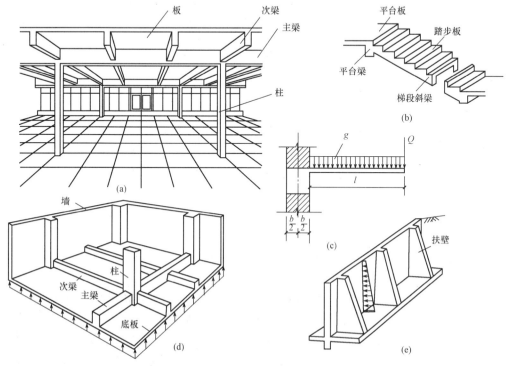

图 6-1 梁板结构

(a)肋梁楼盖；(b)梁式楼梯；(c)雨篷；(d)地下室底板；(e)带扶壁挡土墙

6.1.1 楼盖的结构类型

(1)按照施工方法不同，楼盖可分为现浇整体式、装配式和装配整体式楼盖三种。

现浇整体式楼盖是目前应用最为广泛的钢筋混凝土楼盖形式。现浇式楼盖整体性好、刚度大、防水性能好和抗震性强，并能适应于房间的平面形状、设备管道、荷载或施工条件比较特殊的情况；其缺点是劳动量大，模板用量多、工期长、施工受季节的限制，随着先进施工工艺的不断发展，以上缺点也逐渐被克服。

装配式楼盖是采用预制板，在现浇梁或预制梁上吊装结合而成。它便于工业化生产、机械化施工、模板消耗量少，在多层民用建筑和多层工业厂房中得到广泛应用。但是，这种楼面由于整体性、防水性和抗震性较差，不便于开设孔洞，故对于高层建筑、有抗震设防要求的建筑以及使用上要求防水和开设孔洞的楼面，均不宜采用。

装配整体式楼盖是在预制构件的搭接部位预留现浇构造，将预制构件在现场吊装就位后，对搭接部位进行现场浇筑。装配整体式楼盖兼具现浇整体式楼盖和装配式楼盖的优点，其整体性较装配式的好，又较现浇式的节省模板和支撑，但这种楼盖需要进行混凝土的二次浇筑，故对施工进度和造价都带来一些不利影响。

(2)按照施加应力情况不同，楼盖可分为钢筋混凝土楼盖和预应力混凝土楼盖两种。

预应力混凝土楼盖用得最普遍的是无粘结预应力混凝土平板楼盖，当柱网尺寸较大时，它可有效减小板厚，有效减轻结构自重，降低建筑层高，减小裂缝的产生。

(3)按照受力形式不同，楼盖分为单向板肋梁楼盖、双向板肋梁楼盖、井式楼盖、密肋楼盖和无梁楼盖。其中，单向板肋梁楼盖和双向板肋梁楼盖应用最为广泛。

1)肋梁楼盖。当楼板板面较大时，可用梁将楼板分成多个区格，从而形成整浇的连续板和连续梁，因板厚也是梁高的一部分，故梁的截面形状为 T 形，这种由梁板组成的现浇楼盖，通常称为肋梁楼盖。根据板区格平面尺寸比的不同，这种楼盖可分为单向板肋梁楼盖和双向板肋梁楼盖，如图 6-2(a)、(b)所示。

肋梁楼盖由板、次梁和主梁组成，楼面荷载的传递路线是：板→次梁→主梁→墙或柱→基础。肋梁楼盖的优点是传力体系明确，结构布置灵活，用钢量较低，可以适应不规则的柱网布置和复杂的工艺及建筑平面要求；缺点是支模较复杂。

2)井式楼盖。井式楼盖由肋梁楼盖演变而成，当两个方向的梁截面相同，不分主梁和次梁，将楼板划分成若干个正方形或接近正方形的小区格，共同承受板传来的荷载，梁以楼盖四周的柱或墙作为支承，如图 6-2(c)所示。

井式楼盖的特点是梁的跨度较大，经济合理，施工方便，适用于柱网呈方形的结构，如会议室、礼堂、餐厅及公共建筑的门厅等。

3)密肋楼盖。用间距较密的小梁作为楼板的支承构件而形成的楼盖称为密肋楼盖，如图 6-2(d)所示。密肋楼盖一般用于跨度大且梁高受限制的情况，分为单向密肋楼盖和双向密肋楼盖。双向密肋楼盖近年来采用预制塑料模壳克服了支模复杂的缺点，因而应用增多。

4)无梁楼盖。不设梁，而将板直接支承在柱上的楼盖称为无梁楼盖，如图 6-2(e)所示，其传力途径是荷载由板传至柱或墙。无梁楼盖的结构高度小、净空大、支模简单，但用钢量较大，常用于仓库、商店等柱网布置接近方形的建筑。当柱网较小(3～4 m)时，柱顶可不设柱帽；当柱网较大(6～8 m)且荷载较大时，柱顶设柱帽，以提高板的抗冲切能力。

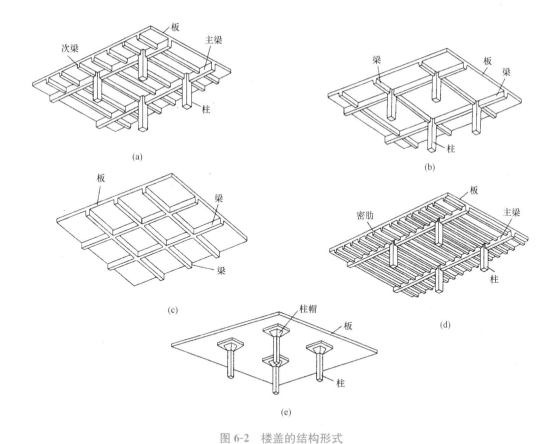

图 6-2　楼盖的结构形式

(a)单向板肋梁楼盖；(b)双向板肋梁楼盖；(c)井式楼盖；(d)密肋楼盖；(e)无梁楼盖

6.1.2　单向板和双向板

肋梁楼盖中每一区格的板一般在四边都有梁或墙支承，形成四边支承板，荷载将通过板的双向受弯作用传到四边支承的构件(梁或墙)上，荷载向两个方向传递得多少，将随着板区格的长边与短边长度的比值而变化。

根据板的支承形式及在长、短两个长度上的比值，板可以分为单向板和双向板两个类型，其受力性能及配筋构造都各有其特点。

在荷载作用下，只在一个方向弯曲或者主要在一个方向弯曲的板，称为单向板；在荷载作用下，在两个方向弯曲且不能忽略任一方向弯曲的板，称为双向板。为方便设计，混凝土板应按下列原则进行计算：

(1)两对边支承的板和单边嵌固的悬臂板，应按单向板计算。

(2)四边支承的板(或邻边支承或三边支承)，应按下列规定计算：

1)当长边与短边长度之比大于或等于 3 时，可按沿短边方向受力的单向板计算。

2)当长边与短边长度之比小于或等于 2 时，应按双向板计算。

3)当长边与短边长度之比介于 2 和 3 之间时，宜按双向板计算；当按沿短边方向受力的单向板计算时，应沿长边方向布置足够数量的构造钢筋。

任务 6.2   单向板肋梁楼盖设计

单向板肋梁楼盖可按板、次梁、主梁几类构件单独计算。荷载的传递路径为：板→次梁→主梁→墙或柱→基础→地基。

单向板肋梁楼盖的设计步骤为：

(1)确定结构平面布置并初步确定板厚和主、次梁的截面尺寸。

(2)确定板和主、次梁的计算简图并进行荷载计算。

(3)梁、板的内力计算及确定内力组合。

(4)截面配筋计算及确定构造措施。

(5)绘制结构施工图。

6.2.1   结构平面布置

在肋梁楼盖中，结构布置包括柱网、承重墙、梁格和板的布置。单向板肋梁楼盖中，次梁的间距决定了板的跨度，主梁的间距决定了次梁的跨度，柱距则决定了主梁的跨度。进行结构平面布置时，应综合考虑建筑功能、造价及施工条件等，力求合理。根据工程实践，单向板、次梁和主梁的常用跨度为：

单向板：1.7～2.5 m，荷载较大时取较小值，一般不宜超过 3 m。

次梁：4～6 m。

主梁：5～8 m。

1. 常用结构平面布置方案

(1)主梁横向布置，次梁纵向布置，如图 6-3(a)所示。

(2)次梁横向布置，主梁纵向布置，如图 6-3(b)所示。

(3)只布置次梁，不布置主梁，如图 6-3(c)所示。

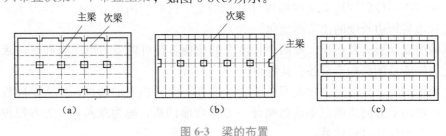

图 6-3   梁的布置

(a)主梁沿横向布置；(b)主梁沿纵向布置；(c)有中间走道

2. 进行楼盖结构平面布置时应注意的问题

(1)受力合理。荷载传递要简捷，梁宜拉通；主梁跨间最好不要只布置一根次梁，以减小主梁跨间弯矩的不均匀；尽量避免把梁特别是主梁搁置在门、窗过梁上；在楼、屋面上有机器设备、冷却塔、悬挂装置等荷载比较大的地方，宜设次梁；楼板上开有较大尺寸(大于 800 mm)的洞口时，应在洞口周边设置小梁。

(2)满足建筑要求。不封闭的阳台、厨房和卫生间的楼板面标高宜低于其他部位 30～50 mm(目前，有室内地面装修的，也常做平)；当不做吊顶时，一个房间平面内不宜只放一根梁。

(3)方便施工。梁的截面种类不宜过多，梁的布置尽可能规则，梁截面尺寸应考虑设置模板的方便，特别是采用钢模板时。

6.2.2 计算简图

计算简图是把实际的结构构件简化为既能反映实际受力情况又便于计算的力学模型。计算简图应能反映构件的支座情况、各跨的跨度及作用在构件上的荷载。

1. 支承情况

梁、板的支承情况按表 6-1 采用。

表 6-1 梁、板的支承情况

构件类型	边支座		中间支座	
	砌体	梁或柱	梁或砌体	柱
板	简支	固端	支承连杆	
次梁	简支	固端	支承连杆	
主梁	简支	$i_1/i_c>5$ 简支	$i_1/i_c>5$ 支承连杆	
		$i_1/i_c≤5$ 框架梁	$i_1/i_c≤5$ 框架梁	

注：i_1、i_c 分别为主梁和柱的抗弯线刚度；支承连杆是位于支座宽度中点的能自由转动的连杆。

在表 6-1 所述支撑情况中，有四点与实际情况不符：

(1)构件支撑在砌体上时，端支座一般简化为简支，但大多有一定的嵌固作用，故配筋时应在梁、板端支座的顶部放置一定数量的钢筋，以承受可能产生的负弯矩。

(2)支承连杆可自由转动的假定，实质是忽略了次梁对板、主梁对次梁的约束以及柱对主梁的约束，引起的误差将用折算荷载加以修正。

(3)支座并不像计算简图中所示只集中在一点上，是有一定宽度的，所以要对支座弯矩和剪力进行调整。

(4)连杆支座没有竖向位移，假定成连杆既忽略了次梁的竖向变形对板的影响，也忽略了主梁的竖向变形对次梁的影响。

2. 计算跨度

梁、板的计算跨度是在内力计算时所采用的跨间长度。从理论上来讲，某一跨的计算跨度应取该跨两端支座反力合力作用点之间的距离。但在梁板设计中，当按弹性理论计算时，根据边支座的支承形式，板和次梁边跨的计算跨度取值与中间跨不同。

(1)当边跨端支座为固定支座时，边跨和中间跨的计算跨度都取为支座中到中，即

边跨 $$l_0=l_n+a/2+b/2 \tag{6-1}$$

中间跨 $$l_0=l_n+b \tag{6-2}$$

式中　$a，b$——边支座、中间支座或第一内支座的长度；

　　　　l_n——净跨长。

(2)当边跨端支座为简支支座时，对于板，当板厚 h 不小于 a，对于主、次梁，a 不小于 $0.05l_n$，边跨的计算跨度仍按式(6-1)计算，否则按下式计算：

对于板，当 $h<a$ 时 $\qquad l_0=l_n+b/2+h/2 \qquad$ (6-3)

对于主、次梁，当 $a<0.05l_n$ 时 $\qquad l_0=l_n+b/2+0.025l_n \qquad$ (6-4)

连续梁、板的计算跨度也可按表 6-2 采用。

表 6-2　连续梁、板的计算跨度

支承情况	按弹性理论计算		按塑性理论计算	
	梁	板	梁	板
两端与梁（柱）整体连接	$l_0=l_c$	$l_0=l_c$	$l_0=l_n$	$l_0=l_n$
两端搁置在墙上	当 $a\leqslant0.05l_c$ 时，$l_0=l_c$ 当 $a>0.05l_c$ 时，$l_0=1.05l_n$	当 $a\leqslant0.1l_c$ 时，$l_0=l_c$ 当 $a>0.1l_c$ 时，$l_0=1.1l_n$	$l_0=1.05l_n\leqslant l_n+b$	$l_0=l_n+h\leqslant l_n+a$
一端与梁整体连接另一端搁置在墙上	$l_0=l_c\leqslant1.025l_n+b/2$	$l_0=l_n+b/2+h/2$	$l_0=l_n+a/2\leqslant1.025l_n$	$l_0=l_n+h/2\leqslant l_c+a/2$

注：表中 l_c 为支座中心线间的距离，l_n 为净跨，h 为板的厚度，a 为板、梁在墙上的支承长度，b 为板、梁在梁或柱上的支承长度。

3. 计算跨数

对于连续梁、板的某一跨来说，作用在其他跨上的荷载都会对该跨内力产生影响，但作用在与它相隔两跨以上的其余跨内的荷载对它的影响较小，可以忽略。所以，对于五跨和五跨以内的连续梁、板，按实际跨数计算；对于实际跨数超过五跨的等跨连续梁、板，可简化为五跨计算，即所有中间跨的内力和配筋都按第三跨来处理，如图 6-4 所示；对于非等跨但跨度相差不超过 10% 的连续梁、板，可按等跨计算。

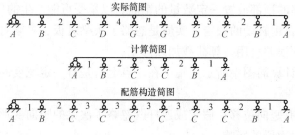

图 6-4　连续梁板的计算简图

4. 计算单元

结构内力分析时，一般不是对整个结构进行分析，而是从实际中选取具有代表性的一部分作为计算对象，称为计算单元。

对于单向板，可取 1 m 宽度的板带作为其计算单元。如图 6-5(a)所示中用阴影线表示的楼面均布荷载便是该板带承受的荷载，这一负荷范围称为从属面积，即计算构件负荷的楼面面积。

楼盖中部主、次梁截面形状都是两侧带翼缘（板）的 T 形截面，楼盖周边处的主、次梁则是一侧带翼缘的。每侧翼缘板的计算宽度取与相邻梁中心距的一半。次梁承受板传来的均布线荷载，主梁承受次梁传来的集中荷载。在确定板、次梁和主梁以及主梁间荷载传递时，为了简化计算，分别忽略板、次梁的连续性，按简支构件计算支座竖向反力，如图6-5所示。

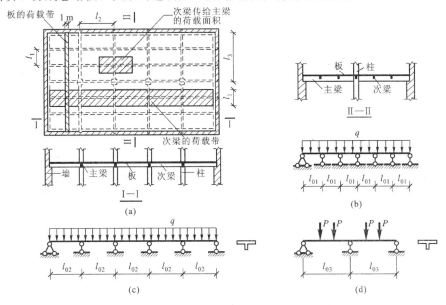

图 6-5　梁板荷载的计算简图
(a)结构简图；(b)板计算简图；(c)次梁计算简图；(d)主梁计算简图

5. 荷载

作用在梁、板上的荷载有永久荷载和可变荷载两大类。永久荷载(恒荷载)包括结构自重、构造层重、固定设备重以及粉刷层重等，其标准值由构件尺寸和构造等根据材料单位体积的重量计算；可变荷载(活荷载)包括楼面活荷载、屋面活荷载、雪荷载等，一般折合成等效均布荷载标准值由荷载规范确定。民用建筑楼面上的均布活荷载标准值可从《建筑结构荷载规范》(GB 50009—2012)中根据房屋类别查得。工业建筑的楼面活荷载，在生产、使用或检修、安装时，由设备、管道、运输工具等产生的局部荷载，均应按实际情况考虑，可采用等效均布活荷载代替。

板上的荷载是均布荷载，包括均布恒荷载和均布活荷载；次梁上的荷载包括次梁自重以及板传来的均布荷载；主梁上的荷载包括主梁自重和次梁传来的集中荷载。

6.2.3　内力计算

当结构平面布置和计算简图确定后，就可以进行结构构件的内力计算。单向板肋形楼盖的内力计算方法有弹性理论计算法和塑性理论计算法。

6.2.3.1　弹性理论计算法

1. 荷载的最不利组合

作用在楼盖上的荷载分为永久荷载和可变荷载，永久荷载的布置不会发生改变，而可变荷载的布置可以随时间的变化而变化。可变荷载布置方式的不同会导致连续结构构件各截面产生不同的内力。为了保证结构的安全性，需要找出产生最大内力的可变荷载布置方式及内力，并与永久荷载内力叠加，作为设计的依据，此即为荷载的最不利组合。如图6-6所示为单跨承载时连续梁的弯矩和剪力图。

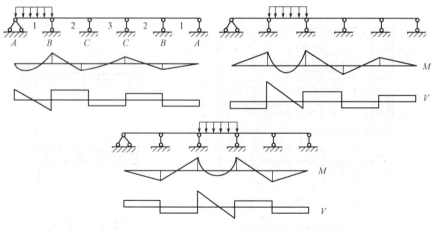

图6-6　单跨承载时连续梁的弯矩和剪力图

确定截面最不利内力时，活荷载的布置原则如下：

（1）求某跨跨内最大正弯矩时，应在本跨布置活荷载，然后隔跨布置。

（2）求某跨跨内最大负弯矩时，本跨不布置活荷载，而在其左右邻跨布置，然后隔跨布置。

（3）求某支座最大负弯矩或支座左、右截面最大剪力时，应在该支座左右两跨布置活荷载，然后隔跨布置。

根据以上原则，可确定活荷载最不利布置的各种情况，它们分别与恒荷载（布满各跨）组合在一起，就得到荷载的最不利组合。五跨连续梁板荷载最不利布置如图6-7所示。

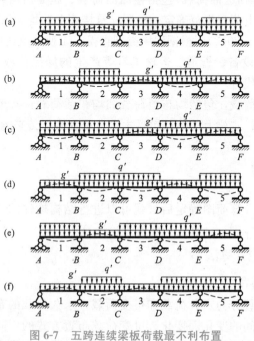

图6-7　五跨连续梁板荷载最不利布置

2. 折算荷载

当板与次梁、次梁与主梁整浇在一起时，其支座与计算简图中的理想铰支座有较大区别，理想铰支座不考虑次梁对板、主梁对次梁的转动约束，但在活荷载隔跨布置时，支座将约束构件的转动，使被支承的构件的支座弯矩增加、跨中弯矩降低。为了修正这一影响，通常采用增大恒荷载、减少活荷载的方式处理，即采用折算荷载计算内力，如图 6-8 所示。

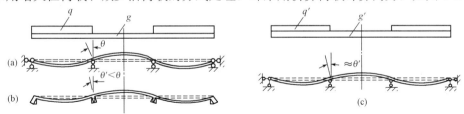

图 6-8　梁抗扭刚度的影响

(a)理想铰支座的变形；(b)支座弹性约束时的变形；(c)采用折算荷载时的变形

对板和次梁，折算荷载取为：

板：
$$g' = g + \frac{q}{2}, \quad q' = \frac{q}{2} \tag{6-5}$$

次梁：
$$g' = g + \frac{q}{4}, \quad q' = \frac{3q}{4} \tag{6-6}$$

式中　g，q——单位长度上恒荷载、活荷载设计值；

　　　g'，q'——单位长度上折算恒荷载、折算活荷载设计值。

当板、次梁搁置在砌体或钢结构上时，荷载不做调整，按实际荷载进行计算。由于主梁的重要性高于板和次梁，且其抗弯刚度通常比柱的大，故对主梁一般不做调整。

3. 内力包络图

计算连续梁内力时，由于活荷载作用位置不同，画出的剪力图和弯矩图也不同。将各种最不利位置的活荷载与恒荷载共同作用下产生的弯矩(剪力)，用同一比例画在同一基线上，取其外包线，即为内力包络图。它表示连续梁在各种荷载不利组合下，各截面可能产生的最不利内力。无论活荷载如何分布，梁各截面的内力总不会超出包络图上的内力值。

现以承受均布荷载的五跨连续梁的弯矩包络图来说明。根据荷载的不同布置情况，每一跨都可以画出四种弯矩图，分别对应于跨内最大正弯矩、跨内最小正弯矩(或负弯矩)和左、右支座截面的最大负弯矩。当边支座为简支时，边跨只能画出三种弯矩图形。把这些弯矩图形全部叠化在一起，并取其外包线所构成的图形，即为弯矩包络图，它完整给出了一个截面可能出现的弯矩设计值的上、下限值，如图 6-9(a)所示，同理可得剪力包络图。

4. 支座截面内力修正

由于计算跨度取至支座中心，忽略了支座宽度，故所得支座截面负弯矩和剪力值都是在支座中心线位置的。板、梁、柱整体浇筑时，支座中心处截面的高度较大，一般不是危险截面，所以危险截面应在支座边缘，内力设计值应按支座边缘处确定，如图 6-10 所示。

弯矩设计值：
$$M = M_c - V_0 \frac{b}{2} \tag{6-7}$$

剪力设计值：均布荷载
$$V = V_c - (g+q) \frac{b}{2} \tag{6-8}$$

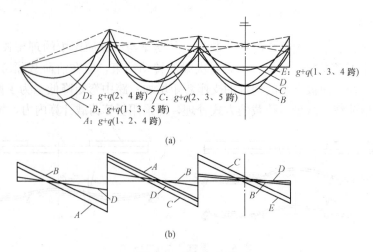

图 6-9 内力包络图

（a）弯矩包络图；（b）剪力包络图

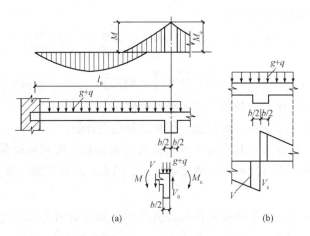

图 6-10 内力设计值的修正

（a）弯矩设计值；（b）剪力设计值

集中荷载 $\qquad V=V_{\mathrm{c}} \qquad$ (6-9)

式中 M，V——支座边缘处的弯矩、剪力设计值；

      M_{c}，V_{c}——支座中心处的弯矩、剪力设计值；

      V_0——按简支梁计算的支座中心处的剪力设计值，取绝对值；

      b——支座宽度。

5. 内力计算

按照结构力学课程中讲述的方法计算弯矩和剪力。对于等跨的连续梁、板的内力，可由附录中的附表查出相应的弯矩及剪力系数，利用下列公式计算跨内或支座截面的最大内力。

在均布及三角形荷载作用下：

$$M=k_1 g l^2 + k_2 q l^2 \qquad (6\text{-}10)$$

$$V=k_3 g l + k_4 q l \qquad (6\text{-}11)$$

在集中荷载作用下：

$$M=k_5Gl+k_6Ql \tag{6-12}$$

$$V=k_7G+k_8Q \tag{6-13}$$

式中　　　g，q——单位长度上的均布恒荷载设计值、均布活荷载设计值；

　　　　　G，Q——集中恒荷载设计值、集中活荷载设计值；

　　　　　l——计算跨度；

k_1、k_2、k_5、k_6——附录中附表相应栏中的弯矩系数；

k_3、k_4、k_7、k_8——附录中附表相应栏中的剪力系数。

6.2.3.2　塑性理论计算法

1. 基本概念

(1)塑性内力重分布。按照弹性理论计算连续梁、板的内力时，忽略了混凝土材料和构件的非弹性性质，认为结构构件刚度始终不变，内力与荷载成正比。实际的混凝土受弯构件在荷载作用下会产生裂缝，且材料为非匀质弹性材料，故结构构件各截面的刚度会发生变化，而超静定结构构件内力受到构件刚度的影响，刚度的变化使截面内力分布发生不同于弹性理论的变化，此即为内力重分布。

(2)塑性铰的形成。钢筋混凝土适筋梁从加载到破坏，经历三个工作阶段，其中第三阶段是从钢筋开始屈服到截面达到极限承载能力，此时截面承受的弯矩基本不变，但相对转角剧增，截面处于屈服阶段。纵向受拉钢筋屈服后，钢筋产生很大的塑性变形，裂缝迅速开展；在钢筋屈服截面，形成一个塑性变形集中的转动区域，从钢筋屈服达到极限承载力，截面在外弯矩增加很小的情况下产生很大转动，表现得犹如一个能够转动的铰，称为塑性铰，如图6-11所示。

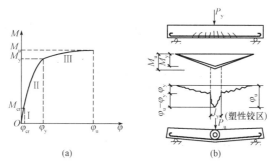

图6-11　钢筋混凝土受弯构件的塑性铰

(a)M-φ曲线；(b)梁跨中出现塑性铰

塑性铰与理想铰相比，有以下特点：

(1)理想铰不能承受任何弯矩，塑性铰则能承受相当于截面屈服时的弯矩。

(2)理想铰在两个方向都可产生无限的转动，而塑性铰则是单向铰，只能沿弯矩作用方向做有限的转动，转动能力受到限制。

(3)理想铰集中于一点，塑性铰则是有一定长度的。

对于静定结构，任一截面出现塑性铰，即变成几何可变体系，丧失承载能力；对于超静定结构，存在多余联系，某一截面出现塑性铰并不能变成几何可变体系，构件能继续承受增加的荷载，直到出现足够多的塑性铰，结构变成几何可变体系，才丧失承载能力。

2. 弯矩调幅法

连续梁、板考虑塑性内力重分布的计算方法较多，对于肋梁楼盖中超静定的板和次梁，常用的计算方法是弯矩调幅法。弯矩调幅法是先按弹性分析求出结构各截面弯矩值，再根据需要将结构中一些截面绝对值最大的弯矩按内力重分布的原理进行调整，再按调整后的内力进行截面配筋设计。

应用弯矩调幅法在设计时应遵循以下原则：

(1)弯矩调幅后引起结构内力图形和正常使用状态的变化，应进行验算，并有构造措施加以保证。

(2)受力钢筋宜采用 HRB400 级、HRB335 级热轧钢筋，混凝土强度等级宜在 C20～C45 范围；调幅后截面的相对受压区高度 ξ 应满足 $0.1 \leqslant \xi \leqslant 0.35$。

(3)调幅后支座和跨中截面的弯矩值均不宜小于 M_0 的 1/3。

(4)在可能产生塑性铰的区段，受剪箍筋应比计算值增大 20％后配置。

(5)为了避免塑性铰出现过早、转动幅度过大，使梁的裂缝宽度及变形过大，应控制支座截面的弯矩调整幅度，对于钢筋混凝土梁支座或节点边缘截面的负弯矩，调幅幅度不宜大于 25％；板的负弯矩调幅幅度不宜大于 20％。

(6)各控制截面的剪力设计值按荷载最不利布置和调幅后的支座弯矩由静力平衡条件计算确定。

3. 均布荷载作用下等跨连续板、次梁按塑性法的内力计算

根据调幅法的原则，考虑到设计的方便，对工程中常见的均布荷载作用下的等跨连续板、次梁，可按下列公式计算：

$$M = \alpha_M (g + q) l_0^2 \tag{6-14}$$

$$V = \alpha_V (g + q) l_n \tag{6-15}$$

式中 α_M——连续梁、板的弯矩计算系数，按表 6-3 取值；

         α_V——连续梁、板的剪力计算系数，按表 6-4 取值；

     $g，q$——作用在梁、板上的均布恒荷载和活荷载设计值；

      l_0——计算跨度，按塑性理论方法计算时的计算跨度见表 6-2；

      l_n——净跨度。

表 6-3   连续梁、板的弯矩计算系数 α_M

支承情况		截面位置				
		端支座	边跨跨中	高端第二支座	中间支座	中间跨跨中
梁、板搁置在墙上		0	$\dfrac{1}{11}$	两跨连续：$-\dfrac{1}{10}$ 三跨以上连续：$-\dfrac{1}{11}$	$-\dfrac{1}{14}$	$\dfrac{1}{16}$
板	与梁整浇连接	$-\dfrac{1}{16}$	$\dfrac{1}{14}$			
梁		$-\dfrac{1}{24}$				
梁与柱整浇连接		$-\dfrac{1}{16}$	$\dfrac{1}{14}$			

注：1. 表中系数适用于荷载比 $q/g > 0.3$ 的等跨连续梁和连续单向板；
     2. 连续梁或连续单向板的各跨长度不等，但相邻两跨的长跨与短跨之比值小于 1.10 时，仍可采用表中弯矩系数值，计算支座弯矩时，应取相邻两跨中的较大值，计算跨中弯矩时，应取本跨长度。

表 6-4　连续梁、板的剪力计算系数 α_V

支承情况	截面位置				
	端支座内侧	高端第二支座		中间支座	
		外侧	内侧	外侧	内侧
搁置在墙上	0.45	0.60	0.55	0.55	0.55
与梁或柱整体连接	0.50	0.55			

对相邻跨度差小于 10% 的不等跨连续板和次梁，仍适用于式(6-14)、式(6-15)。当不等跨连续梁的跨度差超过 10% 时，连续梁应根据弹性理论方法求出恒荷载及活荷载最不利作用的弯矩图，经组合叠加后形成弯矩包络图，再以包络图作为调幅依据，按前述调幅原则调幅。剪力可取弹性理论方法的计算结果。

均布荷载作用下，当 $q/g > 0.3$ 时，对于端支座梁搁置在墙上的五跨连续梁，α_M、α_V 的值如图 6-12 所示。

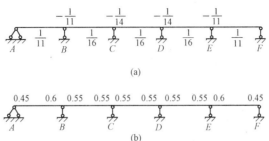

(a)

(b)

图 6-12　搁置在墙上的板和次梁考虑内力重分布的弯矩、剪力系数

(a)板和次梁的 α_M；(b)次梁的 α_V

6.2.4　单向板肋梁楼盖的截面设计与构造要求

6.2.4.1　单向板的截面设计与构造

1. 板的设计要点

(1)连续板取 1 m 板宽，按单筋矩形截面正截面承载力计算配筋。板的配筋率一般为 0.3%～0.8%。

(2)对于一般工业与民用建筑的楼(屋)盖板，仅混凝土就足以承担剪力，能满足斜截面抗剪要求，设计时可不必进行斜截面承载力计算。

(3)连续单向板考虑内力重分布计算时，支座截面在负弯矩作用下上部开裂，跨中在正弯矩作用下下部开裂，板的未开裂混凝土成为一个拱形。因此，在荷载作用下，板将有如拱的作用而产生水平推力，该推力使板的跨中弯矩降低。对于四周都与梁整体连接的板区格，为了考虑拱作用的有利因素，其跨中截面弯矩和支座截面弯矩的设计值可减少 20%，其他截面不予降低，如图 6-13 所示。

2. 板中受力钢筋

(1)钢筋直径。常用直径为 6 mm、8 mm、10 mm、12 mm 等。为了便于钢筋施工架立

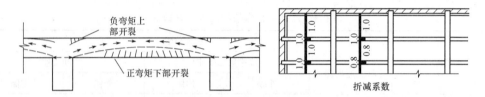

图 6-13　连续板中拱推力及板弯矩折减系数示意图

和不易被踩下，板面负筋宜采用较大直径的钢筋，一般不小于 8 mm。

（2）钢筋间距。不小于 70 mm；当板厚 $h \leqslant 150$ mm 时，间距不应大于 200 mm；当板厚 $h > 150$ mm 时，间距不大于 $1.5h$ 且不宜大于 250 mm。下部伸入支座的钢筋，其间距不应大于 400 mm，且截面不得少于跨内受力钢筋的 1/3。简支板板底受力钢筋伸入支座边的长度不应小于受力钢筋直径的 5 倍。连续板的板底受力钢筋应伸过支座中心线，且不应小于受力钢筋直径的 5 倍；当板内温度、收缩应力较大时，伸入支座的长度宜适当增加。

（3）配筋方式。连续板受力钢筋的配筋方式有弯起式和分离式两种，如图 6-14 所示。弯起式配筋可先按跨内正弯矩的需要，确定所需钢筋的直径和间距，然后考虑在距支座边 $l_n/6$ 处部分弯起。如果钢筋面积不满足支座截面负钢筋需要，可另加直的负钢筋。确定连续板的钢筋时，应注意相邻两跨跨内钢筋和中间支座钢筋直径和间距的相互配合，通常做法是调整钢筋直径，采用相同的间距。分离式配筋的钢筋锚固稍差，耗钢量比弯起式配筋略高，但设计和施工都比较方便，是目前常用的配筋方式。当板厚超过 120 mm 且承受的动荷载较大时，不宜采用分离式配筋。

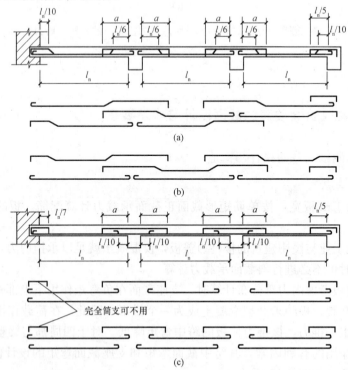

图 6-14　连续单向板的配筋方式

(a)—端弯起式；(b)两端弯起式；(c)分离式

(4)钢筋的弯起和截断。承受正弯矩的受力钢筋，弯起角度一般为30°。当板厚>120 mm时，可采用45°，弯起式钢筋锚固较好，可节省钢材，但施工较复杂。对于多跨连续板，当各跨跨度相差超过20％，或各跨荷载相差悬殊时，应根据弯矩包络图来确定钢筋的布置。当各跨跨度相差不超过20％时，直接按图6-14所示确定钢筋弯起和截断的位置。

支座处的负弯矩钢筋，可在距支座边不小于a的距离处截断，其取值如下：

$$当 q/g \leqslant 3 时：a = l_n/4 \tag{6-16}$$

$$当 q/g > 3 时：a = l_n/3 \tag{6-17}$$

式中　g，q——恒荷载及活荷载设计值；

　　　　l_n——板的净跨度。

3. 板中构造钢筋

(1)分布钢筋。当按单向板设计时，除沿受力方向布置受力钢筋外，还应在垂直受力方向布置分布钢筋，分布钢筋应布置在受力钢筋的内侧，如图6-15所示。它的作用是：①与受力钢筋组成钢筋网，便于施工中固定受力钢筋的位置；②承受由于温度变化和混凝土收缩所产生的内力；③承受并分布板上局部荷载产生的内力；④对四边支承板，可承受在计算中未计及但实际存在的长跨方向的弯矩。

我国规定：单位长度上分布钢筋的截面面积不宜小于单位宽度上受力钢筋截面面积的15％，且不宜小于该方向板截面面积的0.15％；分布钢筋的间距不宜大于250 mm，直径不宜小于6 mm；对集中荷载较大或温度变化较大的情况，分布钢筋的截面面积应适当增加，其间距不宜大于200 mm。

(2)嵌入承重墙内的板面构造钢筋。对于嵌固在承重砌体墙内的现浇混凝土板，应沿支承周边配置上部构造钢筋，其直径不宜小于8 mm，间距不宜大于200 mm，其伸入板内的长度，从墙边算起不宜小于板短边跨度的1/7；在两边嵌固于墙内的板角部分，应配置双向上部构造钢筋，该钢筋伸入板内的长度从墙边算起不宜小于板短边跨度的1/4；沿板的受力方向配置的上部构造钢筋，其截面面积不宜小于该方向跨中受力钢筋截面面积的1/3；沿非受力方向配置的上部构造钢筋，可根据经验适当减少，如图6-15所示。

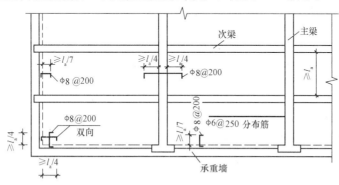

图6-15　梁边、墙边和板角处的构造钢筋

(3)垂直于主梁的板面构造钢筋。当现浇板的受力钢筋与梁平行时，应沿主梁长度方向配置间距不大于200 mm且与主梁垂直的上部构造钢筋，其直径不宜小于8 mm，且单位长度内的总截面面积不宜小于板中单位宽度内受力钢筋截面面积的1/3；该构造钢筋伸入板内的长度从梁边算起每边不宜小于板计算跨度l_0的1/4，如图6-16所示。

（4）与支承结构整体浇筑的混凝土板。其应沿支承周边配置上部构造钢筋，其直径不宜小于 8 mm，间距不宜大于 200 mm，垂直于板边构造钢筋的截面面积不宜小于跨中相应方向纵向钢筋截面面积的 1/3；该钢筋自梁边或墙边伸入板内的长度不宜小于板计算跨度 l_0 的 1/4；在板角处应沿两个垂直方向布置、放射状布置或斜向平行

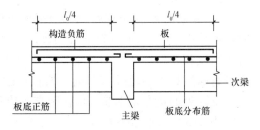

图 6-16　垂直于主梁的板面构造钢筋

布置；当柱角或墙的阳角凸出到板内且尺寸较大时，构造钢筋伸入板内的长度应从柱边或墙边算起，且应按受拉钢筋锚固在梁内、墙内或柱内。

（5）板的温度、收缩钢筋。在温度、收缩应力较大的现浇板区域内，应在板的未配筋表面布置温度收缩钢筋。板的上、下表面沿纵、横两个方向的配筋率均不宜小于 0.1%，间距不宜大于 200 mm。温度收缩钢筋可利用原有钢筋贯通布置，也可另行设置构造钢筋网，并与原有钢筋按受拉钢筋的要求搭接或在周边构件中锚固。

6.2.4.2　次梁的截面设计与构造

1. 次梁的设计要点

（1）截面尺寸。次梁的跨度一般为 4～6 m，梁高 $h=(1/18～1/12)l$，梁宽 $b=(1/3～1/2)h$，纵向钢筋的配筋率一般为 0.6%～1.5%。

（2）按正截面受弯承载力确定纵向受拉钢筋时，通常跨中按 T 形截面计算，其翼缘计算宽度 b'_f 可按项目 3 中有关规定确定；支座因翼缘位于受拉区，按矩形截面计算纵向受拉钢筋。

（3）当次梁考虑塑性内力重分布时，调幅截面的相对受压区高度应满足 $0.1 \leqslant \xi \leqslant 0.35$。此外，为避免因出现剪切破坏而影响其内力重分布，在下列区段内还应将计算所需的箍筋面积增大 20%；对集中荷载，取支座边至最近一个集中荷载之间的区段；对均布荷载，取支座边至距支座边为 $1.05h_0$ 的区段，此处 h_0 为梁截面有效高度。

（4）对于边次梁，还应考虑板对次梁产生的扭矩影响，次梁的箍筋和纵筋宜增加 20%。

2. 次梁的构造要求

次梁的一般构造要求与"项目 3"受弯构件的配筋构造相同。

对于相邻跨度相差不超过 20% 且均布活荷载和恒荷载的比值 $q/g \leqslant 3$ 的连续次梁，其纵向受力钢筋的弯起和截断，可按图 6-17 进行，否则应按弯矩包络图确定。

6.2.4.3　主梁的截面设计与构造

1. 主梁的设计要点

（1）截面尺寸：主梁的跨度一般为 5～8 m，梁高 $h=(1/15～1/10)l$。

（2）因梁板整体浇筑，按正截面受弯承载力确定纵向受拉钢筋时，通常跨中按 T 形截面计算，支座因翼缘位于受拉区，按矩形截面计算。

在主梁支座处，由于板、次梁和主梁截面的上部纵向钢筋相互交叉重叠（图 6-18），且主梁负筋位于板和次梁的负筋之下。因此，主梁支座截面的有效高度减小。在计算主梁支座截面纵筋时，截面有效高度 h_0 可取为：

单排钢筋时　　$h_0 = h - (50～60)$ mm

双排钢筋时　　$h_0 = h - (70～80)$ mm

（3）主梁一般按弹性理论的方法进行设计计算。

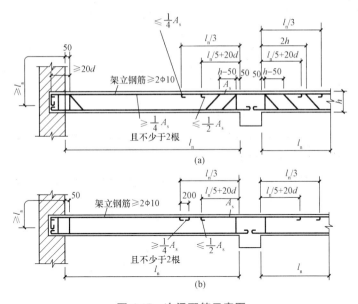

图 6-17　次梁配筋示意图

(a)设弯起钢筋；(b)不设弯起钢筋

2. 主梁的构造要求

(1)主梁在砌体墙上的支承长度 $a \geqslant 370$ mm，还应进行砌体的局部承压承载力计算，主梁下应设置梁垫。

(2)主梁纵向受力钢筋的弯起和截断，原则上应按弯矩包络图确定，并满足有关构造要求。

(3)主梁附加横向钢筋：

主梁和次梁相交处，在主梁高度范围内受到次梁传来的集中荷载的作用，其腹部可能出现斜裂缝，

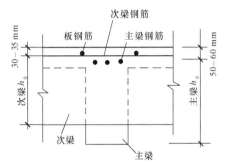

图 6-18　主梁支座截面纵筋布置

如图 6-19(a)所示。因此，应在集中荷载影响区 s 范围内加设附加横向钢筋(箍筋、吊筋)以防止斜裂缝出现而引起局部破坏。位于梁下部或梁截面高度范围内的集中荷载，应全部由附加横向钢筋承担，并应布置在长度为 $s = 2h_1 + 3b$ 的范围内。附加横向钢筋宜优先采用箍筋，如图 6-19(b)所示。

附加箍筋和吊筋的总截面面积按下式计算：

$$F \leqslant 2f_y A_{sb} \sin\alpha + m \times n \times f_{yv} A_{sv1} \tag{6-18}$$

式中　F——由次梁传递的集中力设计值；

　　　f_y——附加吊筋的抗拉强度设计值；

　　　f_{yv}——附加箍筋的抗拉强度设计值；

　　　A_{sb}——一根附加吊筋的截面面积；

　　　A_{sv1}——附加单肢箍筋的截面面积；

　　　n——在同一截面内附加箍筋的肢数；

　　　m——附加箍筋的排数；

　　　α——附加吊筋与梁轴线间的夹角。

集中力作用在主梁顶面，则不必设置附加箍筋和吊筋。

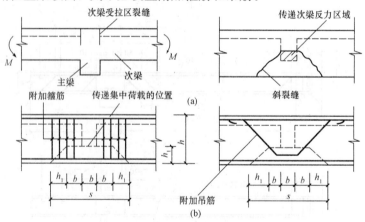

图 6-19　附加横向箍筋和吊筋位置

(a)次梁和主梁相交处的裂缝情况；(b)集中荷载处附加横向钢筋的位置

【例 6-1】　整体式单向板肋梁楼盖设计。

1. 设计资料

某设计使用年限为 50 年工业厂房楼盖，采用整体式钢筋混凝土结构，楼盖梁格布置如图 6-20 所示。

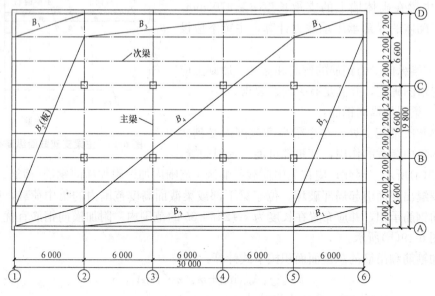

图 6-20　梁板结构平面布置

(1)楼面构造层做法：20 mm 厚水泥砂浆面层，20 mm 厚混合砂浆天棚抹灰。

(2)活荷载：标准值为 6 kN/m²。

(3)恒载分项系数为 1.2；活荷载分项系数为 1.3(因工业厂房楼盖楼面活荷载标准大于 4 kN/m²)。

(4)材料选用：

混凝土　　采用 C25。

钢筋　　　　梁中受力纵筋采用 HRB335 级（f_y＝300 N/mm²）；

其余采用 HPB300 级（f_y＝270 N/mm²）。

2. 板的计算

板按考虑塑性内力重分布方法计算。板的 $\dfrac{l_2}{l_1}=\dfrac{6\ 000}{2\ 200}\approx2.73\leqslant3$，宜按双向板设计，按沿短边方向受力的单向板计算时，应沿长边方向布置足够数量的构造钢筋。本书按单向板设计。

板的厚度按构造要求板厚 $h=\left(\dfrac{1}{30}\sim\dfrac{1}{40}\right)l_1$，取 $h=80$ mm $\left(\dfrac{l_1}{40}\approx\dfrac{2\ 200}{40}=55\ \text{mm}\leqslant h\right)$，满足规范中规定工业建筑楼板最小厚度为 70 mm 的要求。次梁截面高度 $h=\left(\dfrac{1}{12}\sim\dfrac{1}{18}\right)l_2$，取 $h=450$ mm $\left(\dfrac{l_2}{15}\approx\dfrac{6\ 000}{15}=400\ \text{mm}\leqslant h\right)$，截面宽度 $b=200$ mm，板尺寸及支撑情况如图 6-21（a）所示。

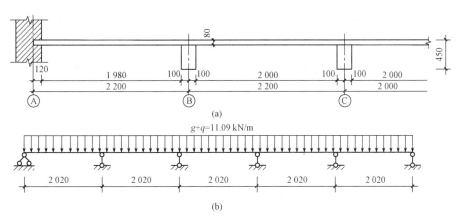

图 6-21　板的尺寸和计算简图
（a）板的尺寸；（b）计算简图

（1）荷载
恒载标准值

20 mm 水泥砂浆面层	$0.02\times20=0.4(\text{kN/m}^2)$
80 mm 钢筋混凝土板	$0.08\times25=2.0(\text{kN/m}^2)$
20 mm 混合砂浆天棚抹灰	$\underline{0.02\times17=0.34(\text{kN/m}^2)}$
	$g_k=2.74\ \text{kN/m}^2$
线恒载设计值	$g=1.2\times2.74=3.29(\text{kN/m})$
线活载设计值	$\underline{q=1.3\times6.004=7.8(\text{kN/m})}$
合计	$11.09\ \text{kN/m}$
即每米板宽	$g+q=11.09\ \text{kN/m}$

（2）内力计算
计算跨度

边跨　　　$l_n+\dfrac{h}{2}=2.2-0.12-\dfrac{0.2}{2}+\dfrac{0.08}{2}=2.02(\text{m})$

$$l_n + \frac{a}{2} = 2.2 - 0.12 - \frac{0.2}{2} + \frac{0.12}{2} = 2.04(\text{m}) \geqslant 2.02 \text{ m}$$

取 $l_0 = 2.02$ m。

中间跨 $\qquad\qquad l_0 = 2.02 - 0.20 = 2.0(\text{m})$

计算跨度差 $(2.02-2.0)/2.0 = 1\% \leqslant 10\%$，说明可按等跨连续板计算内力（为简化计算起见，统一取 $l_0 = 2.020$ m）。取 1 m 宽板带作为计算单元，计算简图如图 6-21(b)所示。

连续板各截面的弯矩计算见表 6-5。

表 6-5　连续板各截面弯矩计算

截面	边跨跨内	离端第二支座	离端第二跨跨内中间跨跨内	中间支座
弯矩计算系数 α_m	$\dfrac{1}{11}$	$-\dfrac{1}{11}$	$\dfrac{1}{16}$	$-\dfrac{1}{14}$
$M = \alpha_m(g+q)l_0^2/(\text{kN}\cdot\text{m})$	4.11	−4.11	2.77	−3.17

(3)截面承载力计算

$b = 1\,000$ mm，$h = 80$ mm，$h_0 = 80 - 20 = 60(\text{mm})$，$\alpha_1 = 1.0$，连续板各截面的配筋计算见表 6-6。

表 6-6　连续板各截面配筋计算

板带部位截面	边区板带(①~②，⑤~⑥轴线间)				中间区板带(②~⑤轴线间)			
	边跨跨内	离端第二支座	离端第二跨跨内、中间跨跨内	中间支座	边跨跨内	离端第二支座	离端第二跨跨内、中间跨跨内	中间支座
$M/(\text{kN}\cdot\text{m})$	4.11	−4.11	2.77	−3.17	4.11	−4.11	$2.77 \times 0.8 = 2.22$	$-3.17 \times 0.8 = -2.54$
$\alpha_s = \dfrac{M}{\alpha_1 f_c b h_0^2}$	0.096	0.096	0.065	0.074	0.096	0.096	0.052	0.059
ξ	0.101	0.101	0.067	0.077	0.101	0.101	0.053	0.061
$A_s = \dfrac{\xi b h_0 \alpha_1 f_c}{f_y}$ /mm²	267	267	177	204	267	267	141	162
选配钢筋	φ6/8@140	φ6/8@140	φ6@140	φ6@140	φ8@140	φ6/8@140	φ6@140	φ6@140
实配钢筋面积	281	281	202	202	359	281	202	202

中间区板带①~⑤轴线间，各内区格板的四周与梁整体连接，故各跨跨内和中间支座考虑板的内拱作用，计算弯矩降低 20%。

连续板的配筋示意图如图 6-22 所示。

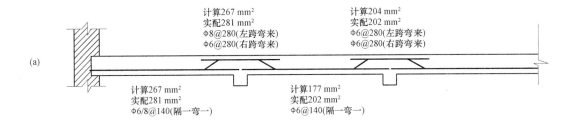

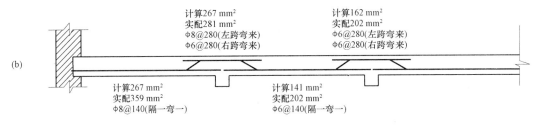

图 6-22　板的配筋示意图

(a)边区板带；(b)中间区板带

3. 次梁计算

次梁按考虑塑性内力重分布方法计算。

取主梁的梁高 $h=650$ mm $\geqslant \dfrac{l_3}{12} \approx \dfrac{6\,600\ \text{mm}}{12}=550$ mm，梁宽 $b=250$ mm。次梁有关尺寸及支撑情况如图 6-23(a)所示。

(1)荷载

恒载设计值

由板传来	$3.29 \times 2.2 = 7.24(\text{kN/m})$
次梁自重	$1.2 \times 25 \times 0.2 \times (0.45-0.08)=2.22(\text{kN/m})$
梁侧抹灰	$\underline{1.2 \times 17 \times 0.02 \times (0.45-0.08) \times 2=0.30(\text{kN/m})}$
	$g=9.76$ kN/m

活载设计值

由板传来	$q=7.8 \times 2.2 = 17.16(\text{kN/m})$
合计	$g+q=26.92$ kN/m

(2)内力计算

计算跨度

边跨

$$l_n = 6.0 - 0.12 - \frac{0.25}{2} = 5.755(\text{m})$$

$$l_n + \frac{a}{2} = 5.755 + \frac{0.24}{2} = 5.875(\text{m})$$

$$1.025 l_n = 1.025 \times 5.755 = 5.899(\text{m}) \geqslant 5.875\ \text{m}$$

取 $l_0 = 5.875$ m。

中间跨　　　　　　　　　　　　　　　　$l_0 = l_n = 6.0 - 0.25 = 5.75(\text{m})$

跨度差　　　　　　　　　　　　$(5.875-5.75)/5.75 = 2.2\% \leqslant 10\%$

说明可按等跨连续梁计算内力。计算简图如图 6-23(b)所示。

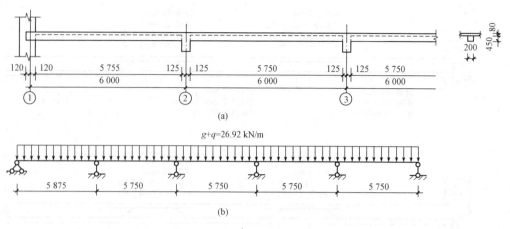

图 6-23　次梁的尺寸和计算简图

(a)次梁尺寸；(b)计算简图

连续次梁各截面弯矩及剪力计算分别见表 6-7 和表 6-8。

表 6-7　连续次梁弯矩计算

截面	边跨跨内	离端第二支座	离端第二跨跨内中间跨跨内	中间支座
弯矩计算系数 α_m	$\dfrac{1}{11}$	$-\dfrac{1}{11}$	$\dfrac{1}{16}$	$-\dfrac{1}{14}$
$M=\alpha_m(g+q)l_0^2/(\mathrm{kN \cdot m})$	84.47	-84.47	55.63	-63.58

表 6-8　连续次梁剪力计算

截面	端支座内侧	离端第二支座外侧	离端第二支座内侧	中间支座外侧、内侧
剪力计算系数 α_v	0.45	0.6	0.55	0.55
$V=\alpha_v(g+q)l_n/\mathrm{kN}$	69.66[69.72]	92.87[2.96]	85.14	85.14

（3）截面承载力计算

次梁跨内截面按 T 形截面计算，翼缘计算宽度为

边跨 $b_f'=\dfrac{1}{3}l_0=\dfrac{1}{3}\times5\,875=1\,960(\mathrm{mm})\leqslant b+s_0=200+2\,000=2\,200(\mathrm{mm})$

第二跨和中间跨 $\qquad\qquad\qquad\qquad\qquad\qquad b_f'=\dfrac{1}{3}\times5\,750=1\,920(\mathrm{mm})$

梁高 $\qquad\qquad\qquad\qquad\qquad\qquad\qquad h=450\ \mathrm{mm}，h_0=450-35=415(\mathrm{mm})$

翼缘厚 $\qquad\qquad\qquad\qquad\qquad\qquad\qquad\qquad\qquad h_f'=80\ \mathrm{mm}$

判别 T 形截面类型：按第一类 T 形截面试算。

跨内截面 $\xi=0.021\leqslant h_f'/h_0=80/415=0.193$，故各跨内截面均属于第一类 T 形截面。

支座截面按矩形截面计算，第一内支座按布置两排纵筋考虑，取 $h_0=450-60=390(\mathrm{mm})$，其他中间支座按布置一排纵筋考虑，$h_0=415\ \mathrm{mm}$。

连续次梁正截面及斜截面承载力计算分别见表 6-9 及表 6-10。

表 6-9 连续次梁正截面承载力计算

截面	边跨跨内	离端第二支座
$M/(\text{kN}\cdot\text{m})$	84.47	-84.47
$\alpha_s=M/\alpha_1 f_c b'_f h_0^2\ (\alpha_s=M/\alpha_1 f_c b h_0^2)$	0.021	0.233
ξ	0.021	$0.269<0.35$
$A_s=\xi b'_f h_0 \alpha_1 f_c/f_y\ (A_s=\xi b h_0 \alpha_1 f_c/f_y)/\text{mm}^2$	686	834
选配钢筋	2Φ18+1Φ16	2Φ18+2Φ16
实配钢筋面积$/\text{mm}^2$	710	911
截面	离端第二跨跨内、中间跨跨内	中间支座
$M/(\text{kN}\cdot\text{m})$	55.63	-63.58
$\alpha_s=M/\alpha_1 f_c b'_f h_0^2\ (\alpha_s=M/\alpha_1 f_c b h_0^2)$	0.014	0.155
ξ	0.014	0.17
$A_s=\xi b'_f h_0 \alpha_1 f_c/f_y\ (A_s=\xi b h_0 \alpha_1 f_c/f_y)/\text{mm}^2$	450	558
选配钢筋	2Φ14+1Φ16	2Φ12+2Φ16
实配钢筋面积$/\text{mm}^2$	509	628

表 6-10 连续次梁斜截面承载力计算

截面	端支座内侧	离端第二支座外侧
V/kN	69.72	92.96
$0.25\beta_c f_c b h_0/\text{N}$	$246\,900>V$	$232\,000>V$
$0.7 f_t b h_0/\text{N}$	$73\,800>V$	$69\,300>V$
选用箍筋	2Φ8	2Φ8
$A_{sv}=n A_{sv1}/\text{mm}^2$	101	101
$s=\dfrac{f_{yv} A_{sv} h_0}{V-0.7 f_t b h_0}/\text{mm}^2$	<0	590
实配箍筋间距 s/mm^2	200	200
截面	离端第二支座内侧	中间支座外侧、内侧
V/kN	85.14	85.14
$0.25\beta_c f_c b h_0/\text{N}$	$232\,000>V$	$246\,900>V$
$0.7 f_t b h_0/\text{N}$	$69\,300>V$	$73\,800>V$
选用箍筋	2Φ8	2Φ8
$A_{sv}=n A_{sv1}/\text{mm}^2$	101	101
$s=\dfrac{f_{yv} A_{sv} h_0}{V-0.7 f_t b h_0}/\text{mm}^2$	672	997
实配箍筋间距 s/mm^2	200	200

次梁配筋示意图如图 6-24 所示。

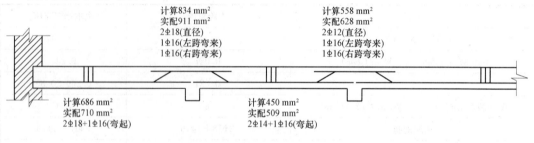

图 6-24　连续次梁配筋示意图

4. 主梁计算

主梁按弹性理论计算。

柱高 $H=4.5$ m，设柱截面尺寸为 300 mm×300 mm。主梁的有关尺寸及支承情况如图 6-25(a)所示。

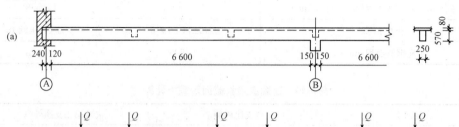

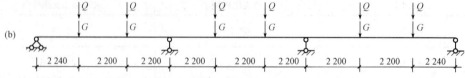

图 6-25　主梁的尺寸及计算简图

(a)主梁尺寸；(b)计算简图

(1)荷载

恒载设计值

由次梁传来　　　　　　　　　　　　　　　　　$9.76×6.0=58.56$(kN)

主梁自重(折算为集中荷载)

$$1.2×25×0.25×(0.65-0.08)×2.2=9.41\text{(kN)}$$

梁侧抹灰(折算为集中荷载)

$$\underline{1.2×17×0.02×(0.65-0.08)×2.2=1.02\text{(kN)}}$$

$$G=69.0\ \text{kN}$$

活载设计值

由次梁传来　　　　　　　　　　　　　　　　$Q=17.16×6.0=103.0$(kN)

合计　　　　　　　　　　　　　　　　　　　$G+Q=172.0\ \text{kN}$

(2)内力计算

边跨　　　　　　　　$l_n=6.60-0.12-\dfrac{0.3}{2}=6.33\text{(m)}$

$$l_0=1.025l_n+\frac{b}{2}=1.025×6.33+\frac{0.3}{2}=6.64\text{(m)}$$

144

$$< l_n + \frac{a}{2} + \frac{b}{2} = 6.33 + \frac{0.36}{2} + \frac{0.3}{2} = 6.66 \text{(m)}$$

中间跨 $\qquad l_n = 6.60 - 0.30 = 6.30 \text{(m)}$

$$l_0 = l_n + b = 6.30 + 0.30 = 6.60 \text{(m)}$$

跨度差 $(6.64 - 6.60)/6.60 = 0.61\% \leqslant 10\%$，则可按等跨连续梁计算。

由于主梁线刚度较柱的线刚度大得多（$i_{梁}/i_{柱} = 5.8e \geqslant 4$），故主梁可视为铰支柱顶上的连续梁，计算简图如图 6-25(b) 所示。

在各种不同分布的荷载作用下的内力计算可采用等跨连续梁的内力系数表进行，跨内和支座截面最大弯矩及剪力按下式计算，则

$$M = KGl_0 + KQl_0$$

$$V = KG + KQ$$

式中系数 K 值由附录中查得，具体计算结果以及最不利荷载组合见表 6-11 和表 6-12。将以上最不利荷载组合下的四种弯矩图及三种剪力图分别叠画在同一坐标图上，即可得主梁的弯矩包络图及剪力包络图，如图 6-26 所示。

表 6-11　主梁弯矩计算

序号	计算简图	边跨跨内 $\dfrac{K}{M_1}$	中间支座 $\dfrac{K}{M_B(M_C)}$	中间跨跨内 $\dfrac{K}{M_2}$
①		$\dfrac{0.244}{111.79}$	$\dfrac{-0.267}{-121.96}$	$\dfrac{0.067}{30.51}$
②		$\dfrac{0.289}{197.65}$	$\dfrac{-0.133}{-90.69}$	$= M_B = -90.69 \left[\dfrac{M_B}{-90.69}\right]$
③		$\approx \frac{1}{3} M_B = -30.23$	$\dfrac{-0.133}{-90.69}$	$\dfrac{0.200}{135.96}$
④		$\dfrac{0.229}{156.62}$	$\dfrac{-0.311(-0.089)}{-212.06(-60.69)}$	$\dfrac{0.170}{115.57}$
⑤		$\approx \frac{1}{3} M_B = -20.23$	$-60.69(-212.06)$	115.57
最不利荷载组合	①+②	309.44	-212.65	-60.18
	①+③	81.56	-212.65	166.47
	①+④	268.41	-334.02 (-182.65)	146.08
	①+⑤	91.56	-182.65 (-334.02)	146.08

表 6-12　主梁剪力计算

序号	计算简图	端支座	中间支座	
		$\dfrac{K}{V_{Ain}}$	$\dfrac{K}{V_{Bex}(V_{Cex})}$	$\dfrac{K}{V_{Bin}(V_{Cin})}$
①	 $G\ G$　$G\ G$　$G\ G$ A　1　B　2　C　3　D	$\dfrac{0.733}{50.58}$	$\dfrac{-1.267(-1.000)}{-87.42(-69.0)}$	$\dfrac{1.000(1.267)}{69.0(87.42)}$
②	$Q\ Q$　　$Q\ Q$	$\dfrac{0.866}{89.20}$	$\dfrac{-1.134(0)}{-116.80(0)}$	$\dfrac{0(1.134)}{0(116.80)}$
④	$Q\ Q$　$Q\ Q$	$\dfrac{0.689}{70.79}$	$\dfrac{-1.131(-0.778)}{-135.03(-80.13)}$	$\dfrac{1.222(0.089)}{125.87(9.17)}$
⑤	$Q\ Q$　　$Q\ Q$	$=V_{Bex}=-9.17$	$-9.17(-125.87)$	$80.13(135.03)$
最不利荷载组合	①+②	139.78	-204.22	69.0
	①+④	121.55	$-222.45(-149.13)$	194.87(96.59)
	①+⑤	41.41	$-96.59(-194.87)$	149.13(222.45)

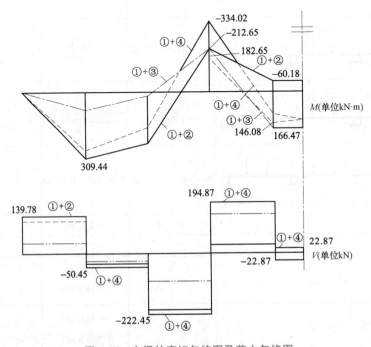

图 6-26　主梁的弯矩包络图及剪力包络图

（3）截面承载力计算

主梁跨内截面按 T 形截面计算，其翼缘计算宽度为：

$$b_f' = \frac{1}{3}l_0 = \frac{1}{3} \times 6\ 600 = 2\ 200(\text{mm}) \leqslant b + s_0 = 6\ 000\ \text{mm}, \quad h_0 = 650 - 35 = 615(\text{mm})$$ 判别 T 形截面类型：按第一类 T 形截面试算。

跨内截面 $\xi = 0.031[0.060] \leqslant h_f'/h_0 = 80/615 = 0.130$，故各跨内截面均属于第一类 T 形截面。

支座截面按矩形截面计算，取 $h_0 = 650 - 80 = 570(\text{mm})$（因支座弯矩较大考虑布置两排纵筋，并布置在次梁主筋下面）。跨内截面在负弯矩作用下按矩形截面计算，取 $h_0 = 650 - 60 = 590(\text{mm})$。

主梁正截面及斜截面承载力计算分别见表 6-13 及表 6-14。

表 6-13　主梁正截面承载力计算

截面	边跨跨内	中间支座
$M/(\text{kN} \cdot \text{m})$	309.44	−334.02
$V_0\dfrac{b}{2}/(\text{kN} \cdot \text{m})$		24.4[25.8]
$\left(M - V_0\dfrac{b}{2}\right)/(\text{kN} \cdot \text{m})$		309.62[308.22]
$\alpha_s = M/\alpha_1 f_c b_f' h_0^2$ $(\alpha_s = M/\alpha_1 f_c b h_0^2)$	0.031	0.32[0.031 9]
ξ	0.031	0.401[0.398]
$A_s = \xi b_f' h_0 \alpha_1 f_c / f_y$ $(A_s = \xi b h_0 \alpha_1 f_c / f_y)/\text{mm}^2$	$0.031 \times 2\ 200 \times 615 \times \dfrac{11.9}{300} = 1\ 664[1\ 705]$	$0.401 \times 250 \times 570 \times \dfrac{11.9}{300} = 2\ 267[2\ 250]$
选配钢筋	2Φ22+2Φ25	2Φ25+2Φ18+2Φ22
实配钢筋面积/mm^2	1 742	2 251
截面	中间跨跨内	
$M/(\text{kN} \cdot \text{m})$	166.47	−60.18
$V_0\dfrac{b}{2}/(\text{kN} \cdot \text{m})$		
$\left(M - V_0\dfrac{b}{2}\right)/(\text{kN} \cdot \text{m})$		
$\alpha_s = M/\alpha_1 f_c b_f' h_0^2$ $(\alpha_s = M/\alpha_1 f_c b h_0^2)$	$\dfrac{166.47 \times 10^6}{1.0 \times 11.9 \times 2\ 200 \times 615^2} = 0.017$	$\dfrac{60.18 \times 10^6}{1.0 \times 11.9 \times 250 \times 590^2} = 0.058$
ξ	0.017	0.060
$A_s = \xi b_f' h_0 \alpha_1 f_c / f_y$ $(A_s = \xi b h_0 \alpha_1 f_c / f_y)/\text{mm}^2$	$0.017 \times 2\ 200 \times 615 \times \dfrac{11.9}{300} = 912[910]$	$0.060 \times 250 \times 590 \times \dfrac{11.9}{300} = 351$
选配钢筋	2Φ16+2Φ18	2Φ22
实配钢筋面积/mm^2	911	760

表6-14 主梁斜截面承载力计算

截面	端支座内侧	离端第二支座外侧	离端第二支座内侧
V/kN	139.78	222.45	194.87
$0.25\beta_c f_c b h_0/\text{N}$	457 410>V	423 940>V	423 940>V
$0.7 f_t b h_0/\text{N}$	136 680>V	126 680>V	126 680>V
选用箍筋	2ϕ8	2ϕ8	2ϕ8
$A_{sv}=nA_{sv1}/\text{mm}^2$	101	101	101
$s=\dfrac{f_{yv}A_{sv}h_0}{V-0.7f_t b h_0}/\text{mm}^2$	$\dfrac{1.25\times270\times101\times615}{139\,780-136\,680}$ =6 763	202	285
实配箍筋间距/mm²	200	200	200
$V_{cs}(=0.7f_t b h_0+f_{yv}\dfrac{A_{sv}}{s}h_0)/\text{N}$		220 539	220 539
$A_{sb}\left(=\dfrac{V-V_{cs}}{0.8f_y\sin\alpha}\right)/\text{mm}$		11.37	<0
选用弯筋		1ϕ25	1ϕ18
实配弯筋面积		490.9	254.5

(4)主梁吊筋计算

由次梁传至主梁的全部集中力为:$G+Q=58.56+103.0=161.56$(kN)

则 $A_s=\dfrac{G+Q}{2f_y\sin\alpha}=\dfrac{161.56\times10^3}{2\times300\times0.707}=380.9$(mm²)

选 2ϕ16($A_s=402$ mm²)。

主梁的配筋示意图如图6-27所示。

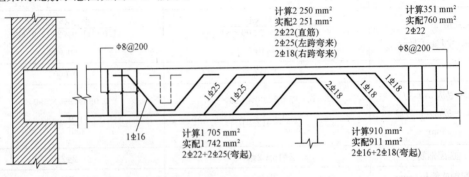

图6-27 主梁的配筋示意图

5. 施工图

板、次梁、主梁配筋图分别如图 6-28～图 6-30 所示。板的钢筋表见表 6-15。

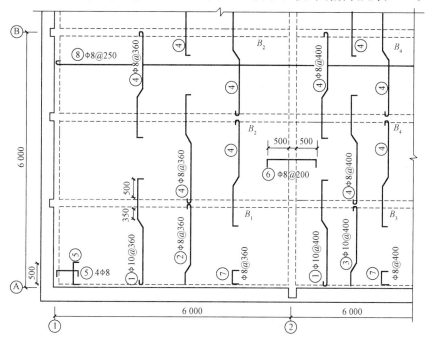

图 6-28 板的配筋图

表 6-15 板的钢筋表

编号	简图	直径	长度/mm	根数	总长/m	钢筋用量/kg
①	65 ⌐ 1 040 ⌐ 60 (100) 1 660 ⌐	Φ10	2 870[2 930]	196[168]	562.5[492.2]	347[304]
②	65 ⌐ 310 ⌐ 60 (100) 1 780(1 690) ⌐	Φ8	2 280[2 230]	78[72]	177.84[160.6]	70[63]
③	65 ⌐ 310 ⌐ 60 (100) 1 780(1 690) ⌐	Φ10	2 280[2 230]	118[96]	269.0[214.1]	166[132]
④	65 ⌐ 1 040 ⌐ 60 (100) 1 640(1 620) ⌐	Φ8	2 870[2 930]	704[588]	2020.5[1700]	799[672]
⑤	65 ⌐ 610 ⌐ 65	Φ8	740	32	23.7	9
⑥	65 ⌐ 1 250 ⌐ 65	Φ8	1 380	324[400]	447.1[552.0]	177[218]
⑦	65 ⌐ 395 ⌐ 65	Φ8	530[525]	378[364]	200.3[191.1]	79[75]
⑧	5 980	Φ8	5 980	315[405]	1 883.7[2 421.9]	744[957]
合计						2 391[4 108]

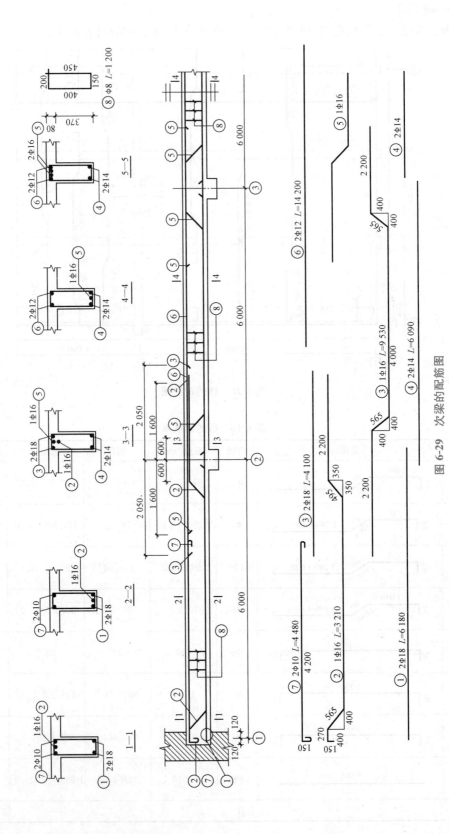

图 6-29 次梁的配筋图

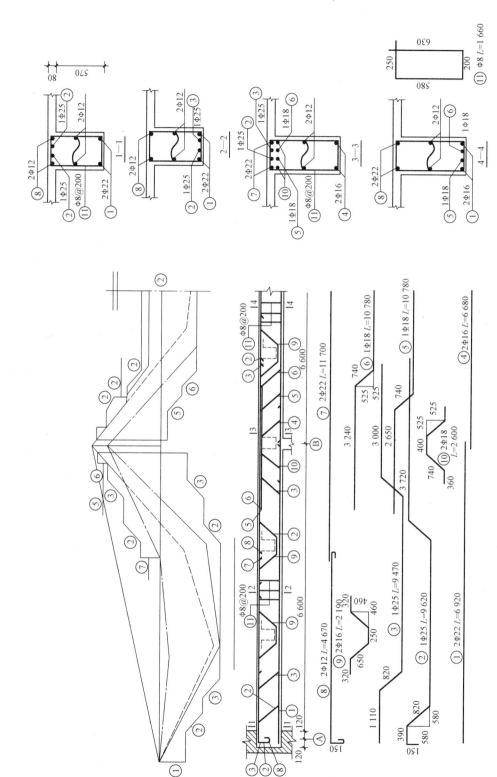

图 6-30 主梁的配筋图

注：

(1)板的钢筋表中①号钢筋长度计算如下：

根据构造要求，弯起式钢筋 $\dfrac{q}{g}=\dfrac{7.8}{2.74}=2.8 \leqslant 3$ 时，$a=\dfrac{l_0}{4}$，所以 $a+\dfrac{l_0}{6}+b_{次梁}=\dfrac{l_0}{4}+\dfrac{l_0}{6}+$

$b_{次梁}=\dfrac{2\,020}{4}+\dfrac{2\,020}{6}+200 \approx 1\,040 (\text{mm})$。又规范中规定向上弯折时弯折长度 $\geqslant 6.5d=6.5 \times$

$10=65(\text{mm})$，半圆弯钩钢筋根据规范知其长度为 65 mm。

因为弯起钢筋弯起的角度为 45°，所以弯起长度 $=\sqrt{40^2+40^2}=57(\text{mm})$，取 60 mm。

则，$l_0-\dfrac{l_0}{6}-40=2\,020-\dfrac{2\,020}{6}-40 \approx 1\,640(\text{mm})$。

所以钢筋总长为：

$65+1\,040+60+1\,640+65=2\,870(\text{mm})$

钢筋根数 $=[(6\,000-250)/280-1] \times 10=196(\text{根})$

(2)板的钢筋表中②号钢筋长度计算如下：

根据构造要求，当板支承于墙体时，板在砌体上的支承长度应不小于 120 mm，且查规范知，弯起部分钢筋长度应为 $\dfrac{l_0}{10}+110=\dfrac{2\,020}{10}+110 \approx 310(\text{mm})$。则，$l_0-\dfrac{l_0}{10}-40=2\,020-$

$\dfrac{2\,020}{10}-40 \approx 1\,780(\text{mm})$。其余同①号钢筋。

所以钢筋总长为：

$$65+310+60+1\,780+65=2\,280(\text{mm})$$

$$钢筋根数=[(6\,000-250)/280-1] \times 4=78(\text{根})$$

(3)板的钢筋表中③号钢筋长度计算同②号钢筋。

$$钢筋根数=[(6\,000-250)/280-1] \times 6=118(\text{根})$$

(4)板的钢筋表中④号钢筋长度计算同①号钢筋。

$$钢筋根数=[(6\,000-250)/280-1] \times 36=704(\text{根})$$

(5)板的钢筋表中⑤号钢筋长度计算如下：

根据构造要求，当板支承于墙体时，板在砌体上的支承长度应不小于 120 mm，且查规范知，板角钢筋长度应为 $\dfrac{l_0}{4}+110=\dfrac{2\,020}{4}+110 \approx 610(\text{mm})$。又规范中规定向上弯折时弯折长度 $\geqslant 6.5d=6.5 \times 8=52(\text{mm})$，为了便于施工，统一取 65 mm。

所以钢筋总长为：

$$65+610+65=740(\text{mm})$$

$$钢筋根数=4 \times 4 \times 2=32(\text{根})$$

(6)板的钢筋表中⑥号钢筋长度计算如下：

根据构造要求，弯起式钢筋 $\dfrac{q}{g}=\dfrac{7.8}{2.74}=2.8 \leqslant 3$ 时，$a=\dfrac{l_0}{4}$，所以 $a+b_{主梁}+a=\dfrac{l_0}{4}+b_{主梁}+$

$\dfrac{l_0}{4}=\dfrac{2\,020}{4}+250+\dfrac{2\,020}{4} \approx 1\,250(\text{mm})$。又规范中规定向上弯折时弯折长度 $\geqslant 6.5d=6.5 \times 8$

$=52(\text{mm})$，为了便于施工，统一取 65 mm。

所以钢筋总长为：

$$65+1\,250+65=1\,380(\text{mm})$$

钢筋根数＝[(2 200－200)/200－1]×9×4＝324(根)

(7)板的钢筋表中⑦号钢筋长度计算如下：

根据构造要求，当板支承于墙体时，板在砌体上的支承长度应不小于 120 mm，且查规范知此构造钢筋的长度应为 $\frac{l_0}{7}+110=\frac{2\,020}{7}+110=398$(mm)，取 400 mm。又规范中规定向上弯折时弯折长度 $\geqslant 6.5d=6.5\times 8=52$(mm)，为了便于施工，统一取 65 mm。

所以钢筋总长为：

$$65+400+65=530(\text{mm})$$

钢筋根数＝[(2 200－200)/200－1]×18＋[(6 600－250)/280－1]×10＝378(根)

(8)板的钢筋表中⑧号钢筋长度计算如下：

钢筋总长为：

$$l_0-a_s=6\,000-20=5\,980(\text{mm})$$

钢筋根数＝[(2 200－200)/250－1]×9×5＝315(根)

任务 6.3   双向板肋梁楼盖设计

当板的长短边之比 $l_2/l_1\leqslant 2$(按弹性理论计算)或 $l_2/l_1\leqslant 3$(按塑性理论计算)时，荷载在两个方向引起的内力和变形都不能忽略，该板称为双向板，受力钢筋也沿板的两个方向布置。双向板受力较单向板好，板较薄，美观经济。

装配式混凝土楼盖主要有铺板式、密肋式和无梁式。其中，铺板式是目前工业与民用建筑中常用的形式，铺板式楼面是将密铺的预制板两端支承在砖墙上或楼面梁上构成。本任务中主要讲述双向板肋梁楼盖的设计要点以及装配式混凝土楼盖的构件形式和连接构造。

6.3.1 双向板肋梁楼盖

由双向板和梁组成的现浇楼盖即双向板肋形楼盖，它有两种计算方法：弹性理论计算法和塑性理论计算法。这里只介绍弹性理论计算法，与塑性理论计算方法相比较，其没有考虑混凝土的塑性性能，钢筋用量偏多，但计算较简单。

6.3.1.1 双向板的受力特点

试验研究结果表明，双向板的受力特点是：荷载沿两个方向传递给周边支承构件，双向受弯，横截面上有弯矩、剪力和扭矩。其破坏特征为：第一批裂缝出现在板底中部，平行于长边方向，这是由于短跨跨中正弯矩较长跨跨中正弯矩较大所致。随着荷载的进一步增大，板底裂缝逐渐顺长边延长，并沿 45°向板四角扩展。第二批裂缝出现在板顶四角，呈圆形的环状裂缝，最终因板底裂缝处的纵向受力钢筋达到屈服导致板破坏，如图 6-31 所示。

底面

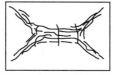
底面

顶面

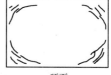
顶面

图 6-31 双向板裂缝示意图

6.3.1.2 单跨双向板的设计计算

单跨双向板，可直接利用不同边界条件下的按弹性薄板理论公式编制的相应表格查出有关内力系数，再进行配筋计算。

$$m=表中系数\times(g+q)l_0^2 \tag{6-19}$$

式中　m——计算截面单位宽度的弯矩设计值；

　　　l_0——板的较短方向计算跨度；

　　　g,q——均布恒荷载和均布活荷载设计值。

单跨双向板的计算表格是按材料的泊松比$\upsilon=0$制定的。当$\upsilon\neq0$时，可按下式计算跨中弯矩：

$$m_x^{(\upsilon)}=m_x+\nu m_y \tag{6-20}$$
$$m_y^{(\upsilon)}=m_y+\nu m_x \tag{6-21}$$

式中　$m_x^{(\upsilon)},m_y^{(\upsilon)}$——考虑泊松比后的弯矩；

　　　m_y,m_x——泊松比为零的弯矩。

6.3.1.3 多跨连续双向板的设计计算

多跨连续双向板弹性理论的精确计算过于复杂，设计中采用以单区格板计算为基础的实用计算法。

1. 基本假定

(1)支承梁的抗弯刚度很大，其竖向变形可忽略不计。

(2)支承梁的抗扭刚度很小，可以自由转动。

(3)同一方向相邻最小跨度与最大跨度之比大于0.75。

按照上述基本假定，梁可视为板的不动铰支座；同一方向板的跨度可视为等跨。

2. 计算方法

(1)跨中最大正弯矩。此时，应将恒荷载满布板面各个区格，活荷载q做棋盘形布置，如图6-32所示。为了利用已有的单区格板内力系数表格，将g与q分解为$g'=g+q/2$，$q'=\pm q/2$，分别作用于相应区格。

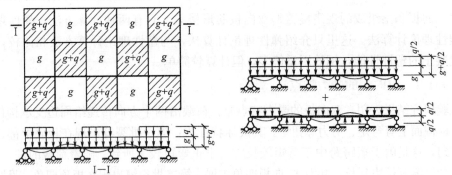

图6-32　双向板的棋盘式荷载布置

在g'作用于各区格时，各内区格支座转动很小，可视为固定支座，故可利用四周固定板系数表求内区格在g'作用下的跨中弯矩。在q'作用下，各内区格可近似视为承受反对称荷载$\pm q/2$的连续板，中间支座的弯矩近似为零。因而，内区格板在q'作用下可视为四边简支板，也可利用表格求出此时的跨中弯矩，而外区格按实际支承考虑。最后，叠加 g' 和 q' 作用下的同一区格跨中弯矩，即得出相应跨中最大弯矩。

（2）支座最大负弯矩。求支座最大负弯矩时，可近似地在各区格按满布活荷载布置计算，故认为各区格板都是固定在中间支座上，楼盖周边仍可按实际支承情况确定。按单跨双向板计算出各支座的负弯矩。当相邻区格板在同一支座上，分别求出的负弯矩不相等时，可取绝对值较大者作为该支座的最大负弯矩。

6.3.1.4 双向板支承梁的设计

双向板传给支承梁的荷载可按近似方法计算，即根据荷载传递路线最短的原则确定，从每一区格四角作 45°线与平行于底边的中线相交，把整块板分成四块，每块小板上的荷载就近似传至其支承梁上。因此，短跨支承梁上的荷载为三角形分布，长跨支承梁上的荷载为梯形分布，如图 6-33 所示。

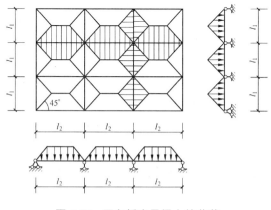

图 6-33 双向板支承梁上的荷载

支承梁的内力可按弹性理论或考虑塑性内力重分布的调幅方法计算，配筋构造与单向板肋梁楼盖相同。

6.3.1.5 双向板楼盖的截面设计与构造

1. 板厚

双向板的厚度通常在 $80 \sim 160$ mm 之间，任何情况下不得小于 80 mm。对于简支板，$h/l_0 \geqslant 1/45$，对于连续板，$h/l_0 \geqslant 1/50$，这里的 l_0 为板的较小方向计算跨度。

2. 截面有效高度

因为双向板的受力钢筋是沿纵横两个方向重叠布置的，所以两个方向的截面有效高度是不同的。短跨方向的弯矩比长跨方向的大，应将短跨方向的跨中受拉钢筋放在长跨方向的外侧，以得到较大的截面有效高度。截面有效高度通常分别取值如下：短跨方向 $h_{01} = h - 20$ mm，长跨方向 $h_{02} = h - 30$ mm，这里的 h 为板厚。

3. 钢筋配置

板的配筋形式类似于单向板，有弯起式与分离式两种。负弯矩钢筋及板面构造钢筋的设置也与单向板楼盖相同。

按弹性理论计算时，其跨中弯矩不仅沿板长变化，而且沿板宽向两边逐渐减小；而板底钢筋是按跨中最大弯矩求得的，故应在两边予以减少。将板按纵横两个方向各划分为两

个宽为 $l_y/4(l_y$ 为较小跨度)的边缘板带和一个中间板带(图 6-34)。边缘板带的配筋为中间板带配筋的 50%(但不少于 3 根/m),中间板带按计算配筋。连续支座上的钢筋,应沿全支座均匀布置,不应减少。

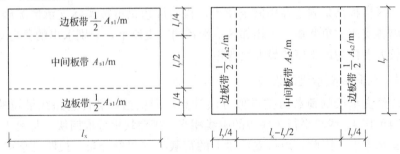

图 6-34 中间板带与边板带的划分

受力钢筋的直径、间距、弯起点及截断点的位置等均可参照单向板配筋的有关规定。

4. 截面的弯矩设计值

由于板的内拱作用(与单向板肋梁楼盖类似),对于四边与梁整体连接的双向板,其截面弯矩设计值可按下列情况予以折减:

(1)连续板中间区格的跨中及中间支座截面,折减系数为 0.8。

(2)边跨的跨中及第一支座截面,当 $l_b/l<1.5$ 时,折减系数为 0.8;当 $1.5\leqslant l_b/l<2.0$ 时,折减系数为 0.9。l_b 为平行于楼板边缘方向板的计算跨度,l 为垂直于楼板边缘方向板的计算跨度。

(3)角区格的各截面不折减。

5. 配筋计算

为简化计算,双向板的配筋面积可按下式求出:

$$A_s=\frac{m}{\gamma_s h_0 f_y} \tag{6-22}$$

式中 γ_s——内力臂系数,可近似取 $0.9\sim0.95$。

6.3.2 装配式混凝土楼盖

设计装配式楼盖时,一方面应注意合理地进行楼盖布置和预制构件选型;另一方面要处理好预制构件间的连接以及预制构件和墙(柱)的连接。

6.3.2.1 铺板式混凝土楼盖结构平面布置

铺板式混凝土楼盖的结构平面布置是楼盖设计中重要一环,做好结构平面布置对建筑的使用功能、经济、施工等都有非常重要的意义。按墙体的承重情况,铺板式楼盖的结构平面布置方案有以下几种。

(1)横墙承重方案。当房屋开间不大,横墙较多时,可将预制板沿房屋纵向直接搁置在横墙上。在横墙间距较大时,也可在纵墙上架设横梁,将预制板沿纵向搁置在横墙或横梁上。横墙承重方案整体性好,空间刚度大,多用于住宅。

(2)纵墙承重方案。当横墙间距大且层高又受到限制时,可将预制板沿横向直接搁置在纵墙上。纵墙承重方案开间大，房间布置灵活，但刚度差，多用于办公楼、教学楼等。

（3）纵、横墙混合承重方案。楼盖中的预制板部分沿纵向布置，部分沿横向布置。此种方案结构布置比较灵活，用于功能较多的建筑。

6.3.2.2 铺板式楼盖的构件形式

1. 预制板形式

（1）实心板。实心板上下表面平整[图6-35（a）]，制作简单，但材料用量较多，适用于荷载及跨度较小的走道板、管沟盖板、楼梯平台板等。常用板长 $l=1.2\sim2.4$ m，板厚 $h\geqslant l/30$，常用板厚 $50\sim100$ mm，板宽 $500\sim1\,000$ mm。

（2）空心板。空心板孔洞的形式有圆形、矩形和长圆形等，如图6-35（b）所示。空心板与实心板相比，用料省、自重轻、隔声效果和受力性能好，刚度大、上下平整。但制作稍复杂，板面不能任意开洞。普通钢筋混凝土空心板常用跨度为 $2.4\sim4.8$ m，预应力混凝土空心板常用跨度为 $2.4\sim7.5$ m；截面高度有 110 mm、120 mm、180 mm 和 240 mm；常用板宽 600 mm、900 mm 和 1 200 mm。

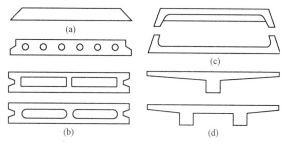

图 6-35　预制铺板的截面形式
(a)实心板；(b)空心板；(c)槽形板；(d)T形板

（3）槽形板。槽形板由面板、纵肋和横肋组成。横肋除在板的两端设置外，在板的中部也可设置数道，以提高板的整体刚度。槽形板可分为正槽形板和倒槽形板，如图6-35（c）所示。槽形板的常用跨度为 $1.5\sim5.6$ m；面板厚度一般为 $25\sim30$ mm，纵肋高（板厚）一般有 120 mm、180 mm 和 240 mm，肋宽 $50\sim80$ mm；常用板宽 500 mm、600 mm、900 mm 和 1 200 mm。

（4）T形板。T形板有单T形板和双T形板两种，如图6-35（d）所示。T形板的受力性能较好，能跨越较大厚度。但整体刚度稍逊于其他形式的预制楼板。单T形板和双T形板常用跨度 $6\sim12$ m；面板厚度一般为 $40\sim50$ mm，肋高 $300\sim500$ mm，板宽 $1\,500\sim2\,100$ mm。

2. 预制梁形式

楼盖大梁可以是预制的也可以是现浇的。预制梁一般多为单跨，可以是简支梁或伸臂梁。其截面形式有矩形、工字形、T形、倒T形、十字形及花篮形等，如图6-36所示。梁的高跨比一般为 $1/14\sim1/8$。

图 6-36　预制梁截面形式

6.3.2.3 铺板式楼盖的连接

楼盖除承受竖向荷载外，还作为纵墙的支点，起着将水平荷载传递给横墙的作用。在这一传力过程中，楼盖在自身平面内，可视为支承在横墙上的深梁，其中将产生弯曲和剪切应力。因此，要求铺板与铺板之间、铺板与墙之间以及铺板与梁之间的连接应能承受这些应力，以保证这种楼盖在水平方向的整体性。另外，增强铺板之间的连接，也可增加楼盖在垂直方向受力时的整体性，改善各独立铺板的工作条件。因此，在装配式混凝土楼盖设计中，应处理好各构件之间的连接构造。

1. 位于非抗震设防区的连接构造

(1)板与板的连接：板的实际宽度比板宽标志尺寸小 10 mm，铺板后板与板之间下部应留有 10～20 mm 的空隙，上部板缝稍大，一般采用不低于 C15 的细石混凝土或不低于 M15 的水泥砂浆灌缝，如图 6-37(a)所示。

(2)板与支承墙或支承梁的连接：一般采用支承处坐浆和一定的支承长度来保证。坐浆厚度 10～20 mm；当板支承在砖墙上时，支承长度不小于 100 mm，如图 6-37(b)、(c)所示；在混凝土梁上时，支承长度不小于 80 mm，在钢梁上时，支承长度不小于 60 mm，如图 6-37(d)所示。空心板两端的孔洞应用混凝土土块堵实，避免在灌缝或浇筑混凝土面层时漏浆。

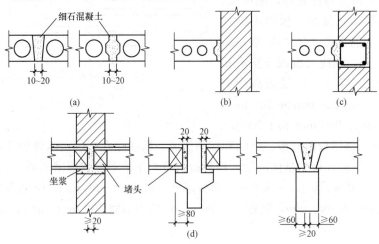

图 6-37　板与板及板与墙、梁的连接

(3)板与非支承墙的连接：一般采用细石混凝土灌缝。当板长大于或等于 4.8 m 时，应配置锚拉钢筋或将圈梁设置于楼层平面外，如图 6-38 所示。

(4)梁与墙的连接：梁在砌体墙上的支承长度，应考虑梁内受力纵筋在支承处的锚固要求，并满足支承下砌体局部受压承载力要求。当砌体局部受压承载力不足时，应按计算设置梁垫。预制梁的支座处应坐浆，必要时应在梁端设拉结钢筋。

2. 位于抗震设防区的连接构造

抗震设防区的多层砌体结构，当采用装配式楼盖时，在结构布置上应尽量采用横墙承重方案或纵横墙承重方案，其屋盖应符合下列要求：

(1)现浇钢筋混凝土楼板或屋面板伸进纵、横墙内的长度，均不应小于 120 mm。

(2)装配式钢筋混凝土楼板或屋面板，当圈梁未设在板的同一标高时，板端伸进外墙的长度不应小于 120 mm，伸进内墙的长度不应小于 100 mm，在梁上不应小于 80 mm。

(3)当板的跨度大于或等于 4.8 m 并与外墙平行时，靠外墙的预制板侧边应与墙或圈梁拉结，板缝用细石混凝土填实，如图 6-38 所示。

(4)房屋端部大房间的楼盖，8 度区房屋的楼盖和 9 度区房屋的楼、屋盖，当圈梁设在

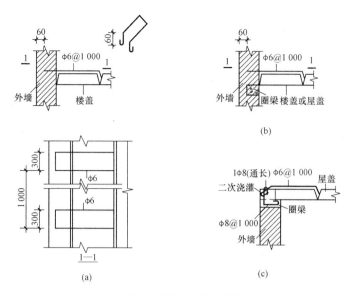

图 6-38　板底为圈梁时预制板侧边连接

板底时，钢筋混凝土预制板应相互拉结，并应与梁、墙或圈梁拉结，如图 6-39 所示。

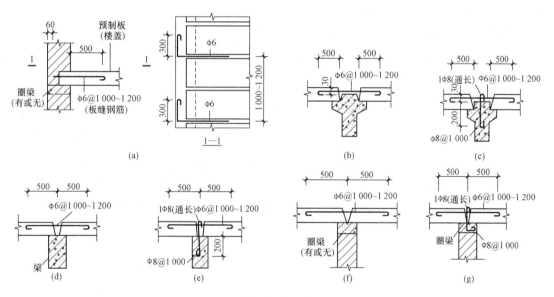

图 6-39　板底有圈梁时板端头连接

注：图中(b)、(d)、(f)用于 7、8 度区；(c)、(e)、(g)用于 9 度区

（5）梁与圈梁、梁与砌体的锚拉，如图 6-40 所示。图中括号内钢筋用于 9 度区。

3. 板间较大空隙的处理

垂直于板跨方向的板缝有时较大，此时可采用下列方法处理：

（1）扩大板缝，将板缝均匀增大，但最大不超过 30 mm。

（2）采用不同宽的板搭配。

（3）结合立管的设置，做现浇板带。

（4）当所余空隙小于半砖时，可由墙面挑砖补缝。

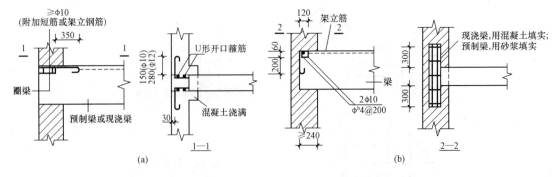

图 6-40　梁的锚拉
(a)梁与圈梁锚拉；(b)梁与砌体锚拉

任务 6.4　钢筋混凝土楼梯设计

建筑中楼梯作为垂直交通设施，要求坚固耐久、安全、防火、有足够的通行宽度和疏散能力、美观等，混凝土楼梯在建筑中被广泛应用。

根据施工方式的不同，混凝土楼梯可分为现浇整体式楼梯和装配式楼梯；根据受力状态的不同，楼梯可分为板式、梁式、螺旋式、剪刀式等，如图 6-41 所示。板式楼梯和梁式楼梯可简化为平面受力体系求解，而螺旋式楼梯和剪刀式楼梯需按空间受力体系求解。

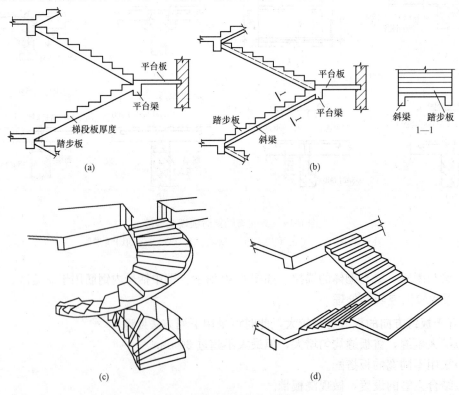

图 6-41　各种楼梯示意图
(a)板式楼梯；(b)梁式楼梯；(c)螺旋式楼梯；(d)剪刀式楼梯

当楼梯梯段的水平投影跨度在 3 m 以内，荷载和层高较小时，常用板式楼梯，其下表面平整，支模施工方便，外观较轻巧；当楼梯梯段的水平投影跨度大于 3 m，荷载和层高较大时，采用梁式楼梯较为经济，但支模及施工较复杂，外观比较笨重。

6.4.1　现浇板式楼梯的计算与构造

板式楼梯由梯段板、平台梁和平台板三部分组成，如图 6-41(a)所示。梯段板是一块有踏步的由平台梁支撑的斜放的现浇板，简支于平台梁，平台梁间距为梯段板跨度；平台梁则简支于楼梯间的横墙或柱上，可简化为简支梁计算；平台板为四边支承的单区格板。

1. 梯段板的设计

梯段板为斜向搁置在平台梁上的受弯构件，计算时取 1 m 宽板带为计算单元，将梯段板与平台梁的连接简化为简支，由于梯段板为斜向搁置的受弯构件，梯段板的竖向荷载除引起弯矩和剪力外，还将产生轴向力，但其影响很小，设计时可不考虑。

梯段板的计算跨度按斜板的水平投影长度取值，荷载也同时化作梯段板水平投影长度上的均布荷载，如图 6-42 所示。

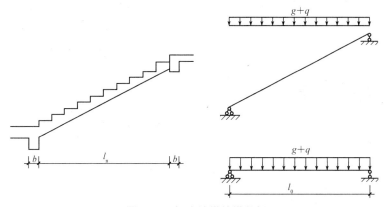

图 6-42　板式楼梯的梯段板

由力学知识可知，简支斜板在沿水平投影长度的竖向均布荷载作用下，跨中最大弯矩与相应的简支水平板的最大弯矩相等。梯段板跨中最大弯矩为

$$M_{\max}=\frac{1}{8}(g+q)l_0^2 \tag{6-23}$$

式中　$M_{\max}$——梯段板跨中最大弯矩；

g，q——沿水平投影方向的恒荷载和活荷载设计值；

l_0——梯段板的计算跨度。

考虑到梯段板两端实际上与平台梁整体连接，平台梁对梯段板的部分嵌固作用使梯段板的跨中弯矩减小，故跨中正截面的设计弯矩实际取值为

$$M_{\max}=\frac{1}{10}(g+q)l_0^2 \tag{6-24}$$

斜板的厚度一般取 $l/30\sim l/25$，常用厚度为 100～200 mm。为避免斜板在支座处产生裂缝，应在板上面配置一定数量的钢筋，一般取为 φ8@200，离支座边缘距离为 $l_0/4$。斜板内分布钢筋可采用 φ6 或 φ8，放置在受力钢筋的内侧，每级踏步不少于一根。

2. 平台板的设计

平台板一般设计成单向板，可取 1 m 宽板带进行计算。

当平台板两边都与梁整浇时，考虑梁对板的约束，板跨中弯矩可按下式计算：

$$M_{max} = \frac{1}{10}(g+q)l_0^2 \qquad (6\text{-}25)$$

式中　　M_{max}——平台板跨中最大弯矩；

　　　　g，q——平台板上的恒荷载和活荷载设计值；

　　　　l_0——平台板的计算跨度。

当平台板一端与平台梁整体浇筑，另一端简支在砖墙上时，板跨中弯矩可按下式计算：

$$M_{max} = \frac{1}{8}(g+q)l_0^2 \qquad (6\text{-}26)$$

考虑到板支座的转动会受到一定约束，一般应将板下部钢筋在支座附近弯起一半，或在板面支座处另配短钢筋，伸出支承边缘长度为 $l_0/4$，如图 6-43 所示。

3. 平台梁

平台梁承受平台板和斜板传来的均布荷载，如图 6-44 所示，其计算和构造与一般受弯构件相同，内力计算时可不考虑斜板之间的间隙，即荷载按全跨满布考虑，按简支梁计算。

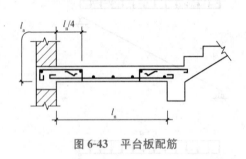

图 6-43　平台板配筋

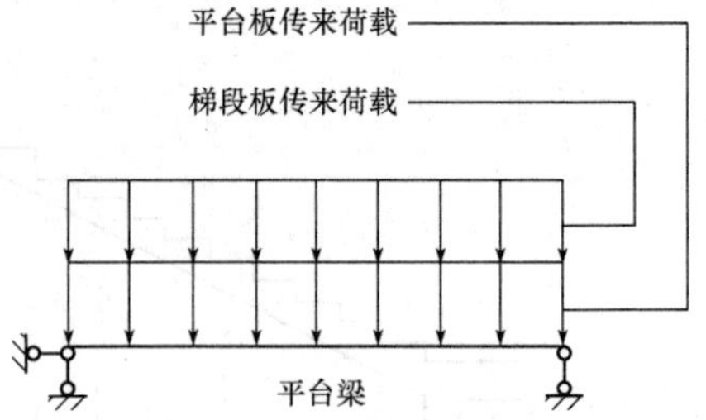

图 6-44　平台梁的计算简图

4. 现浇板式楼梯的构造要求

(1)梯段斜板配筋构造要求如图 6-45 所示。

(2)当楼梯下净高不够时，可将楼层梁向内移动(图 6-46)，这样板式楼梯的梯段就成为折线形。设计中应注意以下两个问题：

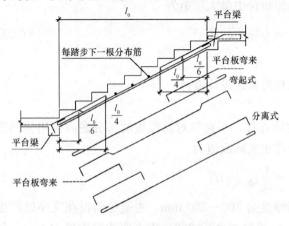

图 6-45　板式楼梯梯段斜板配筋

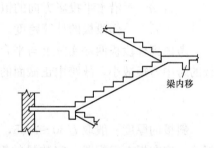

图 6-46　楼层梁内移

1）梯段中的水平段，其板厚应与梯段相同，不能处理成和平台板同厚。

2）折角处的下部受拉纵筋不允许沿板底弯折，以免产生向外的合力将该处的混凝土崩脱，应将此处纵筋断开，各自延伸至上面再进行锚固。若板的弯折位置靠近楼层梁，板内可能出现负弯矩，则板上面还应配置承担负弯矩的短钢筋，如图 6-47 所示。

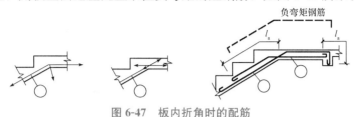

图 6-47　板内折角时的配筋

6.4.2　现浇梁式楼梯的计算与构造

梁式楼梯的结构组成为踏步板、斜梁、平台板和平台梁，如图 6-41(b)所示。梁式楼梯由梯段斜梁承受梯段上全部荷载，斜梁由上下两端的平台梁支承，平台梁的间距为斜梁的跨度。

梁式楼梯的结构可简化为踏步板简支于斜梁，斜梁简支于平台梁，平台梁支承于横墙或柱上。传力路径是：均布荷载→踏步板→斜梁→平台梁→墙或柱。现浇梁式楼梯的设计主要包括踏步板、梯段斜梁、平台板和平台梁设计四部分。

1. 踏步板的设计

踏步板按两端简支在斜梁上的单向板考虑，计算时一般取一个踏步作为计算单元，踏步板为梯形截面，板的计算高度可近似取平均高度 $h=(h_1+h_2)/2$，按矩形截面简支梁计算。

板厚一般为 30～40 mm，每一踏步一般需配置不少于 $2\phi6$ 的受力钢筋，沿斜向布置间距不大于 300 mm 的 $\phi6$ 分布钢筋。梁式楼梯踏步板的配筋如图 6-48 所示。

2. 斜梁的设计

斜梁两端支承在平台梁上，斜梁的内力计算与板式楼梯的斜板计算相同。斜梁的计算中不考虑平台梁的约束作用，按简支计算。踏步板可能位于斜梁截面高度的

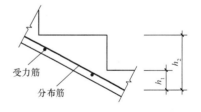

图 6-48　梁式楼梯踏步板配筋

上部，也可能位于下部。位于上部时，斜梁实为倒 L 形截面，位于下部时，为 L 形截面，计算时可近似取为矩形截面。斜梁的截面高度一般取 $h \geqslant l_0/20$。斜梁跨中最大弯矩可按下式计算：

$$M_{\max}=\frac{1}{8}(g+q)l_0{}^2 \tag{6-27}$$

式中　$M_{\max}$——斜梁跨中最大弯矩；

　　　g, q——斜梁上沿水平投影方向的恒荷载和活荷载设计值；

　　　l_0——斜梁的计算跨度。

斜梁的配筋计算与一般梁相同，受力主筋应沿斜梁长向配置，斜梁的纵向受力钢筋在

平台梁中应有足够的锚固长度，如图6-49所示。

3. 平台板与平台梁的计算

梁式楼梯平台板的计算及构造与板式楼梯相同。

平台梁支承在楼梯间两侧的横墙上，按简支梁计算，承受斜梁传来的集中荷载和平台板传来的均布荷载。计算简图如图6-50所示。

4. 现浇梁式楼梯的构造要求

（1）斜梁的配筋构造如图6-50所示。

（2）若遇折线形斜梁，梁内折角处的受

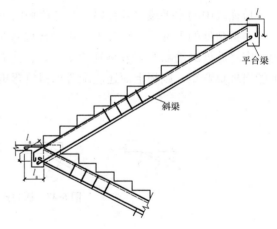

图6-49　梁式楼梯斜梁配筋图

拉纵向钢筋应分开配置，并各自延伸以满足锚固要求，同时还应在该处增设箍筋。该箍筋应足以承受未伸入受压区域的纵向受拉钢筋的合力，且在任何情况下不应小于全部纵向受拉钢筋合力的35％。由箍筋承受的纵向受拉钢筋的合力，可按下式计算，如图6-51所示。

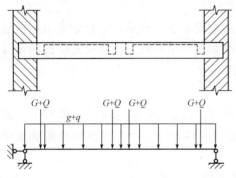

图6-50　平台梁的计算简图

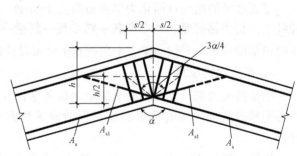

图6-51　折线形斜梁内折角处的钢筋

未伸入受压区域的纵向受拉钢筋的合力为

$$N_{s1} = 2f_y A_{s1} \cos\frac{\alpha}{2} \tag{6-28}$$

全部纵向受拉钢筋合力的35％为

$$N_{s2} = 0.7f_y A_s \cos\frac{\alpha}{2} \tag{6-29}$$

式中　A_s——全部纵向受拉钢筋的截面面积；

　　　A_{s1}——未伸入受压区域的纵向受拉钢筋的截面面积；

　　　α——构件的内折角。

按上述条件求得的箍筋，应设置在长度为 $s = h\tan\frac{3}{8}\alpha$ 的范围内。

【例6-2】　某办公楼的现浇板式楼梯，其平面布置如图6-52所示，层高3.3 m，踏步尺寸150 mm×300 mm。楼梯段和平台板构造做法：30 mm水磨石面层、20 mm厚混合砂浆板底抹灰；楼梯上的均布荷载标准值 $q_k = 2.50$ kN/m^2。混凝土强度等级采用C30，板、梁的纵向受力钢筋采用HRB335级，环境等级为一类。试设计该楼梯。

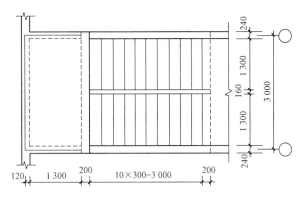

图 6-52　楼梯结构平面布置图

【解】　(1)楼梯斜板设计。

斜板厚 $h=\dfrac{l_0}{28}=\dfrac{3\,000}{28}=107.14(\text{mm})$，取 $h=110$ mm。

1)荷载计算(取 1 m 宽板带计算)。

30 mm 水磨石面层	$(0.3+0.15)\times0.65/0.3=0.975(\text{kN/m})$
150 mm×300 mm 混凝土踏步	$0.3\times0.15/2\times25/0.3=1.875(\text{kN/m})$
110 mm 混凝土斜板	$0.11\times25\times3.424/3.0=3.139(\text{kN/m})$
20 mm 板底抹灰	$0.02\times17\times3.424/3.0=0.388(\text{kN/m})$

永久荷载的标准值	$g_k=6.38$ kN/m
可变荷载的标准值	$q_k=2.50$ kN/m

2)荷载组合:

可变荷载控制	$p=1.2\times6.38+1.4\times2.5=11.16(\text{kN/m})$
永久荷载控制	$p=1.35\times6.38+1.4\times0.7\times2.5=11.06(\text{kN/m})$
取	$p=11.16$ kN/m

(2)截面设计。

1)配筋计算。

$l_0=3.0$ m，$h_0=110-20=90(\text{mm})$

$$M=\frac{1}{10}pl_0^2=\frac{1}{10}\times11.16\times3^2=10.044(\text{kN}\cdot\text{m})$$

$$\alpha_s=\frac{M}{\alpha_1 f_c bh_0^2}=\frac{10.044\times10^6}{1.0\times14.3\times1\,000\times90^2}=0.087$$

$$\xi=1-\sqrt{1-2\alpha_s}=1-\sqrt{1-2\times0.087}=0.09<\xi_b=0.55$$

$$A_s=\xi bh_0\frac{\alpha_1 f_c}{f_y}=0.09\times1\,000\times90\times\frac{1\times14.3}{300}=386.1(\text{mm}^2)$$

选配 $\Phi8@100$，$A_s=503$ mm²。

2)验算适用条件

$45f_t/f_y(\%)=45\times1.43/300=0.21\%>\rho_{\min}=0.2\%$，取 $\rho_{\min}=0.21\%$。

$A_{s\min}=\rho_{\min}bh=0.21\%\times1000\times110=231(\text{mm}^2)<A_s=503$ mm²，满足要求。

每个踏步布置一根 $\Phi8$ 的分布筋，斜板配筋如图 6-53 所示。

（3）平台板设计。

平台板厚 h 取为 60 mm，取 1 m 宽的板带计算。

1）荷载计算。

30 mm 水磨石面层	$0.65 \times 1 = 0.65 (kN/m)$
60 mm 混凝土板	$0.06 \times 25 \times 1 = 1.50 (kN/m)$
20 mm 板底抹灰	$0.02 \times 17 \times 1 = 0.34 (kN/m)$

永久荷载的标准值	$g_k = 2.49 \ kN/m$
可变荷载的标准值	$q_k = 2.50 \ kN/m$
荷载设计值	$p = 1.2 \times 2.49 + 1.4 \times 2.50 = 6.49 (kN/m)$

2）截面设计。

①配筋计算。

$l = l_0 + h/2 = 1.3 + 0.06/2 = 1.33 (m)$，$h_0 = 60 - 20 = 40 (mm)$

$M = \dfrac{1}{8} p l^2 = \dfrac{1}{8} \times 6.49 \times 1.33^2 = 1.435 (kN \cdot m)$

$\alpha_s = \dfrac{M}{\alpha_1 f_c b h_0^2} = \dfrac{1.435 \times 10^6}{1.0 \times 14.3 \times 1\,000 \times 40^2} = 0.063 < \alpha_{smax} = 0.398\,8$

$\gamma_s = \dfrac{1 + \sqrt{1 - 2\alpha_s}}{2} = \dfrac{1 + \sqrt{1 - 2 \times 0.063}}{2} = 0.967$

$A_s = \dfrac{M}{\gamma_s f_y h_0} = \dfrac{1.435 \times 10^6}{0.967 \times 300 \times 40} = 123.66 (mm^2)$

选配 $\Phi 8@200$，$A_s = 251 \ mm^2$。

②验算适用条件。

$45 f_t / f_y (\%) = 45 \times 1.43/300 = 0.21\% > \rho_{min} = 0.2\%$，取 $\rho_{min} = 0.21\%$。

$A_{smin} = \rho_{min} b h = 0.21\% \times 1000 \times 60 = 126 \ mm^2 < A_s = 251 \ mm^2$，满足要求。

分布筋选用 $\Phi 6@200$，平台板配筋图如图 6-53 所示。

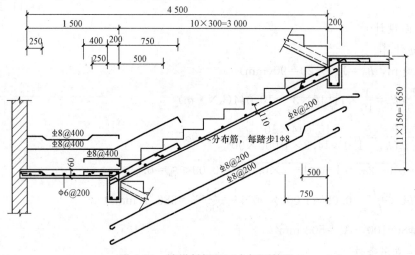

图 6-53　楼梯斜板及平台板配筋图

（4）平台梁的设计。

平台梁的计算跨度：

$l = l_0 + a = (3.0 - 0.24) + 0.24 = 3.0(\text{m}) > l = 1.05 l_0 = 1.05 \times 2.76 = 2.90(\text{m})$，取 $l =$ 2.90 m。平台梁的截面尺寸：$h = \dfrac{l}{12} = \dfrac{2\,900}{12} = 242(\text{mm})$，取 $b \times h = 200\ \text{mm} \times 350\ \text{mm}$。

1）荷载计算。

110 mm 厚斜板传来	$6.38 \times 3.0/2 = 9.57(\text{kN/m})$
60 mm 厚平台板传来	$2.49 \times (1.3/2 + 0.2) = 2.12(\text{kN/m})$
200 mm×350 mm 梁自重	$0.2 \times (0.35 - 0.06) \times 25 = 1.45(\text{kN/m})$
20 mm 厚梁侧抹灰	$0.02 \times (0.35 - 0.06) \times 2 \times 17 = 0.20(\text{kN/m})$

永久荷载标准值	$g_k = 13.34\ \text{kN/m}$
可变荷载的标准值	$q_k = 2.5 \times (3.0/2 + 1.3/2 + 0.2) = 5.88\ (\text{kN/m})$
可变荷载控制	$p = 1.2 \times 13.34 + 1.4 \times 5.88 = 24.24\ (\text{kN/m})$
永久荷载控制	$p = 1.35 \times 13.34 + 1.4 \times 0.7 \times 5.88 = 23.77(\text{kN/m})$
取	$p = 24.24\ \text{kN/m}$

2）截面设计。

① 内力计算。

弯矩设计值 $\qquad M = \dfrac{1}{8} p l^2 = \dfrac{1}{8} \times 24.24 \times 2.9^2 = 25.48\ (\text{kN} \cdot \text{m})$

剪力设计值 $\qquad V = \dfrac{1}{2} p l_0 = \dfrac{1}{2} \times 24.24 \times 2.76 = 33.45\ (\text{kN})$

② 正截面承载力计算。

平台梁配筋计算：截面按倒 L 形计算，受压翼缘的计算跨度。

按计算跨度 l 考虑 $\qquad b'_f = l/6 = 2\,900/6 = 483\ (\text{mm})$

按梁（肋）净距 s_n 考虑 $\qquad b'_f = b + s_n/2 = 200 + 1\,300/2 = 850\ (\text{mm})$

按翼缘高度 h'_f 考虑 $\qquad b'_f = b + 5h'_f = 200 + 5 \times 60 = 500\ (\text{mm})$

故取 $b'_f = 483\ \text{mm}$，$h_0 = 350 - 35 = 315\ (\text{mm})$。

因 $\alpha_1 f_c b'_f h'_f (h_0 - h'_f/2) = 1.0 \times 14.3 \times 483 \times 60 \times (315 - 60/2) = 118.11 \times 10^6 (\text{N} \cdot \text{mm})$
$$= 118.11\ \text{kN} \cdot \text{m} > M = 25.48\ \text{kN} \cdot \text{m}$$

故属于第一类 T 形截面。

$$\alpha_s = \frac{M}{\alpha_1 f_c b h_0^2} = \frac{25.48 \times 10^6}{1.0 \times 14.3 \times 483 \times 315^2} = 0.037$$

$$\xi = 1 - \sqrt{1 - 2\alpha_s} = 1 - \sqrt{1 - 2 \times 0.037} = 0.038 < \xi_b = 0.55$$

$$A_s = \xi b h_0 \frac{\alpha_1 f_c}{f_y} = 0.038 \times 483 \times 315 \times \frac{1 \times 14.3}{300} = 276\ (\text{mm}^2)$$

选配 2Φ14，$A_s = 308\ \text{mm}^2$。

③ 验算适用条件。

$45 f_t/f_y(\%) = 45 \times 1.43/300 = 0.21\% > \rho_{min} = 0.2\%$，取 $\rho_{min} = 0.21\%$。

$A_{smin} = \rho_{min} b h = 0.21\% \times 200 \times 350 = 147(\text{mm}^2) < A_s = 308\ \text{mm}^2$，满足要求。

④ 斜截面承载力计算。

a. 验算截面尺寸是否符合要求。

$0.25 \beta_c f_c b h_0 = 0.25 \times 1 \times 14.3 \times 200 \times 315 = 225.23 \times 10^3\ (\text{N}) = 225.23\ \text{kN} > V = $ 33.45 kN

截面尺寸满足要求。

b. 判别是否需要按计算配置箍筋。

$0.7f_t bh_0 = 0.7 \times 1.43 \times 200 \times 315 = 63.06 \times 10^3 (N) = 63.06 \text{ kN} > V = 33.45 \text{ kN}$

需要按构造配置箍筋，箍筋选用双肢箍 Φ6@200。

c. 验算适用条件。

$$\rho_{sv} = \frac{nA_{sv1}}{bs} = \frac{2 \times 28.3}{200 \times 200} = 0.142\% > \rho_{svmin} = 0.24\frac{f_t}{f_{yv}} = 0.24 \times \frac{1.43}{300} = 0.114\%$$

且选择箍筋间距和直径均满足构造要求。

平台梁的配筋图如图 6-54 所示。

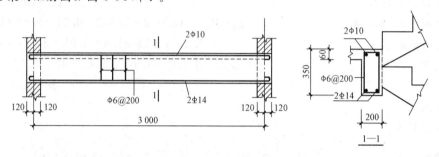

图 6-54 平台梁配筋图

任务 6.5 钢筋混凝土雨篷设计

雨篷是建筑物入口处遮挡雨雪的构件，由雨篷板和雨篷梁组成，雨篷梁是雨篷板的支承。雨篷可能发生以下三种破坏情况：

(1)雨篷板的支承截面发生正截面受弯破坏。

(2)雨篷梁受弯、剪、扭作用破坏。

(3)雨篷发生整体倾覆。

1. 雨篷板的设计

雨篷板上的荷载有恒载(包括自重、粉刷等)、雪荷载、均布活荷载，以及施工和检修集中荷载。以上荷载中，雨篷均布活荷载与雪荷载不同时考虑，取两者中较大值进行设计；施工或检修集中荷载按作用于板悬臂端考虑。每一集中荷载值为 1.0 kN，进行承载能力计算时，沿板宽每隔 1 m 考虑一个集中荷载；进行雨篷抗倾覆验算时，沿板宽每隔 2.5～3.0 m 考虑一个。施工集中荷载和雨篷的均布活荷载不同时考虑。

雨篷板通常取 1 m 宽进行内力分析，当为板式结构时，其受力特点和一般悬臂板相同，应按恒荷载 g 与均布活荷载 q 组合和恒荷载 g 与集中荷载 P 组合分别计算内力，取其中较大值进行正截面受弯承载力计算，计算截面为雨篷板根部。

2. 雨篷梁的设计

雨篷梁所承受的荷载有自重，梁上砌体重，可能计入的楼盖传来的荷载，以及雨篷板传来的荷载。梁上砌体重量和楼盖传来的荷载应按过梁荷载的规定计算。

现以雨篷板上作用均布荷载为例，来讲述雨篷梁的扭矩问题。

如图 6-55 所示，由于雨篷板荷载的作用面不在雨篷梁的竖向对称平面内，故这些荷载对梁产生扭矩。当雨篷板上作用有均布荷载 q 时，板传给梁轴线沿单位板宽方向的扭矩 m_p 为：

$$m_p = ql\left(\frac{l+b}{2}\right) \tag{6-30}$$

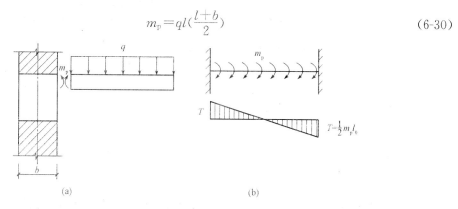

图 6-55 雨篷梁上的扭矩

(a)雨篷板传来的 V 和 m_p；(b)雨篷梁上的扭矩分布

m_p 在梁支座处产生的最大扭矩为

$$T = m_p l_0 / 2 \tag{6-31}$$

式中　l_0——雨篷梁的计算跨度，可近似取为 $l_0 = 1.05 l_n$（l_n 为梁的净跨）；

　　　l——雨篷板的悬挑长度；

　　　b——雨篷梁的宽度。

雨篷梁在自重、梁上砌体重等荷载作用下产生弯矩和剪力；在雨篷板荷载作用下不仅产生扭矩，而且还产生了弯矩和剪力。因此，雨篷梁是受弯、剪、扭的复合受力构件，应按弯、剪、扭构件计算所需纵向钢筋和箍筋的截面面积，并满足构造要求。

3. 雨篷的抗倾覆验算

雨篷板上的荷载使整个雨篷绕雨篷梁底的倾覆点 O 转动而倾倒（图 6-56），但是梁的自重、梁上砌体重等却有阻止雨篷倾覆的稳定作用。《砌体结构设计规范》(GB 50003—2011)，取雨篷的倾覆点位于墙的外边缘。进行抗倾覆验算要求满足

$$M_r \geqslant M_{ov} \tag{6-32}$$
$$M_r \geqslant 0.8 G_r (l_2 - x_0) \tag{6-33}$$
$$l_2 = l_1 / 2$$

式中　M_{ov}——雨篷板的荷载设计值对计算倾覆点产生的倾覆力矩；

　　　M_r——雨篷的抗倾覆力矩设计值；

　　　G_r——雨篷的抗倾覆荷载［为雨篷梁尾端上部 45°扩散角范围内（其水平长度为 $l_3 = l_n/2$）的砌体与楼面恒荷载标准值之和］；

　　　l_2——G_r 作用点至墙外边缘的距离；

　　　l_1——雨篷梁埋入砌体中的长度；

　　　x_0——计算倾覆点至墙外边缘的距离，$x_0 = 0.13 l_1$。

当式(6-33)不能满足时，可适当增加雨篷梁两端埋入砌体的支承长度，以增大抗倾覆的能力，或者采用其他拉结措施。

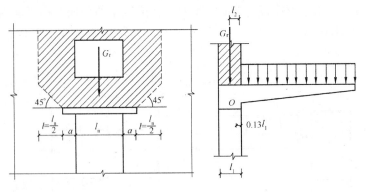

图 6-56 雨篷的抗倾覆荷载

4. 雨篷板、梁的构造要求

一般雨篷板的挑出长度为 0.6～1.2 m 或更大，视建筑要求而定。现浇雨篷板多数做成变厚度的，一般取根部板厚为 1/10 挑出长度，当悬臂长度不大于 500 mm 时，板厚不小于 60 mm；当悬臂长度大于 1 000 mm 时，板厚不小于 100 mm；当悬臂长度不大于 1 500 mm 时，板厚不小于 150 mm；端部板厚不小于 60 mm。雨篷板周围往往设置凸沿以便能有组织地排泄雨水。

雨篷板受力按悬臂板计算，最小不得少于 $\phi6@200$，受力钢筋必须伸入雨篷梁，并与梁中箍筋连接。此外，分布钢筋一般不少于 $\phi6@300$。

雨篷梁的宽度一般取与墙厚相同，梁的高度应按承载能力要求确定。梁两端伸进砌体的长度应考虑雨篷抗倾覆的因素确定。一般当梁的净跨长 $l_n < 1.5$ m 时，梁一端埋入砌体的长度 a 宜取 $a \geq 300$ mm，当 $l_n > 1.5$ m 时，宜取 $a \geq 500$ mm。

本章小结

1. 当四边有支撑时，板依据长短边比分为双向板和单向板。双向板在荷载作用下双向弯曲、双向受力，在两个方向均需配置受力钢筋；单向板以短向弯曲为主，另一个方向弯矩可忽略，受力筋沿板短向布置在外侧，分布筋取决于构造要求设在内侧。

2. 对单向板肋梁楼盖，主梁按弹性理论计算内力，板和次梁按塑性理论计算内力。连续梁、板各跨计算跨度相差不超过 10% 时，可按等跨计算。五跨以上可按五跨计算。对多跨连续梁、板，要考虑活荷载的最不利布置，五跨以内的连续梁、板，在各种常用荷载作用下的内力，可从规定表格中查出内力系数进行计算。连续梁、板的配筋方式有弯起式和分离式。板和次梁中钢筋的弯起和截断按构造规定确定。主梁纵向钢筋的弯曲和截断，根据弯矩包络图和抵抗弯矩图确定。次梁与主梁的相交处，应设置附加箍筋或附加吊筋。

3. 现浇楼梯主要有板式和梁式楼梯，跨度小于 3 m 时常用板式楼梯，大于 3 m 时常用梁式楼梯。板式楼梯由梯段板、平台板和平台梁组成，梁式楼梯由踏步板、斜梁、平台板和平台梁组成。

4. 雨篷一般为悬挑构件，设计时除应计算承载力外，还需要进行抗倾覆验算。

思考与练习

1. 现浇钢筋混凝土楼盖有几种类型？各有什么特点？

2. 在现浇单向板肋梁楼盖和双向板肋梁楼盖中，荷载分别是怎么传递的？

3. 单向板和双向板是怎么划分的？其受力有何不同？

4. 板、主梁和次梁中的配筋，哪些是受力筋？哪些是构造筋？各起什么作用？

5. 什么是塑性铰？它与理想铰有何不同？

6. 确定弯矩调幅系数时应考虑哪些原则？

7. 板式楼梯和梁式楼梯有何区别？各适用于何种情况？板式楼梯如何设计计算？

8. 雨篷板和雨篷梁分别如何进行结构设计？

9. 两跨连续梁如图 6-57 所示，梁上的集中恒荷载 $G=20$ kN，集中可变荷载 $Q=65$ kN，试按弹性理论计算并画出该梁的弯矩包络图和剪力包络图。

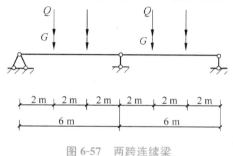

图 6-57　两跨连续梁

10. 某砖混结构楼盖平面如图 6-58 所示，楼面构造做法为：30 mm 厚水泥砂浆，面层 20 mm 厚混合砂浆天棚抹灰；楼面可变荷载标准值为 6 kN/m²；混凝土强度等级为 C25，主梁和次梁受力钢筋采用 HRB335 级，其余均采用 HRB300 钢筋。试设计该楼盖。

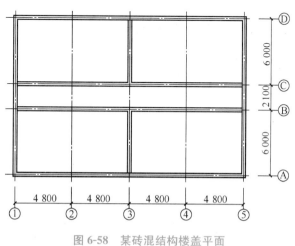

图 6-58　某砖混结构楼盖平面

项目 7　钢筋混凝土多层框架结构房屋设计

✦ **学习目标**

　　通过对钢筋混凝土多层框架结构房屋设计的学习，能充分认识钢筋混凝土多高层建筑的结构体系；掌握框架结构的布置；掌握竖向荷载作用下的分层法和水平荷载作用下的反弯点法以及改进的反弯点法——D 值法的内力计算；了解框架节点构造分析。

　　城市中的高层建筑是反映整个城市经济繁荣和社会进步的重要标志。多少层的建筑或多少高度的建筑为高层建筑，不同国家有不同的规定。《高层建筑混凝土结构技术规程》(JGJ 3—2010)规定：10 层及 10 层以上或房屋高度超过 28 m 的住宅建筑和房屋高度大于 24 m 的其他高层民用建筑称为高层建筑。9 层及 9 层以下或房屋高度不超过 28 m 的住宅建筑和房屋高度不超过 24 m 的其他民用建筑即为多层建筑。本项目主要论述多层建筑中采用较多的钢筋混凝土框架结构体系。对高层建筑以及钢筋混凝土结构的其他体系仅做简单介绍。

任务 7.1　结构体系认识

　　钢筋混凝土多层及高层房屋有框架结构、框架-剪力墙结构、剪力墙结构和筒体结构四种主要的结构体系，如图 7-1 所示。

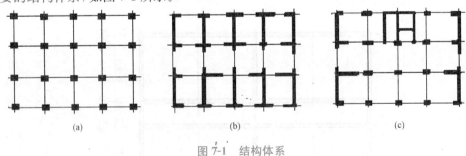

(a)　　　　　　　　　　(b)　　　　　　　　　　(c)

图 7-1　结构体系

(a)框架结构；(b)剪力墙结构；(c)框架-剪力墙结构

7.1.1　框架结构

　　框架结构房屋[图 7-1(a)]是由梁、柱组成的框架承重体系，内、外墙仅起围护和分隔的作用。框架结构按施工方法可分为全现浇式框架、半现浇式框架、装配式框架和装配整体式框架四种形式，如图 7-2 所示。全现浇式框架即梁、柱、楼盖均为现浇钢筋混凝土；

半现浇式框架是指梁、柱为现浇，楼板为预制，或柱为现浇，梁板为预制的结构；装配式框架是指梁、柱、楼板均为预制，然后通过焊接拼装连接成整体的框架结构；所谓装配整体式框架，是将预制梁、柱和板现场安装就位后，在梁的上部及梁、柱节点处再后浇混凝土使之形成整体，故它兼有现浇式和装配式框架两者的优点；缺点是增加了现场浇筑混凝土量，且装配整体式框架的梁是二次受力的叠合构件——叠合梁，计算较复杂。

框架结构的优点是能够提供较大的室内空间，平面布置灵活，因而适用于各种多层工业厂房和仓库。在民用建筑中，框架结构适用于多层和高层办公楼、旅馆、医院、学校、商场及住宅等内部有较大空间要求的房屋。框架结构的缺点是侧向刚度较小，在水平荷载作用下侧移大，易引起非结构构件损坏，属于柔性体系。因此，设计时应控制房屋的高度和高宽比。

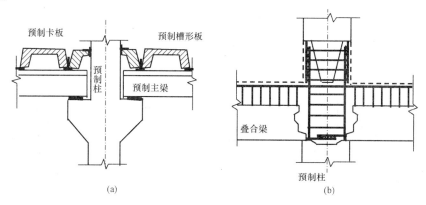

图 7-2　框架结构

(a)装配式混凝土框架；(b)装配整体式混凝土框架

7.1.2　剪力墙结构

当房屋层数更多时，水平荷载的影响进一步加大，这时可将房屋的内、外墙做成剪力墙，形成剪力墙结构[图 7-1(b)]。剪力墙一般采用现浇钢筋混凝土墙，它既承担竖向荷载，又承担水平荷载——剪力，"剪力墙"由此得名。因剪力墙是一整片高大实体墙，侧面又有刚性楼盖支撑，故有很大的刚度，属于刚性结构。在水平荷载作用下侧向变形较小，加之抗震性能好，是高层建筑中常见的一种结构形式。但由于受实体墙的限制，剪力墙结构平面布置不灵活，故适用于住宅、公寓、旅馆等小开间的民用建筑，在工业建筑中很少采用。

7.1.3　框架-剪力墙结构

为了弥补框架结构随房屋层数增加，水平荷载迅速增大而抗侧移刚度不足的缺点，可在框架结构中增设钢筋混凝土剪力墙形成框架-剪力墙结构[图 7-1(c)]。框架-剪力墙结构的侧向刚度比框架结构大，大部分水平力由剪力墙承担，而竖向荷载主要由框架承受，因而用于高层房屋比框架结构更为经济合理。同时，由于它只在部分位置上有剪力墙，保持了框架结构易于分割空间、立面易于变化等优点。另外，这种体系的抗震性能也较好。所以，框架-剪力墙体系多用于工业与民用建筑(如办公楼、旅馆、公寓、住宅及工业厂房)中。

7.1.4 筒体结构

筒体结构是将剪力墙集中到房屋的内部和外围形成空间封闭筒体，使整个结构体系既具有极大的抗侧移刚度，又能因剪力墙的集中而获得较大的空间，使建筑平面获得良好的灵活性。由于抗侧移刚度较大，适用于更高的高层房屋。根据开孔的多少，筒体有空腹筒和实腹筒之分。实腹筒一般由电梯井、楼梯间、管道井等组成，开孔少，因其常位于房屋中部，又称核心筒。空腹筒又称框筒，由布置在房屋四周的密排立柱和截面高度很大的横梁组成。筒体体系可以布置成单筒体结构(包括框架核心筒和框架外框筒)、筒中筒结构和成束筒结构(图 7-3)。

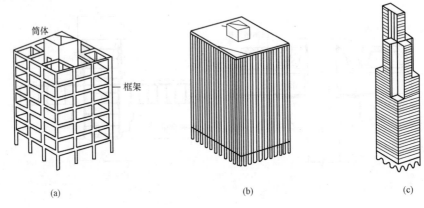

图 7-3 筒体结构
(a)框架内筒结构；(b)筒中筒结构；(c)束筒结构

除上述四种常用结构体系外，还有悬挂结构、巨型框架结构、巨型桁架结构、悬挑结构等新的竖向承重结构体系，但目前应用较少。

任务 7.2 框架结构内力分析

结构设计流程遵循以下步骤：结构布置→荷载计算→结构分析→内力组合→构件配筋。下面就框架结构的设计做简单介绍。

7.2.1 框架结构的布置

7.2.1.1 结构布置原则

结构布置的任务是设计和选择建筑物的平面、剖面、立面、基础以及变形缝。结构布置应满足建筑使用要求，便于施工；增强结构的整体刚度，减少侧移；满足地震区的抗震要求；合理布置和处理沉降缝、伸缩缝、防震缝。结构布置基本原则为传力简捷、受力明确、安全可靠。

(1)平、立面宜简单，平面尽量均匀对称，以使形心与质心重合，减小地震的扭转作用。

（2）竖向质量和刚度尽量均匀，以避免刚度突变而产生应力集中。

（3）控制结构单元长度以减小温度应力，否则应设置伸缩缝。

（4）在地基可能产生不均匀沉降的部位及有抗震设防要求的房屋，应根据需要设置沉降缝和防震缝。

（5）控制层间位移，以防止非结构构件破坏。

（6）框架柱高宽比宜大于 4，以防止脆性剪切破坏。

（7）构件尺寸和类型尽可能少，以利于施工，节约模板。

7.2.1.2 柱网及层高

框架柱在平面纵横两个方向排列，即形成柱网，结构的框架布置主要是确定柱网尺寸，即平面框架的跨度（进深）及其间距（开间）。柱网布置方式主要取决于建筑使用要求，同时，兼顾结构的经济合理性和施工条件，并应符合一定的模数要求，力求做到平面形状规整统一，均匀对称，体形简单，最大限度地减少构件的种类、规格。柱网形式有等跨式和内廊式。民用建筑柱网和层高一般以 300 mm 为模数，如住宅、旅馆的框架设计。开间可采用 6.3 m、6.6 m 和 6.9 m 三种；进深可采用 4.8 m、5.0 m、6.0 m、6.6 m 和 6.9 m 五种；层高为 3.0 m、3.3 m、3.6 m、3.9 m 和 4.2 m 五种。

7.2.1.3 承重框架布置方案

框架结构是由若干个平面框架通过连系梁的连接而形成的空间结构体系，在这个体系中，平面框架是基本的承重结构，按其布置方向的不同，框架体系可以分为下列三种。

1. 横向框架承重

框架主梁沿建筑物横向布置，楼板和连系梁沿纵向布置，形成以横向框架为主要承重框架。荷载通过楼（屋）面板传到框架横梁，然后传给柱。纵向框架梁仅承担自重和可能的隔墙重，截面可以做得比较小，其作用主要是联系各横向框架梁（框架横梁），故称连系梁。横向框架梁除承受自重和隔墙重量以外，还承担楼、屋面荷载，荷载比较大，截面也要做得大些，称为框架主梁，如图 7-4（a）所示。其优点为对加强横向抗侧刚度有利，纵梁小，便于开大窗洞、采光；缺点是由于主梁截面尺寸较大，当房屋需要较大空间时，其净空较小。

2. 纵向框架承重

框架主梁沿建筑物的纵向布置，楼板和连系梁沿横向布置，形成以纵向框架为主要承重框架。楼（屋）面荷载通过楼（屋）面板传到纵向框架梁上，纵向框架为主框架，横向框架梁主要起联系作用，故其截面无须做得很大，有利于室内空间的利用、纵向管道的铺设，如图 7-4（b）所示。但由于横向刚度差，只适合层数不多的房屋。因此，在民用建筑中一般较少采用。

3. 纵、横向框架混合承重

纵、横向框架混合承重布置方案是沿房屋的纵、横向布置承重框架，如图 7-4（c）所示。纵、横向框架共同承担竖向荷载与水平荷载。当柱网平面尺寸为正方形或接近正方形时，或当楼面活荷载较大时，则常采用这种布置方案。纵、横向框架混合承重方案，多采用现浇钢筋混凝土整体式框架。

7.2.1.4 变形缝的设置

变形缝是为了防止建筑物在外界因素（温度变化、地基不均匀沉降及地震）作用下产生变形，导致开裂甚至破坏而人为设置的适当宽度的缝隙。变形缝包括伸缩缝、沉降缝、防

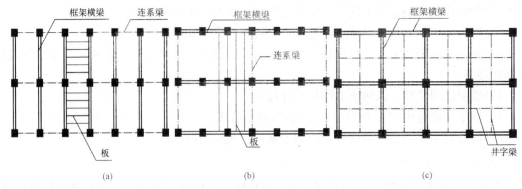

图 7-4　框架结构承重方案

(a)横向框架承重；(b)纵向框架承重；(c)纵、横向框架混合承重

震缝三种类型，如图 7-5 所示。在多高层建筑结构中，应尽量少设缝或不设缝，可简化构造，方便施工，降低造价，增强结构整体性和空间刚度。

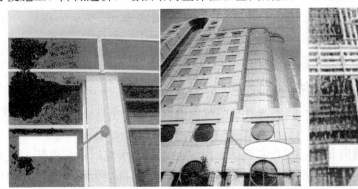

图 7-5　变形缝

(a)伸缩缝；(b)沉降缝；(c)防震缝

1. 伸缩缝

伸缩缝是为了避免温度应力和混凝土收缩应力使房屋产生裂缝而设置的，根据建筑物的长度、结构类型和屋盖刚度以及屋面有否设保温或隔热层来考虑，其最大间距应满足表 7-1 的规定。伸缩缝应从基础顶面至屋顶沿结构断开，一般为缝宽 20～30 mm，如图 7-5(a)所示。

表 7-1　钢筋混凝土结构伸缩缝最大间距　　　　　　　　　　　　　　m

结构类别		室内或土中	露天
排架结构	装 配 式	100	70
框架结构、板柱结构	装 配 式	75	50
	现 浇 式	55	35
剪力墙结构	装 配 式	65	40
	现 浇 式	45	30
挡土墙、地下室墙壁等类结构	装 配 式	40	30
	现 浇 式	30	20

特别说明: ①装配整体式结构以及叠合式结构的伸缩缝间距可根据结构的具体布置情况取表中装配式结构与现浇式结构之间的数值; ②框架-剪力墙结构或框架-核心筒结构房屋的伸缩缝间距可根据结构的具体布置情况取表中框架结构与剪力墙结构之间的数值; ③当屋面无保温或隔热措施时, 框架结构、剪力墙结构的伸缩缝间距宜按表中露天栏的数值取用; ④现浇挑檐、雨罩等外露结构的局部伸缩缝间距不宜大于 12 m。

2. 沉降缝

沉降缝是为了避免地基不均匀沉降在房屋构件中引起裂缝而设置的, 当房屋因上部荷载不同或因地基存在差异而有可能产生过大的不均匀沉降时, 应设沉降缝将建筑物从基础至屋顶全部分开, 使各部分能够自由沉降, 不致在结构中引起过大内力, 避免混凝土构件出现裂缝。在建筑物的下列部位宜设置沉降缝: ①土层变化较大处; ②地基基础处理方法不同处; ③房屋在高度、质量、刚度有较大变化处; ④建筑平面的转折处; ⑤新建部分与原有建筑的交界处。

3. 防震缝

当房屋平面复杂、立面高低悬殊、各部分质量和刚度截然不同时, 在地震作用下会产生扭转振动加重房屋的破坏, 或在薄弱部位产生应力集中导致过大变形。为避免上述现象发生, 必须设置防震缝, 把复杂不规则结构变为若干简单规则结构, 如图 7-5(c) 所示。防震缝应有足够的宽度, 以免地震作用下相邻房屋发生碰撞。根据《高层建筑混凝土结构技术规程》(JGJ 3—2010) 的规定, 防震缝宽度应分别符合下列要求: ①框架结构房屋, 高度不超过 15 m 的部分, 可取 70 mm; 超过 15 m 的部分, 6 度、7 度、8 度和 9 度相应每增加高度 5 m、4 m、3 m 和 2 m, 宜加宽 20 mm。②框架-剪力墙结构房屋可按第一项规定数值的 70% 采用, 剪力墙结构房屋可按第一项规定数值的 50% 采用, 但二者均不宜小于 70 mm。③防震缝两侧结构体系不同时, 防震缝宽度应按不利的结构类型确定; 防震缝两侧的房屋高度不同时, 防震缝宽度应按较低的房屋高度确定。

房屋既需设沉降缝又需设伸缩缝时, 沉降缝可兼作伸缩缝, 两缝合并设置。对有抗震设防要求的房屋, 其沉降缝和伸缩缝均应符合防震缝要求, 并尽可能三缝合并设置。

7.2.2 框架结构设计与计算

7.2.2.1 截面形状及尺寸

1. 框架梁

承受主要竖向荷载的框架主梁, 如图 7-6 所示。其截面形式在全现浇的整体式框架中以 T 形 [图 7-7(a)] 为多; 在装配式框架中可做成矩形、T 形、梯形和花篮形 [图 7-7(b) 至 (g)] 等。框架主梁的截面高度可取 $h_b = (1/18 \sim 1/10)l_0$, 梁净跨与截面高度之比 l_n/h_b 不宜小于 4, h_b/b_b 不宜大于 4, 截面宽度 b_b 不宜小于 200 mm。梁截面尺寸还应符合规定的模数要求, 一般梁截面的宽度和高度取 50 mm 的倍数。

不承受主要竖向荷载的连系梁, 常采用 T 形、Γ 形、矩形、⊥形、L 形等截面形式, 如图 7-8 所示。

2. 框架柱

框架柱的截面形式一般为圆形、矩形或正方形。矩形框架柱的最小截面尺寸高度和宽

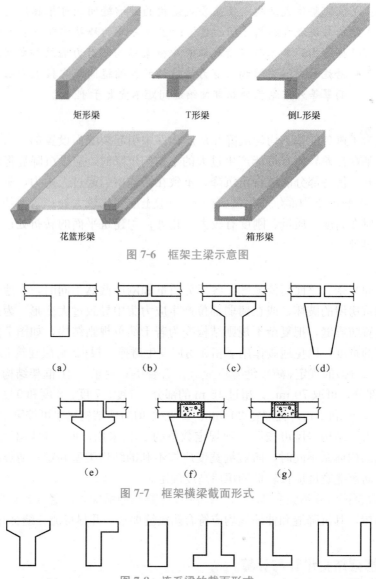

图 7-6　框架主梁示意图

矩形梁　　　　　T形梁　　　　　倒L形梁

花篮形梁　　　　　　箱形梁

（a）　　　　（b）　　　　（c）　　　　（d）

（e）　　　　（f）　　　　（g）

图 7-7　框架横梁截面形式

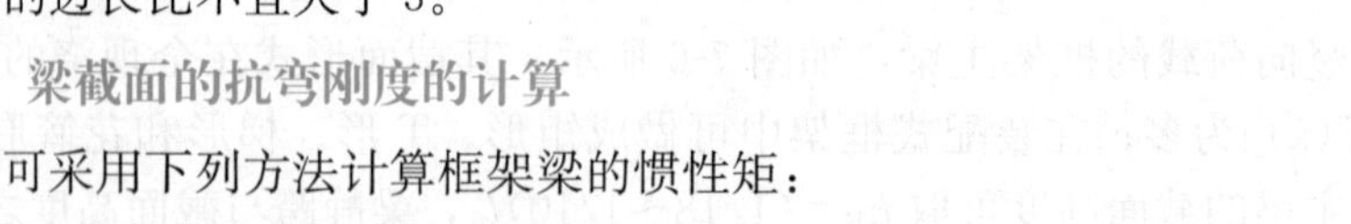

图 7-8　连系梁的截面形式

度均不宜小于 300 mm，圆柱直径不宜小于 350 mm。在两个主轴方向上，刚度不宜相差太大，矩形截面的边长比不宜大于 3。

7.2.2.2　梁截面的抗弯刚度的计算

在设计中可采用下列方法计算框架梁的惯性矩：

（1）现浇楼面的整体框架，中部框架梁 $I=2I_0$，边框架梁 $I=1.5I_0$，其中 I_0 为矩形截面梁的惯性矩[图 7-9（a）]。

（2）装配整体式框架，中部框架梁 $I=1.5I_0$，边框架梁 $I=1.2I_0$[图 7-9（b）]。

（3）装配式框架梁的惯性矩可按本身的截面计算，$I=I_0$[图 7-9（c）]。

7.2.2.3　计算简图

一般情况下，框架是均匀布置的，各榀框架刚度相同，荷载分布均匀，通常不考虑房

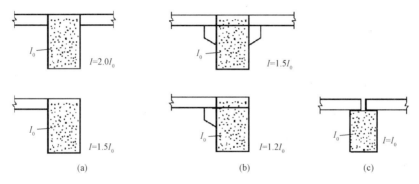

图 7-9　框架梁抗弯刚度的取值

屋的空间作用，可按纵、横两个方向的平面框架进行计算，每个框架按其负荷面积单独承担外荷载。如图 7-10 所示，在计算简图中，框架的杆件一般用其截面形心轴线表示；杆件之间的连接用节点表示；等截面轴线取截面形心位置，当上下柱截面尺寸不同时，取上层柱形心线作为柱轴线；框架柱支座可分为固定支座和铰支座；当为现浇钢筋混凝土柱时，一般设计成固定支座，如图 7-10(e) 所示；当为预制杯形基础时，应视构造措施不同分别简化为固定支座和铰支座。柱高也可偏安全地取层高，底层则取基础顶面至二层楼面梁顶面。

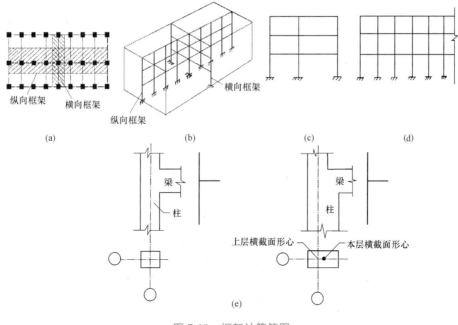

图 7-10　框架计算简图

7.2.2.4　框架上的荷载

多层结构房屋一般受到竖向荷载和水平荷载的作用。竖向荷载包括结构自重、楼层使用活荷载、雪荷载及施工活荷载等。水平荷载包括风荷载和水平地震作用，一般简化成节点水平集中力。

1. 楼(屋)面活荷载

作用于多层住宅、办公楼、旅馆等建筑物上的楼面活荷载，不可能以规范所给的标准值布满在所有的楼面上，计算活荷载可乘折减系数。设计楼面梁时的折减系数需满足的要求：当楼面梁的负荷从属面积超过 25 m² 时，应取 0.9；对于墙、柱、基础，其折减系数按表 7-2 的规定采用。

表 7-2　活荷载按楼层的折减系数

计算截面以上的层数	1	2～3	4～5	6～8	9～20	＞20
计算截面以上活荷载总和的折减系数	1.0(0.9)	0.85	0.70	0.65	0.60	0.55

注：当楼面梁的从属面积大于 25 m² 时，采用括号内数值。其他类房屋的折减系数见《建筑结构荷载规范》(GB 50009—2012)。

2. 风荷载

风荷载的大小主要与建筑物体型和高度以及所在地区地形地貌有关。作用于多层框架房屋外墙的风荷载标准值按下式计算：

$$w_k = \beta_z \mu_z \mu_s w_0 \qquad (7\text{-}1)$$

式中　　w_k——风荷载标准值；

　　　　β_z——高度 z 处的风振系数，即考虑风荷载动力效应的影响，对房屋高度不大于 30 m 或高宽比小于 1.5 或基本自振周期 T_1 大于 0.25 s 的建筑结构，可不考虑此影响，$\beta_z = 1.0$；

　　　　μ_s——风荷载体型系数，详见《建筑结构荷载规范》(GB 50009—2012)；

　　　　μ_z——风压高度变化系数，详见《建筑结构荷载规范》(GB 50009—2012)；

　　　　w_0——基本风压，应按《建筑结构荷载规范》(GB 50009—2012)给出的 50 年一遇的风压采用，但不得小于 0.3 kN/m²。

3. 地震作用

按《建筑抗震设计规范》(GB 50011—2010)规定，抗震设防的烈度为 6 度以上，6 度设防时一般不必计算地震作用，只需采取必要的抗震构造措施即可；7～9 度时要计算地震作用，并采取相应的构造措施。地震作用及相应的构造措施均按《建筑抗震设计规范》(GB 50011—2010)的规定确定。

7.2.3　竖向荷载作用下的分层法

7.2.3.1　计算假定

用位移法或力法计算的结果表明，在竖向荷载作用下的多层多跨框架，框架梁的线刚度大于柱的线刚度且结构基本对称，荷载较为均匀的情况下，框架的侧移是极小的，每层梁上的荷载对本层梁及与之相连的上、下柱的弯矩影响较大，对其他各层梁的影响很小。为了简化计算，分层法假定如下：

(1)框架的侧移忽略不计，即不考虑框架侧移对内力的影响。

(2)每层梁上的荷载对其他层梁、柱内力的影响忽略不计，仅考虑对本层梁、柱内力的影响。

7.2.3.2　计算步骤

框架在竖向荷载作用下，各层荷载对其他层杆件的内力影响较小。因此，可忽略本层荷载对其他各层梁内力的影响，将多层框架简化为单层框架，即分层进行力矩分配计算。具体步骤如下。

1. 计算单元的确定

根据计算假定，计算时先将各层梁及其上下柱所组成的框架作为一个独立的计算单元，而按无侧移的框架进行计算（上下柱的远端均假设为固定端），如图 7-11 所示。

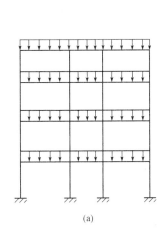
(a)

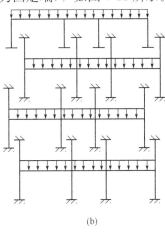
(b)

图 7-11　分层法示意图

2. 各杆件弯矩的计算

一般用结构力学中的弯矩分配法，分别计算每个单层框架中梁与柱的弯矩。在用弯矩分配法计算各杆件的弯矩之前，应先计算各杆件在节点处的弯矩分配系数及传递系数。对底层基础处，可按原结构确定其支座形式，若为固定支座，传递系数为 1/2；若为铰支座，传递系数为 0。至于其余柱端，在分层计算时，假定上下柱的远端为固定端，而实际上，上下柱端在荷载作用下会产生一定转角，是弹性约束端。对这一问题，可在计算分配系数时，用调整柱的线刚度来考虑支座转动影响。因此，对这类柱子的线刚度应乘一个折减系数 0.9，相应的传递系数为 1/3。

3. 弯矩汇总

分层计算所得的梁的弯矩即为最后的弯矩，由于每一层柱属于上、下两层，每一根柱的弯矩需由上、下两层计算所得的弯矩值叠加得到。

4. 不平衡弯矩的再分配

叠加后的弯矩图为原框架的近似弯矩图，由于柱为上、下两层之和，因此，叠加后的弯矩图往往在框架节点处不平衡，一般相差很小，若欲进一步修正，则可将这些不平衡力矩再进行一次弯矩分配。

特别说明：对侧移较大的框架及不规则的框架不宜采用分层法。

【例 7-1】　如图 7-12 所示，一个二层框架，忽略其在竖向荷载作用下的框架侧移，用分层法计算框架的弯矩图，括号内的数字表示各梁、柱杆件的线刚度值 $\left(i = \dfrac{EI}{l}\right)$。

【解】　（1）如图 7-12 所示的二层框架可简化为两个如图 7-13、图 7-14 所示的只带一层横梁的框架进行分析。

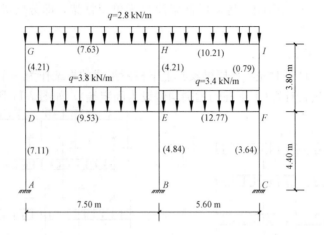

图 7-12　框架结构计算简图

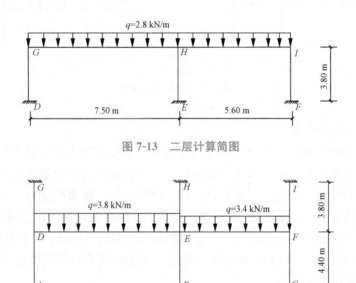

图 7-13　二层计算简图

图 7-14　底层计算简图

（2）计算修正后的梁、柱线刚度与弯矩传递系数。采用分层法计算时，假定上、下柱的远端为固定，则与实际情况有出入。因此，除底层外，其余各层柱的线刚度应乘以 0.9 的修正系数，修正后的梁柱线刚度如图 7-15 所示。底层柱的弯矩传递系数为 $\frac{1}{2}$，其余各层柱的弯矩传递系数为 $\frac{1}{3}$。各层梁的弯矩传递系数均为 $\frac{1}{2}$。弯矩传递系数如图 7-16 所示。

（3）计算各节点处的力矩分配系数。计算各节点处的力矩分配系数时，梁、柱的线刚度值均采用修正后的结果进行计算，如：

G 节点处：$\mu_{GH} = \dfrac{i_{GH}}{\sum i_{Gj}} = \dfrac{i_{GH}}{i_{GH} + i_{GD}} = \dfrac{7.63}{7.63 + 3.79} = 0.668$

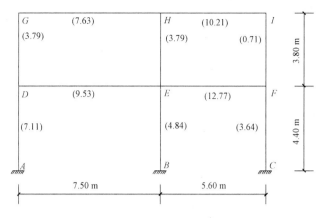

图 7-15　修正后的梁柱线刚度

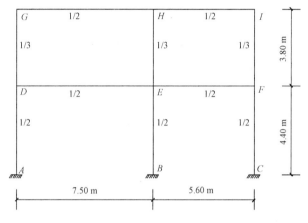

图 7-16　各梁柱弯矩传递系数

$$\mu_{GD} = \frac{i_{GD}}{\sum i_{Gj}} = \frac{i_{GD}}{i_{GH} + i_{GD}} = \frac{3.79}{7.63 + 3.79} = 0.332$$

同理，可计算其余各节点的力矩分配系数。

（4）采用力矩分配法计算各梁、柱杆端弯矩，将各梁端节点进行弯矩分配，各两次，如图 7-17～图 7-19 所示。

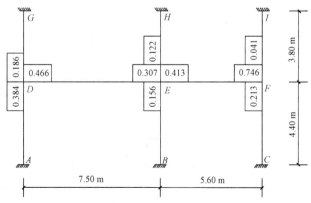

图 7-17　底层节点处力矩分配系数

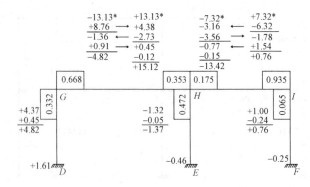

图 7-18　二层弯矩分配传递过程

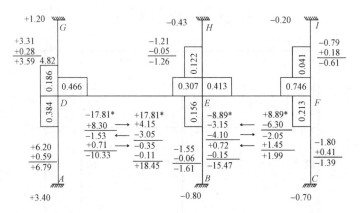

图 7-19　底层弯矩分配传递过程

（5）将二层与底层各梁、柱杆端弯矩的计算结果叠加，就得到各梁、柱的最后弯矩图，如图 7-20 所示。

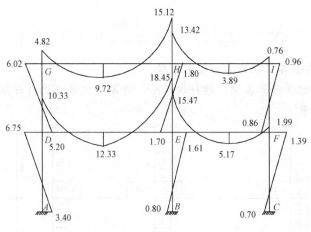

图 7-20　弯矩图（单位：kN·m）

（6）力矩再分配。由以上各梁、柱的杆端弯矩图可知，节点处有不平衡力矩，可以将不平衡力矩再在节点处进行一次分配，此次分配只在节点处进行，并且在各杆件上不再传递。在本题中，由于不平衡力矩相对较小，力矩可不再分配。

7.2.4　水平荷载作用下的近似计算方法

框架结构在风荷载和水平地震力的作用下，可以简化为框架受节点水平集中力的作用，这时框架的侧移是主要变形因素。框架受力后的变形图和弯矩图如图 7-21 所示。它的特点是：各杆的弯矩图均为直线，每杆均有一个零弯矩点，称为反弯点，该点有剪力，如图中所示的 V_1、V_2、V_3。如果能确定出这些 V_1、V_2、V_3 及其反弯点高度 y，那么各柱端弯矩就可计算出来，进而可算出梁端弯矩。因此，反弯点法所需解决的关键问题如下：

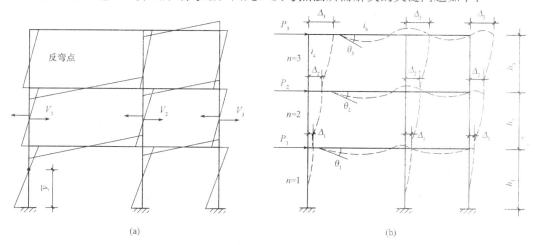

(a)　　　　　　　　　　　　　　(b)

图 7-21　水平荷载作用下框架结构变形图和弯矩图
(a)变形图；(b)弯矩图

(1)将每层以上的水平荷载按某一比例分配给该层的各柱，求出各柱的剪力。

(2)确定反弯点高度。

常用的近似计算方法为反弯点法和 D 值法(改进反弯点法)。对于层数不多的框架，往往柱子刚度较小，梁的刚度较大。当梁的线刚度与柱的线刚度之比超过 3($i_b/i_c \geqslant 3$)时，可采用反弯点法计算水平荷载下的内力，但在高层建筑中，一般应采用 D 值法。

7.2.4.1　反弯点法

1. 基本假定

为了方便地求得各柱的柱间剪力和反弯点位置，根据框架结构的变形特点，做如下假定：

(1)确定各柱间的剪力分配时，认为梁的线刚度与柱的线刚度之比为无限大，各柱上下两端均不发生角位移。

(2)确定各柱的反弯点位置时，认为除底层以外的其余各层柱受力后，上、下两端的转角相同。

(3)不考虑框架梁的轴向变形，同一层各节点水平位移相等。

2. 柱中反弯点位置

由假定(2)可确定柱的反弯点高度，底层柱反弯点在距底端 $\bar{y} = 2h_1/3$ 处(h_1 为底层柱高)，上层各柱反弯点在柱高 $\bar{y} = h/2$ 处(h 为层高)。

3. 同层各柱剪力分配

如图 7-21 所示，框架沿第 i 层各柱的反弯点处切开，令 V_i 为框架第 i 层的层间剪力，它等于 i 层以上所有水平力之和。V_{ik} 为第 i 层第 k 根柱分配到的剪力，假定第 i 层共有 m 根柱，由层间水平力平衡条件得

$$\sum_{k=1}^{m} V_{ik} = V_i \tag{7-2}$$

由假定(1)可确定柱的侧移刚度，柱的侧移刚度表示柱上下两端发生单位水平位移时柱中产生的剪力，它与两端约束条件有关。若视横梁与刚性梁在水平力作用下，柱端转角为零，可导出第 i 层 k 根柱的侧移刚度 d_{ik} 为

$$d_{ik} = \frac{12i_c}{h^3} \tag{7-3}$$

式中　i_c——柱的线刚度；

　　　h——层高。

由假定(3)同层各柱端水平位移相等，第 i 层各柱柱端相对位移均为 Δ_i，按照侧移刚度的定义，有

$$V_{ik} = d_{ik}\Delta_i \tag{7-4}$$

将式(7-4)代入式(7-2)得

$$\sum_{k=1}^{m} d_{ik}\Delta_i = V_i$$

$$\Delta_i = \frac{1}{\sum\limits_{k=1}^{m} d_{ik}} V_i \tag{7-5}$$

将式(7-5)代入式(7-4)得

$$V_{ik} = \frac{d_{ik}}{\sum\limits_{k=1}^{m} d_{ik}} V_i \tag{7-6}$$

从上式可知，在同一楼层内，各柱按侧移刚度的比例分配楼层剪力。

4. 柱端弯矩的计算

根据求得的各柱层间剪力和反弯点位置，即可求得柱端弯矩。

底层柱　　　　上端：　$M_{ik}^u = V_{ik}(1/3)h$ 　　　　　　　　　　　　(7-7)

　　　　　　　下端：　$M_{ik}^d = V_{ik}(2/3)h$ 　　　　　　　　　　　　(7-8)

其余各层柱　$M_{ik}^u = M_{ik}^d = V_{ik}(1/2)h$ 　　　　　　　　　　　　(7-9)

式中　　　M_{ik}^u，M_{ik}^d——柱子上端和下端弯矩；

　　　　　　　h——第 i 层柱的柱高。

5. 梁端弯矩的计算

梁端弯矩可由节点平衡求出，如图 7-22 所示。

对于边柱　　　　　　　　$M_b = M_{c上} + M_{c下}$ 　　　　　　　　　　(7-10)

对于中柱　　　　　　　　$M_{b左} = (M_{c上} + M_{c下}) \cdot \dfrac{i_{b左}}{i_{b左} + i_{b右}}$ 　　　　(7-11)

$$M_{b右} = (M_{c上} + M_{c下}) \cdot \frac{i_{b右}}{i_{b左} + i_{b右}} \tag{7-12}$$

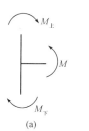

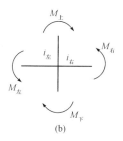

图 7-22　节点弯矩

式中　$i_{b左}$、$i_{b右}$——左边梁和右边梁的线刚度。

【例 7-2】　用反弯点法计算图 7-23 所示的框架，并画出弯矩图。括号内数字为杆件线刚度的相对值。

【解】　（1）计算柱的剪力。

当同层各柱 h 相等时，各柱剪力可直接按其线刚度分配。

第 3 层：$\sum V = 10$ kN

$$V_{AD} = \frac{i_{AD}}{\sum i}\sum V = \frac{1.5}{1.5+2+1} \times 10$$
$$= 3.33(\mathrm{kN})$$

$$V_{BE} = \frac{i_{BE}}{\sum i}\sum V = \frac{2}{1.5+2+1} \times 10$$
$$= 4.45(\mathrm{kN})$$

$$V_{CF} = \frac{i_{CF}}{\sum i}\sum V = \frac{1}{1.5+2+1} \times 10 = 2.22(\mathrm{kN})$$

图 7-23　框架示意图

第 2 层：$\sum V = 10 + 19 = 29(\mathrm{kN})$

$$V_{DG} = \frac{i_{DG}}{\sum i}\sum V = \frac{3}{3+4+2} \times 29 = 9.67(\mathrm{kN})$$

$$V_{EH} = \frac{i_{EH}}{\sum i}\sum V = \frac{4}{3+4+2} \times 29 = 12.89(\mathrm{kN})$$

$$V_{FI} = \frac{i_{FI}}{\sum i}\sum V = \frac{2}{3+4+2} \times 29 = 6.44(\mathrm{kN})$$

第 1 层：$\sum V = 10 + 19 + 22 = 51(\mathrm{kN})$

$$V_{GJ} = \frac{i_{GJ}}{\sum i}\sum V = \frac{5}{5+6+4} \times 51 = 17(\mathrm{kN})$$

$$V_{HK} = \frac{i_{HK}}{\sum i}\sum V = \frac{6}{5+6+4} \times 51 = 20.4(\mathrm{kN})$$

$$V_{IL} = \frac{i_{IL}}{\sum i}\sum V = \frac{4}{5+6+4} \times 51 = 13.6(\mathrm{kN})$$

（2）计算柱端弯矩。

第 3 层：$M_{AD} = M_{DA} = V_{AD} \times \dfrac{h_3}{2} = 3.33 \times \dfrac{4}{2} = 6.66(\text{kN} \cdot \text{m})$

$\qquad M_{BE} = M_{EB} = V_{BE} \times \dfrac{h_3}{2} = 4.45 \times \dfrac{4}{2} = 8.9(\text{kN} \cdot \text{m})$

$\qquad M_{CF} = M_{FC} = V_{CF} \times \dfrac{h_3}{2} = 2.22 \times \dfrac{4}{2} = 4.44(\text{kN} \cdot \text{m})$

第 2 层：$M_{DG} = M_{GD} = V_{DG} \times \dfrac{h_2}{2} = 9.67 \times \dfrac{5}{2} = 24.18(\text{kN} \cdot \text{m})$

$\qquad M_{EH} = M_{HE} = V_{EH} \times \dfrac{h_2}{2} = 12.89 \times \dfrac{5}{2} = 32.23(\text{kN} \cdot \text{m})$

$\qquad M_{FI} = M_{IF} = V_{FI} \times \dfrac{h_2}{2} = 6.44 \times \dfrac{5}{2} = 16.1(\text{kN} \cdot \text{m})$

第 1 层：$M_{GJ} = V_{GJ} \times \dfrac{h_1}{3} = 17 \times \dfrac{6}{3} = 34(\text{kN} \cdot \text{m})$

$\qquad M_{JG} = V_{GJ} \times \dfrac{2h_1}{3} = 17 \times \dfrac{2 \times 6}{3} = 68(\text{kN} \cdot \text{m})$

$\qquad M_{HK} = V_{HK} \times \dfrac{h_1}{3} = 20.4 \times \dfrac{6}{3} = 40.8(\text{kN} \cdot \text{m})$

$\qquad M_{KH} = V_{HK} \times \dfrac{2h_1}{3} = 20.4 \times \dfrac{2 \times 6}{3} = 81.6(\text{kN} \cdot \text{m})$

$\qquad M_{IL} = V_{IL} \times \dfrac{h_1}{3} = 13.6 \times \dfrac{6}{3} = 27.2(\text{kN} \cdot \text{m})$

$\qquad M_{LI} = V_{LI} \times \dfrac{2h_1}{3} = 13.6 \times \dfrac{2 \times 6}{3} = 54.4(\text{kN} \cdot \text{m})$

（3）根据节点平衡条件算出梁端弯矩。

第 3 层：$M_{AB} = M_{AD} = 6.66 \text{ kN} \cdot \text{m}$

$\qquad M_{BA} = \dfrac{7.5}{7.5 + 12} \times M_{BE} = \dfrac{7.5}{7.5 + 12} \times 8.9 = 3.42(\text{kN} \cdot \text{m})$

$\qquad M_{BC} = \dfrac{12}{7.5 + 12} \times M_{BE} = 5.48(\text{kN} \cdot \text{m})$

$\qquad M_{CB} = M_{CF} = 4.44 \text{ kN} \cdot \text{m}$

第 2 层：$M_{DE} = M_{DA} + M_{DG} = 6.66 + 24.18 = 30.84(\text{kN} \cdot \text{m})$

$\qquad M_{ED} = \dfrac{10}{10 + 16} \times (M_{EB} + M_{EH}) = \dfrac{10}{10 + 16} \times (8.9 + 32.23) = 15.82(\text{kN} \cdot \text{m})$

$\qquad M_{EF} = \dfrac{16}{10 + 16} \times (M_{EB} + M_{EH}) = \dfrac{16}{10 + 16} \times (8.9 + 32.23) = 25.31(\text{kN} \cdot \text{m})$

$\qquad M_{FE} = M_{FC} + M_{FI} = 4.44 + 16.1 = 20.54(\text{kN} \cdot \text{m})$

第 1 层：$M_{EH} = M_{GD} + M_{GJ} = 24.18 + 34 = 58.18(\text{kN} \cdot \text{m})$

$\qquad M_{HG} = \dfrac{10}{10 + 16} \times (M_{HE} + M_{HK}) = \dfrac{10}{10 + 16} \times (32.23 + 40.8) = 28.09(\text{kN} \cdot \text{m})$

$\qquad M_{HI} = \dfrac{16}{10 + 16} \times (M_{HE} + M_{HK}) = \dfrac{16}{10 + 16} \times (32.23 + 40.8) = 44.94(\text{kN} \cdot \text{m})$

$\qquad M_{IH} = M_{IF} + M_{IL} = 16.1 + 27.2 = 43.3(\text{kN} \cdot \text{m})$

根据以上结果画出 M 图，如图 7-24 所示。

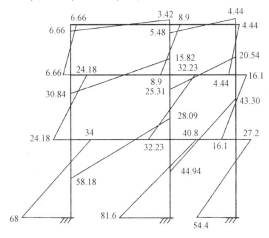

图 7-24 M 图(单位：kN·m)

7.2.4.2 D 值法(改进反弯点法)

当上、下层层高发生变化，梁、柱线刚度比较小时，反弯点法计算的内力误差较大。其原因为：柱上下端转角不同，即反弯点位置不一定在柱高中点。横梁刚度不可能无限大，柱侧移刚度不完全取决于柱本身，还与梁刚度有关。日本武藤清教授在分析多层框架的受力特点和变形特点的基础上做了一些假定，经过力学分析，提出了用修正柱的抗侧移刚度和调整反弯点高度的方法计算水平荷载下框架的内力。修正的柱侧移刚度用 D 来表示，故称 D 值法。确定了修正后的反弯点位置和侧移刚度后，其内力计算与反弯点法相同，故又称改进反弯点法。

D 值法也要解决两个主要问题：确定侧移刚度和反弯点高度，下面分别进行讨论。

1. 修正后的柱侧移刚度 D

考虑到上、下梁线刚度及柱端约束条件的影响，修正后的柱侧移刚度 D 值计算公式为：

$$D = \alpha_c \frac{12 i_c}{h^2} \tag{7-13}$$

式中 α_c——柱侧移刚度修正系数，具体计算见表 7-3。

表 7-3 常用情况 K 值与 α_c 值

楼层	简图	K	α_c
一般层柱		$K = \dfrac{i_1 + i_2 + i_3 + i_4}{2 i_c}$	$\alpha_c = \dfrac{K}{2 + K}$
底层柱		$K = \dfrac{i_1 + i_2}{2 i_c}$	$\alpha_c = \dfrac{0.5 + K}{2 + K}$

特别说明： 当为边柱时，表 7-3 中各式取 $i_1 = i_3 = 0$。

求得 D 值后与反弯点法类似，假定同一楼层各柱的侧移相等，可得各柱的剪力为

$$V_{ij} = \frac{D_{ij}}{\sum\limits_{j=1}^{n} D_{ij}} \sum V_j \tag{7-14}$$

式中　V_{ij}——第 j 层第 i 柱的剪力；

　　　　D_{ij}——第 j 层第 i 柱的侧移刚度 D 值；

　　$\sum D_{ij}$——第 j 层所有柱 D 值总和；

　　　　V_j——第 j 层由外荷载引起的总剪力。

2. 柱的反弯点高度的修正

各层柱反弯点高度可统一按下式计算：

$$yh = (y_0 + y_1 + y_2 + y_3)h \tag{7-15}$$

式中　　　h——计算层柱高；

　　　　　y——反弯点高度比，即反弯点高度与柱高的比值；

　　　　　y_0——标准反弯点高度比；

　　　　　y_1——上、下梁线刚度变化时反弯点高度比的修正值；

y_2、y_3——上、下层柱高变化时反弯点高度比的修正值。

y_0、y_1、y_2、y_3 可通过查表求得。

7.2.5　框架侧移近似计算及限值

框架的侧移主要是由水平荷载引起，框架的侧移包括两部分：一是顶层最大位移，若过大会影响正常使用；二是层间相对侧移，过大会使填充墙出现裂缝。因而必须对这两部分侧移加以限制。框架结构在水平荷载作用下的侧移，可以看作是梁柱弯曲变形和柱的轴向变形所引起的侧移的叠加。

框架在水平荷载作用下的变形如图 7-25 所示。

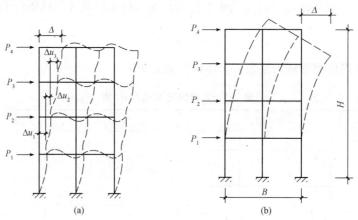

图 7-25　框架在水平荷载作用下的变形

(a)梁柱弯曲变形；(b)柱的轴向变形

对于一般的多层框架结构，柱轴向变形引起的侧移很小，常常可以忽略，因而，其侧移主要是由梁柱的弯曲变形所引起的，但对于房屋高度大于 50 m 或房屋的高宽比 $H/B>4$ 的框架结构，则要考虑柱轴向变形引起的侧移。这里仅介绍由梁柱弯曲变形引起的侧移的近似计算方法。

1. 用 D 值法计算框架的侧移

抗侧刚度的物理意义是：单位层间侧移所需的层剪力（该层间侧移是梁柱弯曲变形引起的）。当已知框架结构第 j 层所有柱的 D 值（$\sum D_{ij}$）及层间剪力 V_j 后，则可得近似计算层间侧移 Δu_j 的公式：

$$\Delta u_j = \frac{\sum V_j}{\sum D_{ij}} \tag{7-16}$$

框架顶点的总侧移为各层框架层间侧移之和，即

$$\Delta = \sum_{j=1}^{m} \Delta u_j \tag{7-17}$$

式中 m——框架的总层数。

2. 框架侧移限值

为保证多层框架房屋具有足够的刚度，避免因产生过大的侧移而影响结构的强度、稳定性和使用要求，高度不大于 150 m 的框架结构应满足以下条件：

$$\frac{\Delta u}{h} \leqslant \frac{1}{550} \tag{7-18}$$

高度等于或大于 250 m 的框架结构应满足以下条件：

$$\frac{\Delta u}{h} \leqslant \frac{1}{500} \tag{7-19}$$

高度在 150～250 m 之间的框架结构 $\frac{\Delta u}{h}$ 的限值在 $\frac{1}{550}$ 和 $\frac{1}{500}$ 按线性内插取用。

7.2.6 多层框架内力组合

7.2.6.1 确定控制截面及最不利内力

控制截面是指内力较大截面或尺寸改变处截面。

1. 框架梁

梁的内力主要是弯矩和剪力，框架梁的控制截面通常是支座截面和跨中截面，在竖向荷载作用下，支座产生最大剪力和最大负弯矩，在水平荷载作用下还可能出现正弯矩；跨中截面一般产生最大正弯矩，有时也可能出现负弯矩。因此，其不利内力组合类型如下：

梁端截面：$+M_{\max}$；$-M_{\max}$；$V_{\max}$。

梁跨中截面：$+M_{\max}$；$M_{\min}$。

2. 框架柱

对于柱，取各层柱上、下两端为控制截面。

柱端截面：$+|M|_{\max}$ 及相应的 N，V；$N_{\max}$ 及相应的 M，V；$N_{\min}$ 及相应的 M，V。

进行内力分析是以柱轴线处考虑的，实际梁支座截面的最不利位置在柱边缘处，如图 7-26 所示。在进行截面配筋计算时，应根据梁轴线处的弯矩和剪力算出柱边缘的弯矩和剪力，柱的内力也应换算为梁边柱端截面的内力。

$$M_b = M - V_0 \frac{b}{2}$$

$$V_b = V - (g+q)\frac{b}{2} \qquad\qquad (7\text{-}20)$$

式中　M_b，V_b——柱边处梁控制截面的弯矩和剪力；

$\qquad$ M，V——框架柱轴线处梁的弯矩和剪力；

$\qquad$ V_0——按简支支座计算的支座剪力；

$\qquad$ b——柱宽度；

$\qquad$ g，q——梁上的恒载和活载。

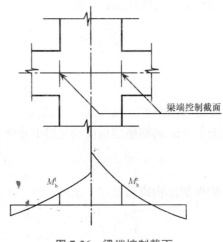

梁端控制截面

M_b^l　　M_b^r

图 7-26　梁端控制截面

7.2.6.2　竖向活荷载不利布置

竖向活荷载是可变荷载，可单独作用在某层的某一跨或某几跨，也可能同时作用在整个结构上。对于构件的不同截面或同一截面的不同种类的最不利内力，往往有各不相同的活荷载最不利布置。因此，活荷载的最不利布置需要根据截面的位置、最不利内力的种类来确定。活荷载最不利布置可有以下几种。

1. 逐层逐跨布置法

逐层逐跨布置法是将活荷载逐层逐跨单独作用在结构上，分别算出结构内力，再对控制截面叠加出最不利内力。

2. 最不利位置法

利用影响线先确定竖向活荷载的最不利作用位置，然后在这些位置上布置活荷载，进行框架内力分析，所求得的该截面的内力即为最不利内力，如图 7-27 所示。

3. 满布法

在实际工作中，可采用近似的满布荷载法，即不考虑活荷载的不利布置，按照活荷载全部作用于框架梁上来计算内力。这样，求得的框架内力在支座处与按活载最不利布置所得结构非常接近，但跨中弯矩偏小，为安全起见，对跨中弯矩再乘以 1.1～1.3 的放大系数。计算表明，对楼面活荷载标准值不超过 5 kN/m² 的一般工业与民用多层框架结构，满布荷载法的计算精度和安全度可以满足工程设计要求。

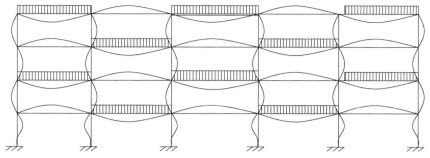

图 7-27　竖向活荷载最不利布置法

7.2.6.3　梁端弯矩调幅

在竖向荷载作用下可以考虑梁端塑性变形内力重分布而对梁端负弯矩进行调幅。装配整体式框架调幅系数为 $0.7\sim0.8$；现浇框架调幅系数为 $0.8\sim0.9$。梁端负弯矩减小后，应按平衡条件计算调幅后的跨中弯矩(与调幅前的跨中弯矩相比有所增加)。截面设计时，梁跨中正弯矩至少应取按简支梁计算的跨中弯矩的一半。竖向荷载产生的梁的弯矩应先进行调幅，再与风荷载和水平地震作用产生的弯矩进行组合。

任务 7.3　框架结构梁、柱节点构造要求

7.3.1　中间层端节点

(1)框架梁上部纵向钢筋伸入中间层端节点的锚固长度应不小于 l_a 且伸过柱中心线不小于 $5d$(d 为梁上部纵向钢筋的直径)。

(2)当柱截面尺寸不满足直线锚固要求时，梁上部纵向钢筋可采用在钢筋端部加锚头的机械锚固方式，梁上部纵筋应伸至柱外侧纵筋内边，包含锚头在内的水平投影锚固长度不应小于 $0.4l_{ab}$，如图 7-28(a)所示。

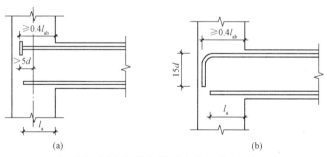

图 7-28　梁上部纵向钢筋在中间节点的锚固

(a)钢筋端部加锚头锚固；(b)钢筋末端 $90°$ 弯折锚固

(3)梁上部纵向钢筋也可采用 $90°$ 弯折锚固的方式。此时，应将钢筋伸至柱外侧纵向钢筋内边并向节点内弯折，其包含弯弧段在内的水平投影长度不应小于 $0.4l_{ab}$，包含弯弧段在内的竖直投影长度应取为 $15d$，如图 7-28(b)所示。

(4)框架梁下部纵向钢筋在端节点处的锚固，当计算中充分利用该钢筋的抗拉强度时，钢筋的锚固方式及长度应与上部钢筋的规定相同；当计算中不利用该钢筋的强度或仅充分利用该钢筋的抗压强度时，其伸入节点的锚固长度应分别符合本中间节点梁下部纵向钢筋锚固的规定。

7.3.2　中间层中间节点

框架中间层中间节点或连续梁中间支座处，梁的上部纵向钢筋应贯穿节点或支座。框架梁或连续梁下部纵向钢筋在中间节点或中间支座处应满足下列要求：

(1)当计算中不利用该钢筋的强度时，其伸入节点或支座的锚固长度对带肋钢筋不小于$12d$，对光圆钢筋不小于$15d$，d为钢筋最大直径。

(2)当计算中充分利用钢筋的抗压强度时，下部纵向钢筋应按受压钢筋锚固在中间节点或中间支座内，此时，其直线锚固长度不应小于$0.7l_a$。

(3)当计算中充分利用钢筋的抗拉强度时，下部纵向钢筋可采用直线锚固方式锚固在节点或支座内。钢筋的锚固长度不应小于受拉钢筋锚固长度l_a，如图7-29(a)所示。

(4)当柱截面尺寸不足时，也可采用钢筋端部加锚头的机械锚固措施，或90°弯折锚固的方式。

(5)钢筋也可在节点或支座外梁中弯矩较小处设置搭接接头，搭接长度的起始点至节点或支座边缘的距离不应小于$1.5h_0$，如图7-29(b)所示。

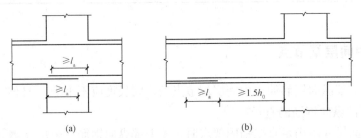

图 7-29　框架梁纵向钢筋在中间节点的锚固

(a)下部纵筋在节点中直线锚固；(b)下部纵筋在节点或支座范围外的搭接

7.3.3　顶层中间节点

柱纵向钢筋应贯穿中间层的中间节点或端节点，接头应设在节点区以外，柱纵向钢筋在顶层中节点的锚固应符合下列要求：

(1)柱纵向钢筋应伸至柱顶，且自梁底算起的锚固长度不应小于l_a。

(2)当截面尺寸不足时，可采用90°弯折锚固措施。此时，包括弯弧在内的钢筋垂直投影锚固长度不应小于$0.5l_{ab}$，在弯折平面内包含弯弧段的水平投影长度不宜小于$12d$，如图7-30(a)所示。

(3)当截面尺寸不足时，也可采用带锚头的机械锚固措施。此时，包含锚头在内的竖向锚固长度不应小于$0.5l_{ab}$，如图7-30(b)所示。

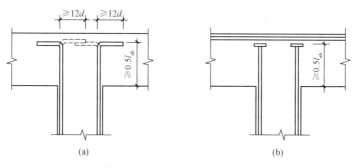

图 7-30 顶层节点中柱纵向钢筋在节点内的锚固
(a)柱纵向钢筋90°弯折锚固；(b)柱纵向钢筋端头加锚板锚固

7.3.4 顶层端节点

顶层端节点柱外侧纵向钢筋可弯入梁内作梁上部纵向钢筋，也可将梁上部纵向钢筋与柱外侧纵向钢筋在节点及附近部位搭接，搭接可采用下列方式：

(1)搭接接头可沿顶层端节点外侧及梁端顶部布置，搭接长度不应小于 $1.5l_{ab}$，如图 7-31(a)所示。其中，伸入梁内的柱外侧钢筋截面面积不宜小于其全部面积的 65%；梁宽范围以外的柱外侧钢筋宜沿节点顶部伸至柱内边锚固。当柱钢筋位于柱顶第一层时，钢筋伸至柱内边后宜向下弯折不小于 $8d$ 后截断，d 为柱纵向钢筋的直径，如图 7-31(a)所示；当柱纵向钢筋位于柱顶第二层时，可不向下弯折。梁宽范围以外的柱外侧纵向钢筋也可伸入现浇板内，其长度与伸入梁内的柱纵向钢筋相同。

(2)当柱外侧纵向钢筋配筋率大于 1.2% 时，伸入梁内的柱纵向钢筋应满足上述规定且宜分两批截断，截断点之间的距离不宜小于 $20d$，d 为柱外侧纵向钢筋的直径。梁上部纵向钢筋应伸至节点外侧并向下弯至梁下边缘高度位置截断。

(3)搭接接头也可沿节点外侧直线布置，如图 7-31(b)所示。此时，搭接长度自柱顶算起不应小于 $1.7l_{ab}$。当上部梁纵向钢筋的配筋率大于 1.2% 时，弯入柱外侧的梁上部纵向钢筋应满足以上规定的搭接长度，且宜分两批截断，其截断点之间的距离不宜小于 $20d$，d 为梁上部纵向钢筋的直径。

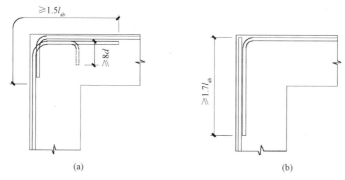

图 7-31 顶层节点边柱纵向钢筋在节点内的锚固
(a)搭接接头沿顶层端节点外侧及梁端顶部布置；(b)搭接接头沿节点外侧直线布置

(4)当梁的截面高度较大，梁、柱钢筋相对较小，从梁底算起的直线搭接长度未延伸至柱顶即已满足 $1.5l_{ab}$ 的要求时，应将搭接长度延伸至柱顶并满足搭接长度 $1.7l_{ab}$ 的要求；当柱的截面高度较大时，梁柱钢筋相对较小，从梁底算起的弯折搭接长度未延伸至柱内侧边缘即已满足 $1.5l_{ab}$ 的要求时，其弯折后包括弯弧在内的水平段的长度不应小于 $15d$，d 为柱纵向钢筋的直径。

本章小结

1. 框架结构是一个空间受力体系，在进行内力和位移计算时，可将框架结构简化为纵、横向的平面框架。

2. 框架结构在竖向荷载作用下的内力计算，可采用分层法。分层法计算时，将各层梁及上、下柱所组成的框架作为一个独立的计算单元。梁的弯矩为分层法计算所得的弯矩，柱的弯矩需由上、下两层计算所得的弯矩值叠加得到。

3. 框架结构在水平荷载作用下的内力计算，应根据梁柱的线刚度比值分别采用反弯点法和 D 值法。反弯点法适用于梁柱线刚度比大于 3 的情况，通过计算各柱的剪力及其反弯点位置，求出柱端弯矩，进而可算出梁端弯矩；D 值法是对反弯点法的修正，适用于柱刚度较大的情况，计算步骤同反弯点法。

4. 框架在水平荷载作用下的总侧移，可近似地看作由梁柱弯曲变形和柱的轴向变形所引起侧移的叠加。框架结构在水平荷载作用下应控制两种水平位移——顶点总位移和层间相对位移。

5. 多层框架结构竖向活荷载不利布置有逐层逐跨布置法、最不利位置法、满布法。

思考与练习

1. 如图 7-32 所示为一个两层两跨框架，用分层法作框架的弯矩图，括号内数字表示每根杆线刚度的相对值。

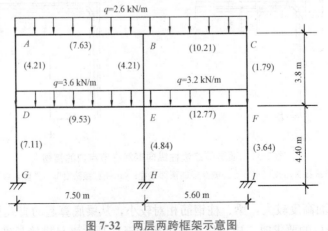

图7-32　两层两跨框架示意图

2. 用反弯点法计算图 7-33 所示框架，并画出弯矩图。括号内数字为杆件线刚度的相对值。

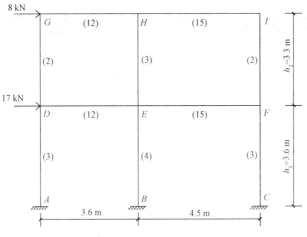

图 7-33　框架示意图

项目 8   砌体结构房屋设计

学习目标

通过对砌体结构设计的学习，掌握砌体构件高厚比的验算；掌握砌体的材料，砌体的种类；掌握砌体构件承载力计算；了解砌体结构房屋的静力计算方案；掌握砌体结构构造要求。

任务 8.1   静力计算方案确定

8.1.1   混合结构房屋的结构布置方案

多层混合结构房屋的主要承重结构为屋盖、楼盖、墙体（柱）和基础，其中墙体的布置是整个房屋结构布置的重要环节。墙体的布置与房屋的使用功能和房间的面积有关，而且影响建筑物的整体刚度。房屋的结构布置可分为四种方案。

1. 横墙承重体系

屋面板及楼板沿房屋的纵向放置在横墙上，形成了纵墙起围护作用，横墙起承重作用的结构方案。由于横墙的数量较多且间距小，同时横墙与纵墙间有可靠的拉结，因此，房屋的整体性好，空间刚度大，对抵抗作用在房屋上的风荷载及地震作用等水平荷载十分有利。

横墙承重体系竖向荷载主要传递路线是：板→横墙→基础→地基。横墙承重体系的特点如下：

（1）横墙是主要承重墙。此种体系对纵墙上门窗位置、大小等的限制较少。

（2）横墙间距很小（一般在 2.7~4.5 m 之间），房屋的空间刚度大，整体性好。这种体系对抵抗风、地震等水平作用和调整地基不均匀沉降等方面，较纵墙承重体系有利得多。

（3）这种体系房屋的楼盖（或屋盖）结构比较简单，施工方便，材料用量较少，但墙体的材料用量较多。

横墙承重体系由于横墙间距小，房间大小固定，故适用于宿舍、住宅等居住建筑。

2. 纵墙承重体系

纵墙承重体系竖向荷载主要传递路线是：板→纵墙→基础→地基；板→梁→纵墙→基础→地基。纵墙承重体系的特点如下：

（1）纵墙是房屋的主要承重墙，横墙的间距可以相当大。这种体系室内空间较大，有利于使用上灵活隔断和布置。

（2）由于纵墙承受的荷载较大，因此纵墙上门窗的位置和大小要受到一定限制。

（3）纵墙承重体系楼盖（屋盖）的材料用量较多，而墙体材料用量较少。

纵墙承重体是适用于使用上要求有较大室内空间的房屋，或室内隔断墙位置有灵活变动要求的房屋，如教学楼、办公楼、图书馆、试验楼、食堂、中小型工业厂房等。

3. 纵、横墙混合承重体系

当建筑物的功能要求房间的大小变化较多时，为了结构布置的合理性，通常采用纵横墙布置方案。纵横墙承重方案既可保证有灵活布置的房间，又具有较大的空间刚度和整体性，纵、横两个方向的空间刚度均比较好，便于施工，所以适用于教学楼、办公楼、多层住宅等建筑。

此类房屋的荷载传递路线为：楼（屋）面板 $\rightarrow \left\{ \begin{array}{l} 梁 \rightarrow 纵墙 \\ 横墙 \end{array} \right\} \rightarrow$ 基础 $\rightarrow$ 地基。

4. 内框架承重体系

这种体系房屋内部的钢筋混凝土柱与楼盖（或屋盖）梁组成内框架，与外墙共同承重，因此称为内框架承重体系。

内框架承重体系竖向荷载的主要传递路线是：板 $\rightarrow$ 梁 $\rightarrow$ 外纵墙 $\rightarrow$ 外纵墙基础 $\rightarrow$ 地基；板 $\rightarrow$ 梁 $\rightarrow$ 柱 $\rightarrow$ 柱基础 $\rightarrow$ 地基。内框架承重体系的特点如下：

（1）外墙和柱都是主要承重构件，以柱代替承重内墙，取得较大的室内空间而不增加梁的跨度。

（2）由于主要承重构件材料性质不同，墙和柱的压缩性不同；基础形式不同易产生不均匀沉降。若设计处理不当，会使构件产生较大的附加内力。

（3）由于横墙较少，房屋的空间刚度较差，因而抗震性能也较差。

内框架承重体系可用于旅馆、商店和多层工业建筑，某些建筑（如底层为商店的住宅）的底层也采用。

8.1.2 房屋的静力计算方案

混合结构房屋是由屋盖、楼盖、墙、柱、基础等构件组成的一个空间受力体系，一方面承受着作用在房屋上的各种竖向荷载；另一方面还承受着墙面和屋面传来的水平荷载。由于各种构件之间是相互联系的，不仅直接承受荷载的构件起着抵抗荷载的作用，而且与其相连接的其他构件也不同程度地参与工作，因此整个结构体系处于空间工作状态。

如图 8-1(a)所示的无山墙和横墙的单层房屋，其屋盖支承在外纵墙上。如果从两个窗口中间截取一个单元，则这个单元的受力状态与整个房屋的受力状态是一样的。可以用这个单元的受力状态来代表整个房屋的受力状态，这个单元称为计算单元，如图 8-1(a)、(b)所示。在水平风荷载作用下，房屋各个计算单元将会产生相同的水平位移，沿房屋纵向各个单元之间不存在相互制约的空间作用，这种房屋的计算简图为一单跨平面排架［图 8-1(d)］。水平荷载传递路线为：风荷载 $\rightarrow$ 纵墙 $\rightarrow$ 纵墙基础 $\rightarrow$ 地基。

如图 8-2 所示为两端加设了山墙的单层房屋，由于山墙的约束，在均布水平荷载作用下，整个房屋墙顶的水平位移不再相同，距离山墙越近的墙顶受到山墙的约束越大，水平位移越小。水平荷载传递路线为：风荷载 $\rightarrow$ 纵墙 $\rightarrow$ 纵墙基础（或屋盖结构 $\rightarrow$ 山墙 $\rightarrow$ 山墙基础） $\rightarrow$ 地基。通过试验分析发现，房屋空间工作性能的主要影响因素为楼盖（屋盖）的水平刚度和横墙间距的大小。

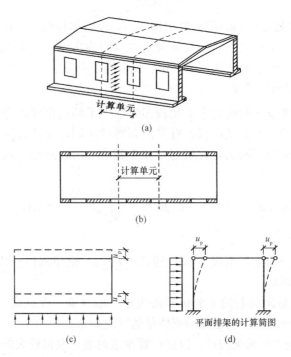

图 8-1　无山墙单层房屋在水平力作用下的变形情况

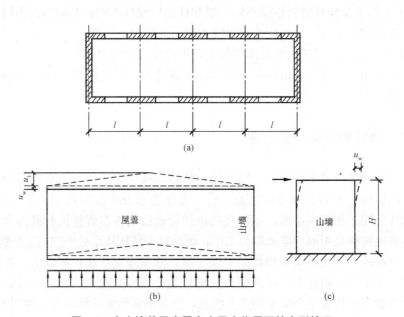

图 8-2　有山墙单层房屋在水平力作用下的变形情况

　　混合结构房屋是一个空间受力体系，各承载构件不同程度地参与工作，共同承受作用在房屋上的各种荷载作用。在进行房屋的静力分析时，首先应根据房屋空间性能不同，分别确定其静力计算方案，再进行静力分析。根据屋（楼）盖类型不同以及横墙间距的大小不同，在混合结构房屋内力计算中，根据房屋的空间工作性能，可有三种静力计算方案，即刚性方案、弹性方案、刚弹性方案。

1. 刚性方案

当房屋的横墙间距较小、楼盖(屋盖)的水平刚度较大时，房屋的空间刚度较大，在荷载作用下，房屋的水平位移很小，可视墙、柱顶端的水平位移等于零。在确定墙、柱的计算简图时，可将楼盖或屋盖视为墙、柱的水平不动铰支座，墙、柱内力按不动铰支承的竖向构件计算[图 8-3(a)]，按这种方法进行静力计算的方案为刚性方案，按刚性方案进行静力计算的房屋为刚性方案房屋。一般，多层住宅、办公楼、医院的静力计算方案都是这种方案。

2. 弹性方案

当房屋横墙间距较大，楼盖(屋盖)水平刚度较小时，房屋的空间刚度较小，在荷载作用下房屋的水平位移较大。在确定计算简图时，不能忽略水平位移的影响，不能考虑空间工作性能，如此进行静力计算的方案为弹性方案[图 8-3(b)]，按弹性方案进行静力计算的房屋为弹性方案房屋。一般的单层厂房、仓库、礼堂的静力计算方案多属此种方案。静力计算时，可按屋架或大梁与墙(柱)铰接，不考虑空间工作性能的平面排架计算。

3. 刚弹性方案

房屋空间刚度介于刚性方案和弹性方案之间。在荷载作用下，房屋的水平位移也介于两者之间。在确定计算简图时，按在墙、柱有弹性支座(考虑空间工作性能)的平面排架计算。如此进行静力计算的方案为刚弹性方案[图 8-3(c)]，按刚弹性方案进行静力计算的房屋为刚弹性方案房屋。

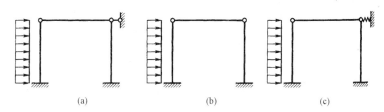

图 8-3　混合结构房屋的计算简图
(a)刚性方案；(b)弹性方案；(c)刚弹性方案

根据以上分析，房屋的空间刚度不同，其静力计算方案也不相同。而房屋的空间刚度主要取决于横墙的刚度和间距，同时也与屋盖、楼盖的水平刚度有关。因此，在横墙满足了强度及稳定要求时，可根据屋盖及楼盖的类别、横墙间距，按表 8-1 确定房屋的静力计算方案。

表 8-1　房屋的静力计算方案

	屋盖或楼盖类别	刚性方案	刚弹性方案	弹性方案
1	整体式、装配整体式和装配式无檩体系钢筋混凝土屋盖或楼盖	$s<32$	$32\leqslant s\leqslant 72$	$s>72$
2	装配式有檩体系钢筋混凝土屋盖、轻钢屋盖和有密铺望板的木屋盖或楼盖	$s<20$	$20\leqslant s\leqslant 48$	$s>48$
3	瓦材屋面的木屋盖和轻钢屋盖	$s<16$	$16\leqslant s\leqslant 36$	$s>36$

注：1. 表中 s 为房屋横墙间距，长度单位为 m；

    2. 当屋盖、楼盖类别不同或横墙间距不同时，可按《砌体结构设计规范》(GB 50003—2011)中第 4.2.7 条的规定确定的静力计算方案；

    3. 对无山墙或伸缩缝处无横墙的房屋，应按弹性方案考虑。

任务 8.2　墙、柱高厚比验算

砌体结构房屋中，作为受压构件的墙、柱，除了满足承载力要求之外，还必须满足高厚比的要求。墙、柱的高厚比验算是保证砌体房屋施工阶段和使用阶段稳定性与刚度的一项重要构造措施。

《砌体结构设计规范》(GB 50003—2011)中墙、柱允许高厚比[β]的确定，是根据我国长期的工程实践经验经过大量调查研究得到的，同时也进行了理论校核。砌体墙、柱的允许高厚比见表 8-2。

表 8-2　墙、柱的允许高厚比[β]值

砌体类型	砂浆强度等级	墙	柱
无筋砌体	M2.5	22	15
	M5 或 Mb5.0、Ms5.0	24	16
	≥M7.5 或 Mb7.5、Ms7.5	26	17
配筋砌块砌体	—	30	21

注：1. 毛石墙、柱的允许高厚比应按表中数值降低 20%；

　　2. 带有混凝土或砂浆面层的组合砖砌体构件的允许高厚比，可按表中数值提高 20%，但不得大于 28；

　　3. 验算施工阶段砂浆尚未硬化的新砌体构件高厚比时，允许高厚比对墙取 14，对柱取 11。

墙、柱高厚比应按下式验算：

$$\beta = \frac{H_0}{h} \leqslant \mu_1 \mu_2 [\beta] \tag{8-1}$$

$$\mu_2 = 1 - 0.4 \frac{b_s}{s} \tag{8-2}$$

式中　[β]——墙、柱的允许高厚比，按表 8-2 采用；

　　　　h——墙厚或矩形柱与 H_0 相对应的边长；

　　　　μ_1——自承重墙允许高厚比的修正系数(按下列规定采用：①$h = 240$ mm，$\mu_1 = 1.2$；②$h = 90$ mm，$\mu_1 = 1.5$；③240 mm$>h>$90 mm，μ_1 可按插入法取值；④上端为自由端的允许高厚比，除按上述规定提高外，尚可提高 30%；对厚度小于 90 mm 的墙，当双面用不低于 M10 的水泥砂浆抹面，包括抹面层的墙厚不小于 90 mm 时，可按墙厚等于 90 mm 验算高厚比)；

　　　　μ_2——有门窗洞口墙允许高厚比的修正系数；

　　　　s——相邻窗间墙、壁柱或构造柱之间的距离；

　　　　b_s——在宽度 s 范围内的门窗洞口总宽度(图 8-4)；

　　　　H_0——墙、柱的计算高度，应按表 8-3 采用。

当按式(8-2)计算得到的 μ_2 值小于 0.7 时，应采用 0.7，当洞口高度等于或小于墙高的 1/5 时，可取 $\mu_2 = 1$。

表 8-3 中的构件高度 H 应按下列规定采用：

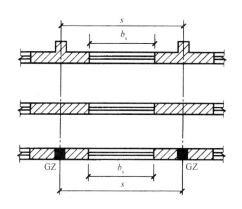

图 8-4　门窗洞口宽度示意图

表 8-3　受压构件的计算高度 H_0

房屋类别			柱		带壁柱墙或周边拉结的墙		
			排架方向	垂直排架方向	$s>2H$	$2H\geqslant s>H$	$s\leqslant H$
有吊车的单层房屋	变截面柱上段	弹性方案	$2.5H_u$	$1.25H_u$	$2.5H_u$		
		刚性、刚弹性方案	$2.0H_u$	$1.25H_u$	$2.0H_u$		
	变截面柱下段		$1.0H_l$	$0.8H_l$	$1.0H_l$		
无吊车的单层和多层房屋	单跨	弹性方案	$1.5H$	$1.0H$	$1.5H$		
		刚弹性方案	$1.2H$	$1.0H$	$1.2H$		
	多跨	弹性方案	$1.25H$	$1.0H$	$1.25H$		
		刚弹性方案	$1.10H$	$1.0H$	$1.1H$		
	刚性方案		$1.0H$	$1.0H$	$1.0H$	$0.4s+0.2H$	$0.6s$

注：1. 表中 H_u 为变截面柱的上段高度，H_l 为变截面柱的下段高度；

　　2. 对于上端为自由端的构件，$H_0=2H$；

　　3. 独立砖柱，当无柱间支撑时，柱在垂直排架方向的 H_0 应按表中数值乘以 1.25 后采用；

　　4. s 为房屋横墙间距；

　　5. 自承重墙的计算高度应根据周边支承或拉结条件确定。

（1）在房屋底层，H 为楼板顶面到构件下端支点的距离。下端支点可取在基础顶面。当埋置较深且有刚性地坪时，可取室外地面下 500 mm 处。

（2）在房屋其他层次，H 为楼板或其他水平支点间的距离。

（3）对于无壁柱的山墙，可取层高加山墙尖高度的 1/2；对于带壁柱的山墙，可取壁柱处的山墙高度。

（4）对有吊车的房屋，当荷载组合不考虑吊车作用时，变截面柱上段的计算高度可按表 8-3 的规定采用。变截面柱下段的计算高度可按下列规定采用：

当 $H_u/H\leqslant1/3$ 时，取无吊车房屋的 H_0；

当 $\dfrac{1}{3} < \dfrac{H_u}{H} < \dfrac{1}{2}$ 时，取无吊车房屋的 H_0 乘以修正系数 μ，$\mu = 1.3 - 0.3\dfrac{I_u}{I_l}$（$I_u$ 为变截面柱上段的惯性矩，I_l 为变截面柱下段的惯性矩）；

当 $\dfrac{H_u}{H} \geqslant \dfrac{1}{2}$ 时，取无吊车房屋的 H_0。但在确定 β 值时，应采用上柱截面。

8.2.1　带壁柱墙的高厚比验算

带壁柱的高厚比的验算包括两部分内容：带壁柱墙的高厚比验算和壁柱之间墙体局部高厚比的验算。

1. 带壁柱整片墙体高厚比的验算

视壁柱为墙体的一部分，整片墙截面为 T 形截面，将 T 形截面墙按惯性矩和面积相等的原则换算成矩形截面，折算厚度 $h_T = 3.5i$，其高厚比验算公式为：

$$\beta = \frac{H_0}{h_T} \leqslant \mu_1 \mu_2 [\beta] \tag{8-3}$$

$$h_T = 3.5i$$

$$i = \sqrt{\frac{I}{A}}$$

式中　h_T——带壁柱墙截面折算厚度；

$\quad\quad i$——带壁柱墙截面的回转半径；

$\quad\quad I$——带壁柱墙截面的惯性矩；

$\quad\quad A$——带壁柱墙截面的面积。

T 形截面的翼缘宽度 b_f，可按下列规定采用：

(1)多层房屋，当有门窗洞口时，口可取窗间墙宽度；当无门窗洞口时，口每侧可取壁柱高度的 1/3。

(2)单层房屋可取壁柱宽加 2/3 壁柱高，但不得大于窗间墙宽度和相邻壁柱之间的距离。

2. 壁柱之间墙局部高厚比验算

验算壁柱之间墙体的局部高厚比时，壁柱视为墙体的侧向不动支点，计算 H_0 时，s 取壁柱之间的距离，且不管房屋静力计算方案采用何种方案，在确定计算高度 H_0 时，都按刚性方案考虑。

8.2.2　带构造柱墙的高厚比验算

带构造柱墙的高厚比的验算包括两部分内容：整片墙高厚比的验算和构造柱之间墙体局部高厚比的验算。

1. 整片墙体高厚比的验算

考虑设置构造柱对墙体刚度的有利作用，墙体允许高厚比 $[\beta]$ 可以乘以提高系数 μ_c：

$$\beta = \frac{H_0}{h} \leqslant \mu_1 \mu_2 \mu_c [\beta] \tag{8-4}$$

$$\mu_c = 1 + \gamma \frac{b_c}{l} \tag{8-5}$$

式中 μ_c——带构造柱墙允许高厚比$[\beta]$的提高系数；

γ——系数(对细料石、半细料石砌体，$\gamma=0$；对混凝土砌块、粗料石及毛石砌体，$\gamma=1.0$；其他砌体，$\gamma=1.5$)；

b_c——构造柱沿墙长方向的宽度；

l——构造柱间距。

当 $\frac{b_c}{l} > 0.25$ 时，取 $\frac{b_c}{l}=0.25$；当 $\frac{b_c}{l} < 0.05$ 时，取 $\frac{b_c}{l}=0$。

需要注意的是，构造柱对墙体允许高厚比的提高只适用于构造柱与墙体形成整体后的使用阶段，并且构造柱与墙体有可靠的连接。

2. 构造柱间墙体高厚比的验算

构造柱间墙体的高厚比仍按式(8-1)验算，验算时仍视构造柱为柱间墙的不动铰支点，计算 H_0 时，取构造柱间距，并按刚性方案考虑。

【例 8-1】 某办公楼平面如图 8-5 所示，采用预制钢筋混凝土空心板，外墙厚 370 mm，内纵墙及横墙厚 240 mm，砂浆强度等级为为 M5，底层墙高 4.6 m(下端支点取基础顶面)；隔墙厚 120 mm，高 3.6 m，用 M2.5 砂浆；纵墙上窗洞宽 1 800 mm，门洞宽 1 000 mm，试验算各墙的高厚比。

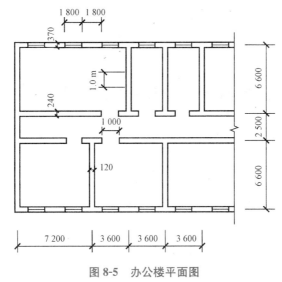

图 8-5 办公楼平面图

【解】 (1)确定静力计算方案及求允许高厚比。

最大横墙间距 $s=3.6 \times 3=10.8$(m)，由表 8-1 可知 $s < 32$ m，确定为刚性方案

由表 8-2，因承重纵横墙砂浆为 M5，得 $[\beta]=24$；非承重墙砂浆为 M2.5，$[\beta]=22$，非承重墙 $h=120$ mm，用内插法得 $\mu_1=1.44$，$\mu_1[\beta]=1.44 \times 22=31.68$。

(2)确定计算高度。

承重墙 $H=4.6$ m，$s=10.8$ m $> 2H=2 \times 4.6=9.2$(m)，由表 8-3 得高度 $H_0=1.0H=4.6$(m)。

非承重墙 $H=3.6$ m，一般是后砌在地面垫层上，上端用斜放立砖顶住楼面梁砌筑，两

侧与纵墙拉结不好，故按两侧无拉结考虑，则计算高度 $H_0=1.0H=3.6(m)$。

（3）纵墙高厚比验算。

1）外纵墙。

$s=3.6$ m，$b_s=1.8$ m，$\mu_2=1-0.4\dfrac{b_s}{s}=0.8$。

外纵墙高厚比：

$\beta=\dfrac{H_0}{h}=12.4<\mu_2[\beta]=0.8\times24=19.2$，满足要求。

2）内纵墙。

$s=10.8$ m，$b_s=1.0$ m，$\mu_2=1-0.4\dfrac{b_s}{s}=0.96$。

内纵墙高厚比：

$\beta=\dfrac{H_0}{h}=19.2<\mu_2[\beta]=0.96\times24=23$，满足要求。

（4）横墙高厚比验算。

由于横墙的厚度、砌筑砂浆、墙体高度均与内纵墙相同，且横墙上无洞口，又比内纵墙短，计算高度也小，故不必进行验算。

（5）隔墙高厚比验算。

隔墙高厚比为 $\beta=\dfrac{H_0}{h}=30<\mu_1[\beta]=31.68$，满足要求。

任务 8.3   受压构件承载力计算

8.3.1 砌体材料

8.3.1.1 块材

1. 砖

砖的规格如图 8-6 所示。砌体结构常用的砖有烧结普通砖、烧结多孔砖、蒸压灰砂砖、蒸压粉煤灰砖等。

普通砖及多孔砖是由黏土页岩等为主要材料焙烧而成的。硅酸盐砖是用硅酸盐材料加压成型并经高压釜养而成的。

普通砖和蒸压砖具有全国统一的规格，其尺寸为 240 mm×115 mm×53 mm。多孔砖的主要规格有 190 mm×190 mm×190 mm、240 mm×115 mm×90 mm、240 mm×180 mm×115 mm 等。孔洞率一般不少于 25%。

砖的强度等级是根据受压试件测得的抗压强度（以 N/mm² 或 MPa 计）来划分的。《砌体结构设计规范》(GB 50003—2011) 规定，砖的强度等级划分为 MU30、MU25、MU20、MU15 和 MU10 五级，其中 MU 表示砌体中的块体，其后数字表示块体的抗压强度值，单位为 MPa。

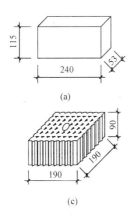
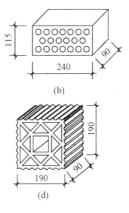

(a)

(b)

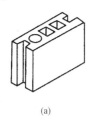
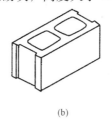
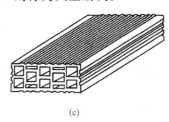

(c)

(d)

图 8-6　砖的规格

2. 砌块

砌块材料如图 8-7 所示。砌块一般指混凝土空心砌块、加气混凝土砌块及硅酸盐实心砌块。此外还有用黏土、煤矸石等为原料，经焙烧而制成的烧结空心砌块。砌块按尺寸大小可分为小型、中型和大型三种，我国通常把砌块高度为 180～350 mm 的称为小型砌块；高度为 360～900 mm 的称为中型砌块；高度大于 900 mm 的称为大型砌块。

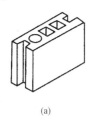

(a)

(b)

(c)

图 8-7　砌块材料
(a)混凝土中型空心砌块；(b)混凝土小型砌块；(c)烧结空心砌块

混凝土空心砌块的强度等级是根据标准试验方法，按毛截面面积计算的极限抗压强度值来划分的。《砌体结构设计规范》(GB 50003—2011) 规定，混凝土砌块的强度等级为 MU20、MU15、MU10、MU7.5 和 MU5 五个等级。

3. 石材

石材主要来源于重质岩石和轻质岩石。天然石材分为料石和毛石两种。料石按其加工后外形的规则程度又分为细料石、半细料石、粗料石和毛料石。《砌体结构设计规范》(GB 50003—2011) 规定，石材的强度等级分为 MU100、MU80、MU60、MU50、MU40、MU30 和 MU20 七个等级。

8.3.1.2　砌筑砂浆

砂浆是由胶凝材料(石灰、水泥)和细集料(砂)加水搅拌而成的混合材料。

砂浆的作用是将砌体中的单个块体连成整体，并抹平块体表面，从而促使其表面均匀受力，同时填满块体间的缝隙，减少砌体的透气性，提高砌体的保温性能和抗冻性能。

1. 砂浆的分类

砂浆有水泥砂浆、混合砂浆和非水泥砂浆三种类型。

（1）水泥砂浆是由水泥、砂子和水搅拌而成，其强度高，耐久性好，但和易性差，一般用于对强度有较高要求的砌体中。

（2）混合砂浆是在水泥砂浆中掺入适量的塑化剂，如水泥石灰砂浆、水泥黏土砂浆等。这种砂浆具有一定的强度和耐久性，同时，其和易性与保水性较好，是一般墙体中常用的砂浆类型。

（3）非水泥砂浆有石灰砂浆、黏土砂浆和石膏砂浆。这类砂浆强度不高，有些耐久性也不够好，故只能用在受力小的砌体或简易建筑、临时性建筑中。

2. 砂浆的强度等级

砂浆的强度等级根据其试块的抗压强度确定，试验时应采用同类块体为砂浆试块底模，由边长为 70.7 mm 的立方体标准试块，在温度为 15 ℃~25 ℃环境下硬化、龄期 28 d（石膏砂浆为 7 d）的抗压强度来确定。烧结普通砖、烧结多孔砖、蒸压灰砂普通砖和蒸压粉煤灰普通砖砌体采用的普通砌筑砂浆的强度等级为 M15、M10、M7、M5 和 M2.5，其中 M 表示砂浆，其后数字表示砂浆的强度大小（单位为 MPa）。

3. 砂浆的性能要求

为满足工程质量和施工要求，砂浆除应具有足够的强度外，还应有较好的和易性与保水性。和易性好，则便于砌筑，保证砌筑质量和提高施工工效；保水性好，则不致在存放、运输过程中出现明显的泌水、分层和离析，以保证砌筑质量。水泥砂浆的和易性与保水性不如混合砂浆好，在砌筑墙体、柱时，除有防水要求外，一般采用混合砂浆。

8.3.2 砌体的种类及力学性能

8.3.2.1 砌体的种类

砌体按照所用材料不同，可分为砖砌体、砌块砌体及石砌体；按砌体中有无配筋，可分为无筋砌体与配筋砌体；按实心与否，可分为实心砌体与空斗砌体；按在结构中所起的作用，可分为承重砌体与自承重砌体等。

1. 砖砌体

由砖和砂浆砌筑而成的整体材料，称为砖砌体。在房屋建筑中，砖砌体常用作一般单层和多层工业与民用建筑的内外墙、柱、基础等承重结构以及多高层建筑的围护墙与隔墙等自承重结构等。标准砌筑的实心墙体厚度常为 240 mm（一砖）、370 mm（一砖半）、490 mm（二砖）、620 mm（二砖半）、740 mm（三砖）等。有时为节省材料，墙厚可不按半砖长而按 1/4 砖长的倍数设计，即砌筑成所需的 180 mm、300 mm、420 mm 等厚度的墙体。

2. 砌块砌体

由砌块和砂浆砌筑而成的整体材料称为砌块砌体。目前，国内外常用的砌块砌体以混凝土空心砌块砌体为主，其中包括以普通混凝土为块体材料的普通混凝土空心砌块砌体和以轻集料混凝土为块体材料的轻集料混凝土空心砌块砌体。砌块按尺寸大小的不同，分为小型、中型和大型三种，主要用作住宅、办公楼及学校等建筑以及一般工业建筑的承重墙或围护墙。

3. 石砌体

由天然石材和砂浆（或混凝土）砌筑而成的整体材料，称为石砌体。用作石砌体块材的石材分为毛石和料石两种。根据石材的分类，石砌体又可分为料石砌体、毛石混凝土砌体等。用石材建造的砌体结构物具有很高的抗压强度、良好的耐磨性和耐久性，而且石砌体表面经加工后美观且富于装饰性。另外，石砌体中的石材资源分布广，蕴藏量丰富，便于就地取材，生产成本低，故古今中外在修建城垣、桥梁、房屋、道路和水利等工程中多有应用。

4. 配筋砌体

为提高砌体强度、减少其截面尺寸、增加砌体结构（或构件）的整体性，可在砌体中配置钢筋或钢筋混凝土，即采用配筋砌体。配筋砌体可分为配筋砖砌体和配筋砌块砌体。

8.3.2.2　砌体的力学性能

1. 砌体的受压性能

砌体的受压破坏特征试验研究表明，砌体轴心受压从加载直到破坏，按照裂缝的出现、发展和最终破坏，大致经历以下三个阶段。

第一阶段：从砌体受压开始，当压力增大至 50%～70% 的破坏荷载时，砌体内出现第一条（批）裂缝。对于砖砌体，在此阶段，单块砖内产生细小裂缝，而且多数情况下裂缝有数条，但一般均不穿过砂浆层，如果不再增加压力，单块砖内的裂缝也不继续发展，如图 8-8(a) 所示。对于混凝土小型空心砌块，在此阶段，砌体内通常只产生一条细小裂缝，但裂缝往往在单个块体的高度内贯通。

第二阶段：随着荷载的增加，当压力增大至 80%～90% 的破坏荷载时，单个块体内的裂缝将不断发展，裂缝沿着竖向灰缝通过若干皮砖或砌块，并逐渐在砌体内连接成一段段较连续的裂缝。此时，荷载即使不再增加，裂缝仍会继续发展，砌体已临近破坏，在工程实践中可视为处于十分危险状态，如图 8-8(b) 所示。

第三阶段：随着荷载的继续增加，砌体中的裂缝迅速延伸、宽度扩展，连续的竖向贯通裂缝把砌体分割成小柱体，砌体个别块体材料可能被压碎或小柱体失稳，从而导致整个砌体的破坏，如图 8-8(c) 所示。

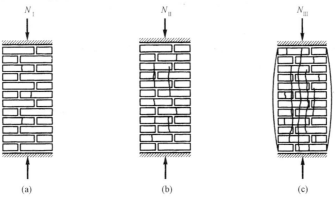

图 8-8　砖砌体的受压破坏

2. 影响砌体抗压强度的因素

通过对砖砌体在轴心受压时的受力分析及试验结果表明，影响砌体抗压强度的主要因素有以下几项：

（1）块体与砂浆的强度等级。块体与砂浆的强度等级是确定砌体强度最主要的因素。单个块体的抗弯、抗拉强度在某种程度上，决定了砌体的抗压强度。一般来说，强度等级高的块体，抗弯、抗拉强度也较高，因而相应砌体的抗压强度也高，但并不与块体强度等级的提高成正比；而砂浆的强度等级越高，砂浆的横向变形越小，砌体的抗压强度也有所提高。

（2）块体的尺寸与形状。块体的尺寸、几何形状及表面的平整程度对砌体的抗压强度也有较大的影响。高度大的块体，其抗弯、抗剪及抗拉能力增大；块体长度较大时，块体在砌体中引起的弯、剪应力也较大。因此，砌体强度随块体厚度的增大而加大，随块体长度的增大而降低，而块体的形状越规则，表面越平整，则块体的受弯、受剪作用越小，可推迟单块块材内竖向裂缝的出现，因而提高砌体的抗压强度。

（3）砂浆的流动性、保水性及弹性模量的影响。砂浆的流动性大与保水性好时，容易铺成厚度和密实性较均匀的灰缝，因而，可减少单块砖内的弯剪应力而提高砌体强度。纯水泥砂浆的流动性较差，所以，同一强度等级的混合砂浆砌筑的砌体强度要比相应纯水泥砂浆砌体高；砂浆弹性模量的大小对砌体强度亦具有决定性的作用，砂浆的弹性模量越大，相应地，砌体的抗压强度越高。

（4）砌筑质量。砌筑质量是指砌体的砌筑方式、灰缝砂浆的饱满度、砂浆层的铺砌厚度等。砌筑质量与工人的技术水平有关，砌筑质量不同，则砌体强度不同。

3. 砌体的受拉、受弯和受剪性能

在实际工程中，因砌体具有良好的抗压性能，故多将砌体用作承受压力的墙、柱等构件。与砌体的抗压强度相比，砌体的轴心抗拉、弯曲抗拉以及抗剪强度都低很多。有时也用它来承受轴心拉力、弯矩和剪力，如砖砌的圆形水池、承受土壤侧压力的挡土墙以及拱或砖过梁支座处承受水平推力的砌体等。

（1）砌体的受拉性能。砌体轴心受拉时，依据拉力作用于砌体的方向，有三种破坏形态。当轴心拉力与砌体水平灰缝平行时，砌体可能沿灰缝 I—I 齿状截面（或阶梯形截面）破坏，即为砌体沿齿状灰缝截面轴心受拉破坏，如图 8-9（a）所示；在同样的拉力作用下，砌体也可能沿块体和竖向灰缝 II—II 较为整齐的截面破坏，即为砌体沿块体（及灰缝）截面的轴心受拉破坏，如图 8-9（a）所示；当轴心拉力与砌体的水平灰缝垂直时，砌体可能沿 III—III 通缝截面破坏，即为砌体沿水平通缝截面轴心受拉破坏，如图 8-9（b）所示。

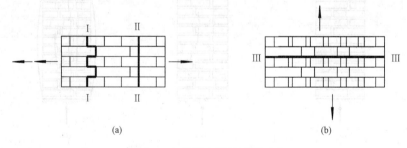

（a）　　　　　　　　　　　　　　　　（b）

图 8-9　砌体轴心受拉破坏形态

砌体的抗拉强度主要取决于块材与砂浆连接面的粘结强度，由于块材和砂浆的粘结强度主要取决于砂浆强度等级，因此砌体的轴心抗拉强度可由砂浆的强度等级来确定。

（2）砌体的受弯性能。砌体结构弯曲受拉时，按其弯曲拉应力使砌体截面破坏的特征，同样存在三种破坏形态，即可分为沿齿缝截面受弯破坏、沿块体与竖向灰缝截面受弯破坏

以及沿通缝截面受弯破坏三种形态。沿齿缝和通缝截面的受弯破坏与砂浆的强度有关。

(3)砌体的受剪性能。砌体在剪力作用下的破坏均为沿灰缝的破坏，故单纯受剪时砌体的抗剪强度主要取决于水平灰缝中砂浆及砂浆与块体的粘结强度。

4. 砌体的弹性模量

砌体为弹塑性材料，随应力增大，塑性变形在变形(总量)中所占比例增大。试验表明，砌体受压后的变形由空隙的压缩变形、块体的压缩变形和砂浆层的压缩变形三部分所组成，其中砂浆层的压缩是主要部分。为实用上的简便，规范对砌体弹性模量采用了较为简化的结果，按砂浆的不同强度等级，取弹性模量与砌体的抗压强度设计值成正比。由于石材的抗压强度设计值与弹性模量均远高于砂浆的相应值，砌体的受压变形主要取决于水平灰缝内砂浆的变形。因此，对于石砌体的弹性模量可仅由砂浆的强度等级来确定，见表8-4。

表 8-4　砌体的弹性模量

砌体种类	砂浆强度等级			
	≥M10	M7.5	M5	M2.5
烧结普通砖、烧结多孔砖砌体	$1\ 600f$	$1\ 600f$	$1\ 600f$	$1\ 390f$
混凝土普通砖、混凝土多孔砖砌体	$1\ 600f$	$1\ 600f$	$1\ 600f$	—
蒸压灰砂普通砖、蒸压粉煤灰普通砖砌体	$1\ 060f$	$1\ 060f$	$1\ 060f$	—
非灌孔混凝土砌块砌体	$1\ 700f$	$1\ 600f$	$1\ 500f$	—
粗料石、毛料石、毛石砌体	—	$5\ 650$	$4\ 000$	$2\ 250$
细料石砌体	—	$17\ 000$	$12\ 000$	$6\ 750$

注：1. 轻集料混凝土砌块砌体的弹性模量，可按表中混凝土砌块砌体的弹性模量采用；
　　2. 表中砌体抗压强度设计值不按《砌体结构设计规范》(GB 50003—2011)中第 3.2.3 条进行调整；
　　3. 表中砂浆为普通砂浆，采用专用砂浆砌筑的砌体的弹性模量也按此表取值；
　　4. 对混凝土普通砖、混凝土多孔砖、混凝土和轻集料混凝土砌块砌体，表中的砂浆强度等级分别为：≥Mb10、Mb7.5 及 Mb5；
　　5. 对蒸压灰砂普通砖和蒸压粉煤灰普通砖砌体，当采用专用砂浆砌筑时，其强度设计值按表中数值采用；
　　6. f 为砌体的抗压强度设计值。

5. 砌体的强度设计值

砌体的强度设计值是在承载能力极限状态设计时采用的强度值。施工质量控制等级为 B 级、龄期为 28 d、以毛截面计算的各类砌体的抗压强度设计值、轴心抗拉强度设计值、弯曲抗拉强度设计值及抗剪强度设计值可查表取得。

特别说明： 下列情况的各类砌体，其强度设计值应乘以调整系数 γ_a：

(1)对无筋砌体构件，其截面面积 A 小于 $0.3\ m^2$ 时，γ_a 为其截面面积加 0.7。对配筋砌体构件，当其中砌体截面面积 A 小于 $0.2\ m^2$ 时，γ_a 为其截面面积加 0.8。构件截面面积以 m^2 计。

(2)当砌体用强度等级小于 M5 的水泥砂浆砌筑时，对表 8-5～表 8-10 各表中数值，γ_a 为 0.9；对表 8-11 中的数值，γ_a 为 0.8。

(3)当验算施工中房屋的构件时，γ_a 为 1.1。

表 8-5　烧结普通砖和烧结多孔砖砌体的抗压强度设计值　　　　　　　MPa

砖强度等级	砂浆强度等级					砂浆强度
	M15	M10	M7.5	M5	M2.5	0
MU30	3.94	3.27	2.93	2.59	2.26	1.15
MU25	3.60	2.98	2.68	2.37	2.06	1.05
MU20	3.22	2.67	2.39	2.12	1.84	0.94
MU15	2.79	2.31	2.07	1.83	1.60	0.82
MU10	—	1.89	1.69	1.50	1.30	0.67

注：当烧结多孔砖的孔洞率大于 30% 时，表中数值应乘以 0.9。

表 8-6　蒸压灰砂砖和粉煤灰砖砌体的抗压强度设计值　　　　　　　MPa

砖强度等级	砂浆强度等级				砂浆强度
	M15	M10	M7.5	M5	0
MU25	3.60	2.98	2.68	2.37	1.05
MU20	3.22	2.67	2.39	2.12	0.94
MU15	2.79	2.31	2.07	1.83	0.82

注：当采用专用砂浆砌筑时，其抗压强度设计值按表中数值采用。

表 8-7　单排孔混凝土和轻集料混凝土砌块对孔砌筑砌体的抗压强度设计值　　　　　　　MPa

砌块强度等级	砂浆强度等级					砂浆强度
	Mb20	Mb15	Mb10	Mb7.5	Mb5	0
MU20	6.30	5.68	4.95	4.44	3.94	2.33
MU15	—	4.61	4.02	3.61	3.20	1.89
MU10	—	—	2.79	2.50	2.22	1.31
MU7.5	—	—	—	1.93	1.71	1.01
MU5	—	—	—	—	1.19	0.70

注：1. 对独立柱或厚度为双排组砌的砌块砌体，应按表中数值乘以 0.7；

　　2. 对 T 形截面墙体、柱，应按表中数值乘以 0.85。

表 8-8　双排孔或多排孔轻集料混凝土砌块砌体的抗压强度设计值　　　　　　　MPa

砌块强度等级	砂浆强度等级			砂浆强度
	Mb10	Mb7.5	Mb5	0
MU10	3.08	2.76	2.45	1.44
MU7.5	—	2.13	1.88	1.12
MU5	—	—	1.31	0.78
MU3.5	—	—	0.95	0.56

注：1. 表中的砌块为火山渣、浮石和陶粒轻集料混凝土砌块；

　　2. 对厚度方向为双排组砌的轻集料混凝土砌块砌体的抗压强度设计值，应按表中数值乘以 0.8。

表 8-9　毛料石砌体的抗压强度设计值　　　　　　　　　　　　　　　MPa

毛料石强度等级	砂浆强度等级			砂浆强度
	M7.5	M5	M2.5	0
MU100	5.42	4.80	4.18	2.13
MU80	4.85	4.29	3.73	1.91
MU60	4.20	3.71	3.23	1.65
MU50	3.83	3.39	2.95	1.51
MU40	3.43	3.04	2.64	1.35
MU30	2.97	2.63	2.29	1.17
MU20	2.42	2.15	1.87	0.95

注：对细料石砌体、粗料石砌体和干砌勾缝石砌体，表中数值应分别乘以调整系数 1.4、1.2 和 0.8。

表 8-10　毛石砌体的抗压强度设计值　　　　　　　　　　　　　　　MPa

毛料石强度等级	砂浆强度等级			砂浆强度
	M7.5	M5	M2.5	0
MU100	1.27	1.12	0.98	0.34
MU80	1.13	1.00	0.87	0.30
MU60	0.98	0.87	0.76	0.26
MU50	0.90	0.80	0.69	0.23
MU40	0.80	0.71	0.62	0.21
MU30	0.69	0.61	0.53	0.18
MU20	0.56	0.51	0.44	0.15

表 8-11　沿砌体灰缝截面破坏时的轴心抗拉强度设计值、弯曲抗拉强度设计值和抗剪强度设计值

MPa

强度类别	破坏特征砌体种类	砂浆强度等级			
		≥M10	M7.5	M5	M2.5
轴心抗拉 沿齿缝	烧结普通砖、烧结多孔砖	0.19	0.16	0.13	0.09
	混凝土普通砖、混凝土多孔砖	0.19	0.16	0.13	—
	蒸压灰砂普通砖、蒸压粉煤灰普通砖	0.12	0.10	0.08	—
	混凝土和轻集料混凝土砌块	0.09	0.08	0.07	—
	毛石	—	0.07	0.06	0.04
弯曲抗拉 沿齿缝	烧结普通砖、烧结多孔砖	0.33	0.29	0.23	0.17
	混凝土普通砖、混凝土多孔砖	0.33	0.29	0.23	—
	蒸压灰砂普通砖、蒸压粉煤灰普通砖	0.24	0.20	0.16	—
	混凝土和轻集料混凝土砌块	0.11	0.09	0.08	—
	毛石	—	0.11	0.09	0.07
沿通缝	烧结普通砖、烧结多孔砖	0.17	0.14	0.11	0.08
	混凝土普通砖、混凝土多孔砖	0.17	0.14	0.11	—
	蒸压灰砂普通砖、蒸压粉煤灰普通砖	0.12	0.10	0.08	—
	混凝土和轻集料混凝土砌块	0.18	0.06	0.05	—

强度类别	破坏特征砌体种类	砂浆强度等级			
		≥M10	M7.5	M5	M2.5
抗剪	烧结普通砖、烧结多孔砖	0.17	0.14	0.11	0.08
	混凝土普通砖、混凝土多孔砖	0.17	0.14	0.11	—
	蒸压灰砂普通砖、蒸压粉煤灰普通砖	0.12	0.10	0.08	—
	混凝土和轻集料混凝土砌块	0.09	0.08	0.06	—
	毛石	—	0.19	0.16	0.11

注：1. 对于用形状规则的块体砌筑的砌体，当搭接长度与块体高度的比值小于1时，其轴心抗拉强度设计值 f_t 和弯曲抗拉强度设计值 f_{tm} 应按表中数值乘以搭接长度与块体高度比值后采用；

2. 表中数值是依据普通砂浆砌筑的砌体确定，采用经研究性试验且通过技术鉴定的专用砂浆砌筑的蒸压灰砂普通砖、蒸压粉煤灰普通砖砌体，其抗剪强度设计值按相应普通砂浆强度等级砌筑的烧结普通砖砌体采用；

3. 对混凝土普通砖、混凝土多孔砖、混凝土和轻集料混凝土砌块砌体，表中的砂浆强度等级分别为：≥Mb10、Mb7.5 及 Mb5。

8.3.3 无筋砌体受压承载力计算

砌体构件的整体性较差，因此砌体构件在受压时，纵向弯曲对砌体构件承载力的影响较其他整体构件显著；同时，又因为荷载作用位置的偏差、砌体材料的不均匀性以及施工误差，轴心受压构件产生附加弯矩和侧向挠曲变形。砌体结构采用以概率理论为基础的极限状态设计方法，采用分项系数的设计表达式进行计算。《建筑结构荷载规范》(GB 50009—2012)规定，把轴向力偏心距和构件的高厚比对受压构件承载力的影响采用同一系数 φ 来考虑。《建筑结构荷载规范》(GB 50009—2012)规定，对无筋砌体轴心受压构件、偏心受压承载力均按下式计算：

$$N \leqslant \varphi f A \tag{8-6}$$

式中　N——轴向力设计值；

f——砌体的抗压强度设计值；

A——截面面积(对各类砌体均应按毛面积计算。对带壁柱墙，计算截面翼缘宽度按下列规定采用：①多层房屋，当有门窗洞口时，可取窗间墙宽度；当无门窗洞口时，每侧翼墙宽度可取壁柱高度的1/3。②单层房屋，可取壁柱宽加2/3墙高，但不大于窗间墙宽度和相邻壁柱间距离)；

φ——高厚比 β 和轴向力的偏心距 e 对受压构件承载力的影响系数，可按表8-12～表8-14查取；

e——轴向力偏心距，按内力设计值计算，即 $e = \dfrac{M}{N}$，并且规定 $e < 0.6y$；

y——截面重心到轴向力所在偏心方向截面边缘的距离；

β——构件的高厚比，应按下式计算：

对矩形截面　　　$\beta = \gamma_\beta \dfrac{H_0}{h}$ \hfill (8-7)

对 T 形截面　　　　　　$\beta = \gamma_\beta \dfrac{H_0}{h_T}$ 　　　　　　　　　　　　　　　　　　　　(8-8)

γ_β——不同砌体材料构件的高厚比修正系数，按表 8-15 查取；

H_0——受压构件的计算高度，按表 8-3 查取；

h——矩形截面轴向力偏心方向的边长，当轴心受压时为截面较小边长；

h_T——T 形截面的折算厚度，可近似按 $h_T = 3.5i$ 计算。

表 8-12　影响系数 φ(砂浆强度等级≥M5)

β	e/h 或 e/h_T												
	0	0.025	0.05	0.075	0.1	0.125	0.15	0.175	0.2	0.225	0.25	0.275	0.3
≤3	1.00	0.99	0.97	0.94	0.89	0.84	0.79	0.73	0.68	0.62	0.57	0.52	0.48
4	0.98	0.95	0.90	0.85	0.80	0.74	0.69	0.63	0.58	0.53	0.49	0.45	0.41
6	0.95	0.91	0.86	0.81	0.75	0.69	0.64	0.59	0.54	0.49	0.45	0.42	0.38
8	0.91	0.86	0.81	0.76	0.70	0.64	0.59	0.54	0.50	0.46	0.42	0.39	0.36
10	0.87	0.82	0.76	0.71	0.65	0.60	0.55	0.50	0.46	0.42	0.39	0.36	0.33
12	0.82	0.77	0.71	0.66	0.60	0.55	0.51	0.47	0.43	0.39	0.36	0.33	0.31
14	0.77	0.72	0.66	0.61	0.56	0.51	0.47	0.43	0.40	0.36	0.34	0.31	0.29
16	0.72	0.67	0.61	0.56	0.52	0.47	0.44	0.40	0.37	0.34	0.31	0.29	0.27
18	0.67	0.62	0.57	0.52	0.48	0.44	0.40	0.37	0.34	0.31	0.29	0.27	0.25
20	0.62	0.57	0.53	0.48	0.44	0.40	0.37	0.34	0.32	0.29	0.27	0.25	0.23
22	0.58	0.53	0.49	0.45	0.41	0.38	0.35	0.32	0.30	0.27	0.25	0.24	0.22
24	0.54	0.49	0.45	0.41	0.38	0.35	0.32	0.30	0.28	0.26	0.24	0.22	0.21
26	0.50	0.46	0.42	0.38	0.35	0.33	0.30	0.28	0.26	0.24	0.22	0.21	0.19
28	0.46	0.42	0.39	0.36	0.33	0.30	0.28	0.26	0.24	0.22	0.21	0.19	0.18
30	0.42	0.39	0.36	0.33	0.31	0.28	0.26	0.24	0.22	0.21	0.20	0.18	0.17

表 8-13　影响系数 φ(砂浆强度等级 M2.5)

β	e/h 或 e/h_T												
	0	0.025	0.05	0.075	0.1	0.125	0.15	0.175	0.2	0.225	0.25	0.275	0.3
≤3	1.00	0.99	0.97	0.94	0.89	0.84	0.79	0.73	0.68	0.62	0.57	0.52	0.48
4	0.97	0.94	0.89	0.84	0.78	0.73	0.67	0.62	0.57	0.52	0.48	0.44	0.40
6	0.93	0.89	0.84	0.78	0.73	0.67	0.62	0.57	0.52	0.48	0.44	0.40	0.37
8	0.89	0.84	0.78	0.72	0.67	0.62	0.57	0.52	0.48	0.44	0.40	0.37	0.34
10	0.83	0.78	0.72	0.67	0.61	0.56	0.52	0.47	0.43	0.40	0.37	0.34	0.31
12	0.78	0.72	0.67	0.61	0.56	0.52	0.47	0.43	0.40	0.37	0.34	0.31	0.29
14	0.72	0.66	0.61	0.56	0.51	0.47	0.43	0.40	0.36	0.34	0.31	0.29	0.27
16	0.66	0.61	0.56	0.51	0.47	0.43	0.40	0.36	0.34	0.31	0.29	0.26	0.25
18	0.61	0.56	0.51	0.47	0.43	0.40	0.36	0.33	0.31	0.29	0.26	0.24	0.23
20	0.56	0.51	0.47	0.43	0.39	0.36	0.33	0.31	0.28	0.26	0.24	0.23	0.21
22	0.51	0.47	0.43	0.39	0.36	0.33	0.31	0.28	0.26	0.24	0.23	0.21	0.20
24	0.46	0.43	0.39	0.36	0.33	0.31	0.28	0.26	0.24	0.23	0.21	0.20	0.18
26	0.42	0.39	0.36	0.33	0.31	0.28	0.26	0.24	0.22	0.21	0.20	0.18	0.17
28	0.39	0.36	0.33	0.30	0.28	0.26	0.24	0.22	0.21	0.20	0.18	0.17	0.16
30	0.36	0.33	0.30	0.28	0.26	0.24	0.22	0.21	0.20	0.18	0.17	0.16	0.15

表 8-14　影响系数 φ(砂浆强度 0)

β	\multicolumn{13}{c}{e/h 或 e/h_T}
	0	0.025	0.05	0.075	0.1	0.125	0.15	0.175	0.2	0.225	0.25	0.275	0.3
≤3	1.00	0.99	0.97	0.94	0.89	0.84	0.79	0.73	0.68	0.62	0.57	0.52	0.48
4	0.87	0.82	0.77	0.71	0.66	0.60	0.55	0.51	0.46	0.43	0.39	0.36	0.33
6	0.76	0.70	0.65	0.59	0.54	0.50	0.46	0.42	0.39	0.36	0.33	0.30	0.28
8	0.63	0.58	0.54	0.49	0.45	0.41	0.38	0.35	0.32	0.30	0.28	0.25	0.24
10	0.53	0.48	0.44	0.41	0.37	0.34	0.32	0.29	0.27	0.25	0.23	0.22	0.20
12	0.44	0.40	0.37	0.34	0.31	0.29	0.27	0.25	0.23	0.21	0.20	0.19	0.17
14	0.36	0.33	0.31	0.28	0.26	0.24	0.23	0.21	0.20	0.18	0.17	0.16	0.15
16	0.30	0.28	0.26	0.24	0.22	0.21	0.19	0.18	0.17	0.16	0.15	0.14	0.13
18	0.26	0.24	0.22	0.21	0.19	0.18	0.17	0.16	0.15	0.14	0.13	0.12	0.12
20	0.22	0.20	0.19	0.18	0.17	0.16	0.15	0.14	0.13	0.12	0.12	0.11	0.10
22	0.19	0.18	0.16	0.15	0.14	0.14	0.13	0.12	0.12	0.11	0.10	0.10	0.09
24	0.16	0.15	0.14	0.13	0.13	0.12	0.11	0.11	0.10	0.10	0.09	0.09	0.08
26	0.14	0.13	0.13	0.12	0.11	0.11	0.10	0.10	0.09	0.09	0.08	0.08	0.07
28	0.12	0.12	0.11	0.11	0.10	0.10	0.09	0.09	0.08	0.08	0.08	0.07	0.07
30	0.11	0.10	0.10	0.09	0.09	0.09	0.08	0.08	0.07	0.07	0.07	0.07	0.06

表 8-15　高厚比修正系数 γ_β

砌体材料类别	γ_β
烧结普通砖、烧结多孔砖	1.0
混凝土及轻集料混凝土砌块	1.1
蒸压灰砂砖、蒸压粉煤灰砖、细料石、半细料石	1.2
粗料石、毛石	1.5

高厚比 β 和轴向力的偏心距 e 对受压构件承载力的影响系数 φ 可按下式计算：

$$\varphi = \frac{1}{1+12\left[\dfrac{e_0}{h}+\sqrt{\dfrac{1}{12}\left(\dfrac{1}{\varphi_0}-1\right)}\right]^2} \tag{8-9}$$

$$\varphi_0 = \frac{1}{1+\alpha\beta^2} \tag{8-10}$$

式中　φ_0——轴心受压构件的稳定系数；

　　　α——与砂浆强度等级有关的系数，当砂浆强度等级大于或等于 M5 时，取 $\alpha=$ 0.0015；当砂浆强度等级等于 M2.5 时，取 $\alpha=0.002$；当砂浆强度等于零时，取 $\alpha=0.009$。

特别说明：对矩形截面构件，当轴向力偏心方向的截面边长大于另一方向的边长时，除应按偏心受压计算外，还应对较小边长方向按轴心受压进行验算。

【例 8-2】　某截面尺寸为 370 mm×490 mm 的砖柱，柱计算高度 $H_0=H=5$ m，采用强度等级为 MU10 的烧结普通砖及 M5 的混合砂浆砌筑，柱底承受轴向压力设计值为 $N=150$ kN，结构安全等级为二级，施工质量控制等级为 B 级。试验算该柱底截面是否安全。

【解】 查表 8-5 得，MU10 的烧结普通砖与 M5 的混合砂浆砌筑的砖砌体的抗压强度设计值 $f=1.5$ MPa。

由于截面面积 $A=0.37\times0.49=0.18(m^2)<0.3\ m^2$，因此砌体抗压强度设计值应乘以调整系数 γ_a，$\gamma_a=A+0.7=0.18+0.7=0.88$。

将 $\beta=\dfrac{H_0}{h}=\dfrac{5\,000}{370}=13.5$ 代入公式得

$$\varphi=\varphi_0=\frac{1}{1+\alpha\beta^2}=\frac{1}{1+0.001\,5\times13.5^2}=0.785$$

则柱底截面的承载力为

$\varphi\gamma_a fA=0.785\times0.88\times1.5\times490\times370=188\times10^3(N)=188\ kN>150\ kN$

故柱底截面安全。

【例 8-3】 某轴心受压砖柱，截面尺寸为 370 mm×490 mm，柱计算高度 $H_0=H=3$ m，采用强度等级为 MU10 蒸压灰砂砖及 M5 水泥砂浆砌筑，砖砌体自重为 19 kN/m，在柱顶截面承受由恒载和活载产生的轴向压力标准值各为 80 kN，结构的安全等级为二级，施工质量控制等极为 B 级。试验算该柱的承载力。

【解】 由 MU10 砖、M5 砂浆查得 $f=1.5\ N/mm^2$，$[\beta]=16$，$\alpha=0.001\,5$。

截面面积 $A=0.37\times0.49=0.181(m^2)<0.3\ m^2$

$\gamma_a=0.7+0.181=0.881$

$\beta=\dfrac{H_0}{h}=\dfrac{3\,000}{370}=8.11<[\beta]=16$

轴向力设计值 N 为

$N=(1.2\times80+1.4\times80)+1.2\times(0.37\times0.49\times3\times19)=220.4(kN)$

则柱的承载力为

$$\varphi=\varphi_0=\frac{1}{1+\alpha\beta^2}=\frac{1}{1+0.001\,5\times8.11^2}=0.91$$

$\varphi\gamma_a fA=0.881\times0.91\times1.5\times181\,300=218.03\times10^3(N)=218.03\ kN<220.4\ kN$

不满足要求，若采取提高砂浆强度的措施，取用 M7.5 水泥砂浆，$f=1.69\ N/mm^2$。

$\varphi\gamma_a fA=0.881\times0.91\times1.69\times181\,300=245.64\times10^3(N)=245.64\ kN>220.4\ kN$

满足要求。

【例 8-4】 一偏心受压柱，截面尺寸为 490 mm×620 mm，柱计算高度 $H_0=H=5$ m，采用强度等级为 MU10 蒸压灰砂砖及 M5 水泥砂浆砌筑，柱底承受轴向压力设计值为 $N=160$ kN，弯矩设计值 $M=20$ kN·m（沿长边方向），结构的安全等级为二级，施工质量控制等级为 B 级。试验算该柱底截面是否安全。

【解】 (1)弯矩作用平面内承载力验算。

$e=\dfrac{M}{N}=\dfrac{20}{160}=0.125(m)=125\ mm<0.6y$，满足规范要求。

MU10 蒸压灰砂砖及 M5 水泥砂浆砌筑，查表 8-15 得 $\gamma_\beta=1.2$，$\alpha=0.001\,5$。

$\beta=\gamma_\beta\dfrac{H_0}{h}=1.2\times\dfrac{5\,000}{620}=9.68$ 代入式(8-10)得

$\varphi_0=\dfrac{1}{1+\alpha\beta^2}=\dfrac{1}{1+0.001\,5\times9.68^2}=0.877$，$\dfrac{e}{h}=\dfrac{125}{620}=0.202$ 代入式(8-9)得

$$\varphi=\cfrac{1}{1+12\left[\cfrac{e}{h}+\sqrt{\cfrac{1}{12}\left(\cfrac{1}{\varphi_0}-1\right)}\right]^2}=0.465$$

查表得，MU10 蒸压灰砂砖与 M5 水泥砂浆砌筑的砖砌体抗压强度设计值 $f=1.5$ MPa。

$A=0.49\times0.62=0.303\ 8(\mathrm{m}^2)>0.3\mathrm{m}^2$，故取 $\gamma_a=1.0$。柱底截面承载力为

$\varphi\gamma_a fA=0.465\times1.5\times490\times620=212\times10^3(\mathrm{N})=212\ \mathrm{kN}>N=160\ \mathrm{kN}$

(2)弯矩作用平面外承载力验算。

对较小边长方向，按轴心受压构件验算。

$\beta=\gamma_\beta\cfrac{H_0}{h}=1.2\times\cfrac{5\ 000}{490}=12.24$ 代入式(8-10)得

$$\varphi=\varphi_0=\cfrac{1}{1+\alpha\beta^2}=\cfrac{1}{1+0.001\ 5\times12.24^2}=0.816$$

则柱底截面的承载力为

$\varphi\gamma_a fA=0.816\times1.5\times490\times620=372\times10^3(\mathrm{N})=372\ \mathrm{kN}>N=160\ \mathrm{kN}$

故柱底截面安全。

【例 8-5】 如图 8-10 所示为带壁柱窗间墙，采用强度等级为 MU10 烧结普通砖与 M5 的水泥砂浆砌筑，计算高度 $H_0=5$ m，柱底承受轴向力设计值为 $N=150$ kN，弯矩设计值为 $M=30$ kN·m，施工质量控制等级为 B 级，偏心压力偏向于带壁柱一侧，试验算截面是否安全。

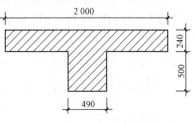

图 8-10 带壁柱窗间墙

【解】 (1)计算截面几何参数。

截面面积为

$A=2\ 000\times240+490\times500=725\ 000(\mathrm{mm}^2)$

截面形心至截面边缘的距离为

$$y_1=\cfrac{2\ 000\times240\times120+490\times500\times490}{725\ 000}=245(\mathrm{mm})$$

$y_2=740-y_1=740-245=495(\mathrm{mm})$

截面惯性矩为

$$I=\cfrac{2\ 000\times240^3}{12}+2\ 000\times240\times125^2+\cfrac{490\times500^3}{12}+490\times500\times245^2$$

$$=296\times10^8(\mathrm{mm}^4)$$

回转半径为

$$i=\sqrt{\cfrac{I}{A}}=\sqrt{\cfrac{296\times10^8}{725\ 000}}=202(\mathrm{mm})$$

T 形截面的折算厚度 $h_\mathrm{T}=3.5i=3.5\times202=707(\mathrm{mm})$

偏心距为

$$e=\cfrac{M}{N}=\cfrac{30}{150}=0.2\ \mathrm{m}=200\ \mathrm{mm}<0.6y_2=297(\mathrm{mm})$$

故满足规范要求。

（2）承载力验算。

MU10 烧结普通砖与 M5 水泥砂浆砌筑，查表 8-15 得 $\gamma_{\beta}=1.0$，$\alpha=0.0015$。

$$\beta=\gamma_{\beta}\frac{H_0}{h_{\mathrm{T}}}=1.0\times\frac{5\,000}{707}=7.07$$

由式（8-10）得

$$\varphi_0=\frac{1}{1+\alpha\beta^2}=\frac{1}{1+0.0015\times 7.07^2}=0.930$$

$$\frac{e}{h_{\mathrm{T}}}=\frac{200}{707}=0.283$$

由式（8-9）得

$$\varphi=\frac{1}{1+12\left[\dfrac{e}{h}+\sqrt{\dfrac{1}{12}\left(\dfrac{1}{\varphi_0}-1\right)}\right]^2}=0.388$$

查表得，MU10 烧结普通砖与 M5 水泥砂浆砌筑的砖砌体的抗压强度设计值 $f=1.5$ MPa。

窗间墙承载力为

$$\varphi\gamma_{\mathrm{a}}fA=0.388\times 1.5\times 725\,000=422\times 10^3\,(\mathrm{N})=422\,\mathrm{kN}>N=150\,\mathrm{kN}$$

故承载力满足要求。

8.3.4 无筋砌体局部受压承载力计算

局部受压是工程中常见的情况，其特点是压力仅仅作用在砌体的局部受压面上，如独立柱基的基础顶面、屋架端部的砌体支承处、梁端支承处的砌体均属于局部受压的情况。若砌体局部受压面积上压应力呈均匀分布，则称为局部均匀受压。

通过大量试验发现，砖砌体局部受压可能有三种破坏形态：

（1）因纵向裂缝的发展而破坏[图 8-11(a)]。在局部压力作用下有竖向裂缝、斜向裂缝，其中，部分裂缝逐渐向上或向下延伸并在破坏时连成一条主要裂缝。

（2）劈裂破坏[图 8-11(b)]。在局部压力作用下产生的纵向裂缝少而集中，且初裂荷载与破坏荷载很接近，在砌体局部面积大而局部受压面积很小时，有可能产生这种破坏形态。

（3）与垫板接触的砌体局部破坏[图 8-11(c)]。墙梁的墙高与跨度之比较大，砌体强度较低时，有可能产生梁支承附近砌体被压碎的现象。

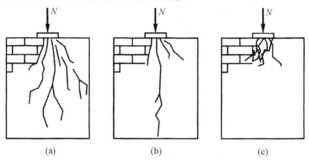

图 8-11　砌体局部受压破坏形态

8.3.4.1 砌体局部均匀受压时的承载力计算

砌体截面中受局部均匀压力作用时的承载力应按下式计算：

$$N_l \leqslant \gamma f A_l \tag{8-11}$$

式中　N_l——局部受压面积上的轴向力设计值；

　　　γ——砌体局部抗压强度提高系数；

　　　f——砌体局部抗压强度设计值，可不考虑强度调整系数 γ_a 的影响；

　　　A_l——局部受压面积。

由于砌体周围未直接受荷部分对直接受荷部分砌体的横向变形起着约束的作用，因此砌体局部抗压强度高于砌体抗压强度。《砌体结构设计规范》(GB 50003—2011)用局部抗压强度提高系数 γ 来反映砌体局部受压时抗压强度的提高程度。

砌体局部抗压强度提高系数，按下式计算：

$$\gamma = 1 + 0.35\sqrt{\dfrac{A_0}{A_l} - 1} \tag{8-12}$$

式中　A_0——影响砌体局部抗压强度的计算面积，按图 8-12 规定采用。

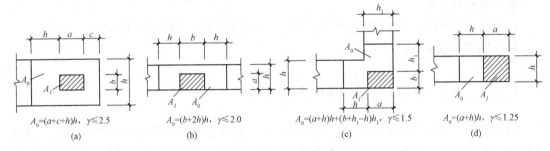

图 8-12　砌体局部受压面积

a、b—矩形局部受压面积 A 的边长；h、h_1—墙厚或柱的较小边长，墙厚；
c—矩形局部受压面积的外边缘至构件边缘的较小边距离(当大于 h 时，应取 h)

8.3.4.2 梁端支承处砌体的局部受压承载力计算

1. 梁支承在砌体上的有效支承长度

当梁支承在砌体上时，由于梁的弯曲会使梁末端有脱离砌体的趋势，因此梁端支承处砌体局部压应力是不均匀的。将梁端底面没有离开砌体的长度称为有效支承长度 a_0，因此，有效支承长度不一定等于梁端搭入砌体的长度。理论和研究证明，梁和砌体的刚度是影响有效支承长度的主要因素，经过简化后的有效支承长度 a_0 为

$$a_0 = 10\sqrt{\dfrac{h_c}{f}} \tag{8-13}$$

式中　a_0——梁端有效支承长度，当 $a_0 > a$ 时，应取 $a_0 = a$；

　　　a——梁端实际支承长度；

　　　h_c——梁的截面高度；

　　　f——砌体的抗压强度设计值。

2. 上部荷载对局部受压承载力的影响

梁端砌体的压应力由两部分组成：一部分为局部受压面积 A_l 上由上部砌体传来的均匀

压应力 σ_0；另一部分为由本层梁传来的梁端非均匀压应力，其合力为 N_l。

当梁上荷载增加时，与梁端底部接触的砌体产生较大的压缩变形，此时如果上部荷载产生的平均压应力 σ_0 较小，梁端顶部与砌体的接触面将减小，甚至与砌体脱开，试验时可观察到有水平缝隙出现，砌体形成内拱来传递上部荷载，引起内力重分布。σ_0 的存在和扩散对梁下部砌体有横向约束作用，对砌体的局部受压是有利的，但随着 σ_0 的增加，上部砌体的压缩变形增大，梁端顶部与砌体的接触面也增加，内拱作用减小，σ_0 的有利影响也减小，规范规定 $A_0/A_l \geqslant 3$ 时，不考虑上部荷载的影响。

上部荷载折减系数可按下式计算：

$$\varphi = 1.5 - 0.5 \frac{A_0}{A_l} \tag{8-14}$$

式中　A_l——局部受压面积，$A_l = a_0 b$（b 为梁宽，a_0 为有效支承长度），当 $A_0/A_l \geqslant 3$ 时，取 $\varphi = 0$。

3. 梁端支承处砌体的局部受压承载力计算公式

$$\varphi N_0 + N_l \leqslant \eta \gamma f A_l \tag{8-15}$$

式中　N_0——局部受压面积内上部荷载产生的轴向力设计值，$N_0 = \sigma_0 A_l$；

　　　σ_0——上部平均压应力设计值；

　　　N_l——梁端支承压力设计值；

　　　η——梁端底面应力图形的完整系数，一般可取 0.7；对于过梁和圈梁，可取 1.0；

　　　f——砌体的抗压强度设计值。

8.3.4.3　梁端下设有刚性垫块的砌体局部受压承载力计算

当梁端局部受压承载力不足时，可在梁端下设置刚性垫块（图 8-13），设置刚性垫块不但增大了局部承压面积，而且可以使梁端压应力比较均匀地传递到垫块下的砌体截面上，从而改善了砌体受力状态。

刚性垫块分为预制刚性垫块和现浇刚性垫块，在实际工程中往往采用预制刚性垫块。为了计算简化，《砌体结构设计规范》(GB 50003—2011) 规定，两者可采用相同的计算方法。

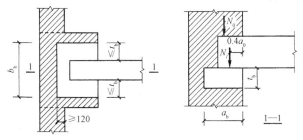

图 8-13　梁端下设预制垫块时局部受压

刚性垫块下的砌体局部受压承载力应按下式计算：

$$N_0 + N_l \leqslant \varphi \gamma_1 f A_b \tag{8-16}$$

$$N_0 = \sigma_0 A_b$$

$$A_b = a_b b_b$$

式中　N_0——垫块面积 A_b 内上部轴向力设计值；

　　　A_b——垫块面积；

a_b——垫块伸入墙内的长度；

b_b——垫块的宽度；

φ——垫块上 N_0 及 N_l 的合力的影响系数，当 $\beta \leqslant 3$ 时的 φ 值即 $\varphi_0=1$ 时的 φ 值；

γ_1——垫块外砌体面积的有利影响系数，γ_1 应为 0.8γ，但不小于 1.0（γ 为砌体局部抗压强度提高系数）。

刚性垫块的构造应符合下列规定：

(1)刚性垫块的高度不宜小于 180 mm，自梁边算起的挑出长度不宜大于垫块高度 t_b。

(2)刚性垫块伸入墙内的长度 a_b 可以与梁的实际支承长度 a 相等或大于 a。

(3)在带壁柱墙的壁柱内设置刚性垫块时，其计算面积应取壁柱范围内的面积，而不应计入翼缘部分，同时，壁柱上垫块深入翼墙内的长度不应小于 120 mm。

(4)当现浇垫块与梁端整体浇筑时，垫块可在梁高范围内设置。梁端设有刚性垫块时，梁端有效支承长度 a_0 应按下式确定：

$$a_0=\delta_1\sqrt{\frac{h_c}{f}} \tag{8-17}$$

式中 δ_1——刚性垫块的影响系数，可按表 8-16 采用。

垫块上 N_l 的作用点的位置可取 $0.4a_0$。

表 8-16 系数 δ_1 值表

σ_0/f	0	0.2	0.4	0.6	0.8
δ_1	5.4	5.7	6.0	6.9	7.8

注：中间的数值可采用内插法求得。

【例 8-6】 一钢筋混凝土柱截面尺寸为 250 mm×250 mm，支承在厚为 370 mm 的砖墙上，作用位置如图 8-14 所示，砖墙用强度等级为 MU10 烧结普通砖和 M5 水泥砂浆砌筑，柱传到墙上的荷载设计值为 120 kN。试验算柱下砌体的局部受压承载力。

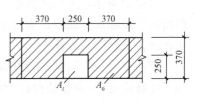

图 8-14 截面示意图

【解】 局部受压面积为

$A_l=250×250=62\ 500(\text{mm}^2)$

局部受压影响面积为

$A_0=(b+2h)h=(250+2×370)×370=366\ 300(\text{mm}^2)$

砌体局部抗压强度提高系数为

$\gamma=1+0.35\sqrt{\dfrac{A_0}{A_l}-1}=1+0.35\sqrt{\dfrac{366\ 300}{62\ 500}-1}=1.77<2$

查表得，MU10 烧结普通砖和 M5 水泥砂浆砌筑的砌体的抗压强度设计值为 $f=1.5$ MPa，砌体局部受压承载力 $\gamma f A_l=1.77×1.5×62\ 500=165.9×10^3(\text{N})=165.9$ kN>120 kN。

故砌体局部受压承载力满足要求。

【例 8-7】 窗间墙截面尺寸为 370 mm×1 200 mm，如图 8-15 所示，砖墙用强度等级为 MU10 的烧结普通砖和 M5 的混合砂浆砌筑。大梁的截面尺寸为 200 mm×550 mm，在墙上的搁置长度为 240 mm。大梁的支座反力为 100 kN，窗间墙范围内梁底截面处的上部荷载设计值为 240 kN，试对大梁端部下砌体的局部受压承载力进行验算。

【解】 查表 8-5 得，MU10 烧结普通砖和 M5 水泥砂浆砌筑的砌体的抗压强度设计值为 $f = 1.5$ MPa。

梁端有效支承长度为

$$a_0 = 10\sqrt{\frac{h_c}{f}} = 10 \times \sqrt{\frac{550}{1.5}} = 191(\text{mm}) < a$$

局部受压面积 $A_l = a_0 b = 191 \times 200 = 38\,200\,(\text{mm}^2)$

局部受压影响面积 $A_0 = (b+2h)h = (200+2\times370)$
$\times 370 = 347\,800\,(\text{mm}^2)$

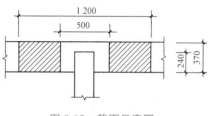

图 8-15 截面示意图

$\dfrac{A_0}{A_l} = \dfrac{347\,800}{38\,200} > 3$，取 $\psi = 0$。

砌体局部抗压强度提高系数

$$\gamma = 1 + 0.35\sqrt{\frac{A_0}{A_l} - 1} = 1 + 0.35\sqrt{\frac{347\,800}{38\,200} - 1} = 1.996 < 2$$

砌体局部受压承载力为

$\eta\gamma f A = 0.7 \times 1.996 \times 1.5 \times 38\,200 = 80 \times 10^3\,(\text{N}) = 80$ kN $< \psi N_0 + N_l = 100\,(\text{kN})$

故局部受压承载力不满足要求。

【例 8-8】 条件同例 8-7，梁下设预制刚性垫块设计。

【解】 根据例 8-7 计算结果，局部受压承载力不足，需设置垫块。

设垫块高度为 $t_b = 180$ mm，平面尺寸 $a_b \times b_b = 370$ mm $\times 500$ mm，垫块自梁边两侧挑出 150 mm $< t_b = 180$ mm，垫块面积 $A_b = a_b \times b_b = 370 \times 500 = 185\,000\,(\text{mm}^2)$。

局部受压影响面积为 $500 + 2 \times 370 = 1\,240\,(\text{mm}) > 1\,200$ mm

故取 $A_0 = 1\,200 \times 370 = 444\,000\,(\text{mm}^2)$

砌体局部抗压强度提高系数为

$$\gamma = 1 + 0.35\sqrt{\frac{A_0}{A_b} - 1} = 1 + 0.35\sqrt{\frac{444\,000}{185\,000} - 1} = 1.41 < 2$$

垫块外砌体的有利影响系数为

$\gamma_1 = 0.8\gamma = 0.8 \times 1.41 = 1.13$

上部平均压应力设计值 $\sigma_0 = \dfrac{240 \times 10^3}{370 \times 1\,200} = 0.54\,(\text{MPa})$

垫块面积 A_b 内上部轴向力设计值为

$N_0 = \sigma_0 A_b = 0.54 \times 185\,000 = 99\,900\,(\text{N}) = 99.9$ kN

$\dfrac{\sigma_0}{f} = \dfrac{0.54}{1.5} = 0.36$，查表 8-16 得 $\delta_1 = 5.724$

梁端有效支承长度 $a_0 = \delta_1\sqrt{\dfrac{h_c}{f}} = 5.724 \times \sqrt{\dfrac{550}{1.5}} = 109\,(\text{mm})$

N_l 对垫块中心的偏心距 $e_l = \dfrac{a_b}{2} - 0.4a_0 = \dfrac{370}{2} - 0.4 \times 109 = 141\,(\text{mm})$

轴向力对垫块中心的偏心距 $e = \dfrac{N_l e_l}{N_0 + N_l} = \dfrac{100 \times 141}{99.9 + 100} = 70.54\,(\text{mm})$

将 $\dfrac{e}{h} = \dfrac{70.54}{370} = 0.191$ 及 $\varphi_0 = 1$ 代入式(8-9)得 $\varphi = 0.700$

验算 $N_0+N_l=199.9(\mathrm{kN})<\varphi\gamma_1 fA_\mathrm{b}=0.700\times1.13\times1.5\times185\,000=220(\mathrm{kN})$
刚性垫块设计满足要求。

任务 8.4　轴心受拉、受弯、受剪构件设计

8.4.1　轴心受拉构件承载力计算

$$N_\mathrm{t}\leqslant f_\mathrm{t}A \tag{8-18}$$

式中　N_t——轴心拉力设计值；

$\quad\quad f_\mathrm{t}$——砌体轴心抗拉强度设计值（取沿齿缝破坏和沿直缝破坏的两种抗拉强度的较小值），查表取用，当符合项目所述情况时应乘以调整系数 γ_a；

$\quad\quad A$——受拉截面面积。

8.4.2　受弯构件承载力计算

受弯构件需进行受弯承载力及受剪承载力两项计算：

$$M\leqslant f_\mathrm{tm}W \tag{8-19}$$

$$V\leqslant f_\mathrm{v}bz \tag{8-20}$$

式中　M,V——弯矩设计值和剪力设计值；

$\quad\quad f_\mathrm{tm}$——砌体弯曲抗拉强度设计值，查表取用（取沿齿缝通缝破坏和沿直缝破坏的两种抗弯强度的较小值）；

$\quad\quad f_\mathrm{v}$——砌体抗剪强度设计值，查表取用；

$\quad\quad W$——截面抵抗矩；

$\quad\quad z$——内力臂，$z=\dfrac{I}{S}$，对矩形截面 $z=\dfrac{2h}{3}$；

b、h、I、S——截面宽度、高度、截面惯性矩、面积矩。

8.4.3　受剪构件承载力计算

受剪承载力随作用在砌体截面上的压力所产生的摩擦力而提高，沿通缝受剪构件的承载力按下式计算：

$$V\leqslant(f_\mathrm{v}+\alpha\mu\sigma_0)A \tag{8-21}$$

当 $\gamma_\mathrm{G}=1.2$ 时，$\mu=0.26-0.082\dfrac{\sigma_0}{f}$；

当 $\gamma_\mathrm{G}=1.35$ 时，$\mu=0.23-0.065\dfrac{\sigma_0}{f}$。

式中　V——截面剪力设计值；

$\quad\quad f_\mathrm{v}$——砌体抗剪强度设计值，查表取用；

A——受剪构件沿剪力作用方向的截面面积，当有孔洞时，取净截面面积；

σ_0——由恒载设计值产生的水平截面平均压应力；

α——修正系数[与砌体种类、荷载组合有关，当荷载分项系数分别为 1.2、1.35 时，砖砌体(混凝土砌块砌体)α 系数分别为 0.6(0.64)、0.64(0.66)]；

μ——剪压复合受力影响系数($\alpha\mu$ 乘积值可查表 8-17)；

f——砌体的抗压强度设计值；

$\dfrac{\sigma_0}{f}$——轴压比，其值不大于 0.8。

表 8-17　当 $\gamma_c = 1.2$ 及 $\gamma_G = 1.35$ 时 $\alpha\mu$ 值

γ_G	σ_0/f	0.1	0.2	0.3	0.4	0.5	0.6	0.7	0.8
1.2	砖砌体	0.15	0.15	0.14	0.14	0.13	0.13	0.12	0.12
	砌块砌体	0.16	0.16	0.15	0.15	0.14	0.13	0.13	0.12
1.35	砖砌体	0.14	0.14	0.13	0.13	0.13	0.12	0.12	0.11
	砌块砌体	0.15	0.14	0.14	0.13	0.13	0.13	0.12	0.12

任务 8.5　刚性方案房屋墙柱设计

8.5.1　单层刚性方案房屋计算

8.5.1.1　单层房屋承重纵墙的计算

1. 静力计算假定

刚性方案的单层房屋，由于其屋盖刚度较大，横墙间距较密，其水平变位可不计，内力计算时有以下基本假定：

(1)纵墙、柱下端与基础固结，上端与大梁(屋架)铰接。

(2)屋盖刚度等于无限大，可视为墙、柱的水平方向不动铰支座。

2. 计算单元

计算单层房屋承重纵墙时，一般选择有代表性的一段或荷载较大以及截面较弱的部位作为计算单元。有门窗洞口的外纵墙，取一个开间为计算单元，无门窗洞口的纵墙，取 1 m 长的墙体为计算单元。其受荷宽度为该墙左右各 1/2 的开间宽度。

3. 计算简图

单层刚性方案房屋计算简图及内力示意图如图 8-16 所示。

4. 纵墙、柱的荷载

(1)屋面荷载：屋面荷载包括屋盖构件自重、屋面活荷载或雪荷载，这些荷载以集中力(N_l)的形式通过屋架或大梁作用于墙、柱顶部，对屋架，其作用点一般距墙体中心线 150 mm；对屋面梁，N_l 与墙体边缘的距离为 $0.4a_0$，则其偏心距 $e_l = \dfrac{h}{2} - 0.4a_0$，$a_0$ 为梁端的有效支承长度。因此，作用于墙顶部的屋面荷载通常由轴向力(N_l)和弯矩($M_l = N_l e_l$)组成。

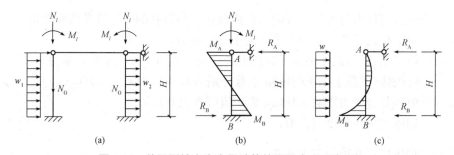

图 8-16　单层刚性方案房屋计算简图及内力示意图

(a)计算简图；(b)屋盖荷载作用下的内力示意图；(c)风荷载作用下的内力示意图

(2)风荷载：包括作用于屋面上和墙面上的风荷载，屋面上(包括女儿墙上)的风荷载可简化为作用于墙、柱顶部的集中荷载的 W，作用于墙面上的风荷载为均布荷载 w。

(3)墙体荷载：墙体荷载(N_G)包括砌体自重、内外墙粉刷和门窗等自重，作用于墙体轴线上。等截面柱(墙)不产生弯矩，若为变截面，则上柱(墙)自重对下柱产生弯矩。

5. 内力计算

(1)在屋盖荷载作用下的内力计算。在屋盖荷载作用下，该结构可按一次超静定结构计算内力，其计算结果为：

$$R_A = -R_B = -\frac{3M_l}{2H}$$

$$M_A = M_l, \quad M_B = -\frac{M_l}{2}$$

$$N_A = N_l, \quad N_B = N_l + N_G$$

(2)在风荷载作用下的内力计算。由于由屋面风荷载作用下产生的集中力 W，将由屋盖传给山墙再传到基础，因此计算时将不予考虑，而仅仅只考虑墙面风荷载 w。

$$R_A = \frac{3}{8}wH, \quad R_A = \frac{5}{8}wH$$

$$M_B = \frac{1}{8}wH^2$$

在离上端 x 处弯矩：$M_x = \frac{wH_x}{8}\left(3 - 4\frac{x}{H}\right)$

$$x = \frac{3}{8}H \text{ 时}, \quad M_{max} = -\frac{9}{128}wH^2$$

对迎风面，$w = w_1$；对背风面，$w = w_2$。

6. 墙、柱控制截面与内力组合

控制截面为内力组合最不利处，一般指梁的底面、窗顶面和窗台处，其组合有：

(1)M_{max} 与相应的 N 和 V。

(2)M_{min} 与相应的 N 和 V。

(3)N_{max} 与相应的 M 和 V。

(4)N_{min} 与相应的 M 和 V。

8.5.1.2　单层房屋承重横墙的计算

单层刚性方案房屋采用横墙承重时，可将屋盖视为横墙的不动铰支座，其计算与承重纵墙相似。

8.5.2 多层刚性方案房屋计算

8.5.2.1 多层房屋承重纵墙的计算

1. 计算单元

在进行多层房屋纵墙的内力及承载力计算时，通常选择有代表性的一段或荷载较大以及截面较弱的部位作为计算单元。计算单元的受荷宽度为 $\dfrac{l_1+l_2}{2}$，如图 8-17 所示。一般情况下，对有门窗洞口的墙体，计算截面宽度取窗间墙宽度；对无门窗洞口的墙体，计算截面宽度取 $\dfrac{l_1+l_2}{2}$；对无门窗洞口且受均布荷载的墙体，取 1 m 宽的墙体计算。

2. 计算简图

（1）竖向荷载作用下墙体的计算简图。对多层民用建筑，在竖向荷载作用下，多层房屋的墙体相当于一竖向连续梁，由于楼盖嵌砌在墙体内，墙体在楼盖处被削弱，使此处墙体所能传递的弯矩减小，可假定墙体在各楼盖处均为不连续的铰支承[图 8-18(a)]，在刚性方案房屋中，墙体与基础连接的截面竖向力较大，弯矩值较小，按偏心受压远轴心受压计算结果相差很

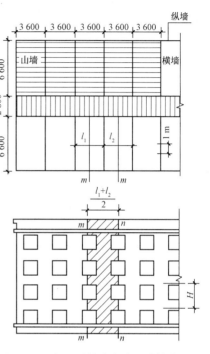

图 8-17　多层刚性方案房屋计算单元

小。为简化计算，也假定墙铰支于基础顶面[图 8-18(b)]，因此在竖向荷载作用下，多层砌体房屋的墙体可假定为以楼盖和基础为铰支的多跨简支梁。计算每层内力时，分层按简支梁分析墙体内力，其计算高度等于每层层高，底层计算高度要算至基础顶面。

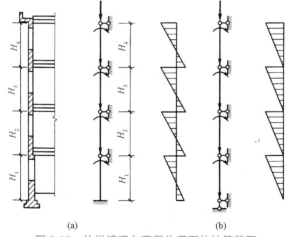

图 8-18　外纵墙竖向荷载作用下的计算简图

因此，竖向荷载作用下多层刚性方案房屋的计算原则为：

1）上部各层荷载沿上一层墙体的截面形心传至下层。

2)在计算某层墙体弯矩时，要考虑梁、板支承压力对本层墙体产生的弯矩，当本层墙体与上层墙体形心不重合时，要考虑上层墙体传来的荷载对本层墙体产生的弯矩，其荷载作用位置如图 8-19 所示。

3)每层墙体的弯矩按三角形变化，上端弯矩最大，下端为零。

(2)水平荷载作用下墙体的计算简图。作用于墙体上的水平荷载是指风荷载，在水平风载作用下，纵墙可按连续梁分析其内力，其计算简图如图 8-20 所示。

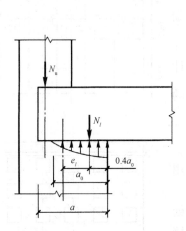

图 8-19　竖向荷载的作用位置

N_u—上层墙体传来的竖向荷载；

N_l—本层楼盖传来的竖向荷载

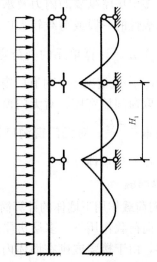

图 8-20　水平荷载作用下纵墙计算简图

由风荷载引起的纵墙的弯矩可近似按下式计算：

$$M=\frac{1}{12}wH_i^2 \tag{8-22}$$

式中　　w——计算单元内，沿每米墙高的风荷载设计值；

　　H_i——第 i 层墙高。

在迎风面，风荷载表现为压力，在背风面，风荷载表现为吸力。

在一定条件下，风荷载在墙截面中产生的弯矩很小，对截面承载力影响不显著，因此风荷载引起的弯矩可以忽略不计。《砌体结构设计规范》(GB 50003—2011)规定，刚性方案多层房屋的外墙符合下列要求时，静力计算可不考虑风荷载的影响：

1)洞口水平截面面积不超过全截面面积的 2/3。

2)层高和总高度不超过表 8-18 的规定。

表 8-18　刚性方案多层房屋外墙不考虑风荷载影响时的最大高度

基本风压值/(kN・m⁻²)	层高/m	总高/m
0.4	4.0	28
0.5	4.0	24
0.6	4.0	18
0.7	3.5	18

3)屋面自重不小于 0.8 kN/m²。

对于多层砌块房屋 190 mm 厚的外墙，当层高不大于 2.8 m，总高不大于 19.6 m，基本风压不大于 0.7 kN/m² 时，可不考虑风荷载的影响。

3. 控制截面与截面承载力验算

对于多层砌体房屋，如果每一层墙体的截面与材料强度都相同，则只需验算底层墙体承载力，如有截面或材料强度的变化，则还需要验算变截面处墙体的承载力。对于梁下支承处，尚应进行局部受压承载力验算。

每层墙体的控制截面有楼盖大梁底面处、窗口上边缘处、窗口下边缘处、下层楼盖大梁底面处，如图 8-21 所示。

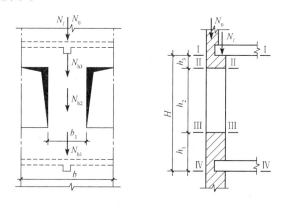

图 8-21　控制截面内力

求出墙体最不利截面的内力后，按受压构件承载力计算公式进行截面承载力验算。

8.5.2.2　多层刚性方案房屋承重横墙的计算

横墙承重的房屋，横墙间距一般较小，所以通常属于刚性方案房屋。房屋的楼盖和屋盖均可视为横墙的不动铰支座，其计算简图如图 8-22 所示。

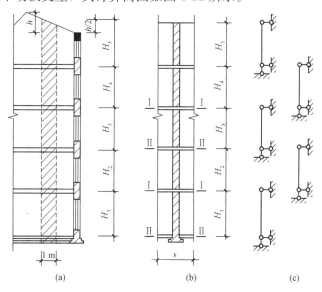

图 8-22　多层刚性方案房屋承重横墙的计算简图

1. 计算单元与计算简图

一般沿墙长取 500 mm 宽为计算单元，每层横墙视为两端为不动铰接的竖向构件，构件高度为每层层高，顶层若为坡屋顶，则构件高度取顶层层高加上山尖高度 h 的平均值，底层算至基础顶面或室外地面以下 500 mm 处。

2. 内力分析要点

作用在横墙上的本层楼盖荷载或屋盖荷载的作用点均作用于距墙边 $0.4a_0$ 处。

如果横墙两侧开间相差不大，则视横墙为轴心受压构件，如果相差悬殊或只是一侧承受楼盖传来的荷载，则横墙为偏心受压构件。

承重横墙的控制截面一般取该层墙体截面Ⅱ－Ⅱ，如图 8-23 所示，此处的轴向力最大。

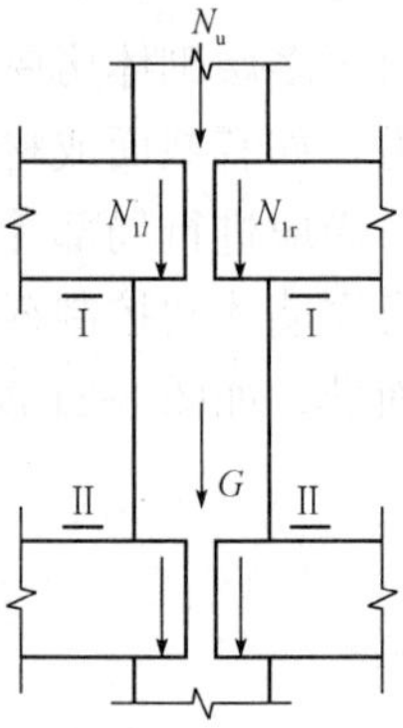

【例 8-9】 某三层试验楼，采用装配式钢筋混凝土梁板结构(图 8-24)，大梁截面尺寸为 $200\text{ mm} \times 500\text{ mm}$，梁端伸入墙内 240 mm，大梁间距 3.6 m。底层墙厚 370 mm，二、三层墙厚 240 mm，均双面抹灰，采用 MU10 砖和 M2.5 混合砂浆砌筑。基本风压为 0.35 kN/m^2。试验算承重纵墙的承载力。

图 8-23　横墙上作用的荷载

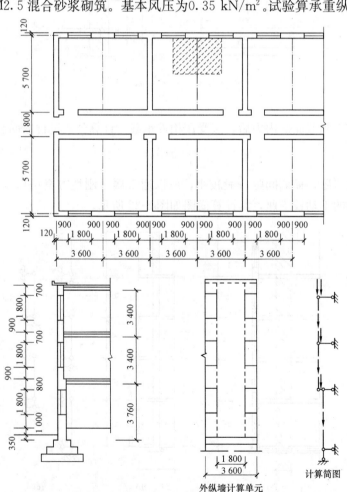

外纵墙计算单元

计算简图

图 8-24　试验楼部分平面图、剖面图

【解】 (1)确定静力计算方案。根据表8-1规定,由于试验楼为装配式钢筋混凝土楼盖,而横墙间距 $s=7.2$ m<32 m,故为刚性方案房屋。

(2)墙体的高厚比验算(从略)。

(3)荷载资料。

1)屋面荷载。

油毡防水层(六层做法)	0.35 kN/m²
20 mm厚水泥砂浆找平层	$0.02 \times 20 = 0.40$(kN/m²)
50 mm厚泡沫混凝土保温层	$0.05 \times 5 = 0.25$(kN/m²)
120 mm厚空心板(包括灌缝)	2.20 kN/m²
20 mm厚板底抹灰	$0.02 \times 17 = 0.34$(kN/m²)
屋面恒载标准值	3.54 kN/m²
屋面活载标准值	0.70 kN/m²

2)楼面荷载。

30 mm厚细石混凝土面层	0.75 kN/m²
120 mm厚空心板(包括灌缝)	2.20 kN/m²
20 mm厚板底抹灰	0.34 kN/m²
楼面恒载标准值	3.29 kN/m²
楼面活载标准值	2.00 kN/m²

3)进深梁自重(包括15 mm粉刷)。

标准值　$0.2 \times 0.5 \times 25 + 0.015 \times (2 \times 0.5 + 0.2) \times 17 = 2.81$(kN/m)

4)墙体自重及木窗自重。

双面粉刷的240 mm厚砖墙自重(按墙面计)标准值	5.24 kN/m²
双面粉刷的370 mm厚砖墙自重(按墙面计)标准值	7.62 kN/m²
木窗自重(按窗框面积计)标准值	0.30 kN/m²

(4)纵墙承载力验算。由于房屋的总高小于28 m,层高又小于4 m,根据表8-18规定可不考虑风荷载作用。

1)计算单元。取一个开间宽度的外纵墙为计算单元,其受荷面积为 $3.6 \times 2.85 = 10.26$(m²),如图8-24中斜线部分所示。纵墙的承载力由外纵墙控制,内纵墙不起控制作用,可不必计算。

2)控制截面。每层纵墙取两个控制截面。墙上部取梁底下的砌体截面;墙下部取梁底稍上砌体截面。其计算截面均取窗间墙截面(本例不必计算三层墙体)。

第二层墙的计算截面面积 $A_2 = 1.8 \times 0.24 = 0.432$(m²)

第一层墙的计算截面面积 $A_1 = 1.8 \times 0.37 = 0.666$(m²)

3)荷载计算。按一个计算单元,作用于纵墙上的集中荷载计算如下:

屋面传来的集中荷载(包括外挑0.5 m的屋檐和屋面梁):

标准值为

$$N_{k3} = (3.54 + 0.7) \times 3.6 \times (2.85 + 0.5) + 2.81 \times 2.85 = 59.14 \text{(kN)}$$

设计值为

$N_{l3} = (1.2 \times 3.54 + 1.4 \times 0.7) \times 3.6 \times (2.85 + 0.5) + 1.2 \times 2.81 \times 2.85 = 72.66$(kN)

查表8-5,由MU10砖和M2.5砂浆砌筑的砌体,其抗压强度设计值 $f = 1.3$ N/mm²。

已知梁高 500 mm，则梁的有效支承长度为

$$a_0 = 10\sqrt{\frac{h_c}{f}} = 10 \times \sqrt{\frac{500}{1.3}} = 196(mm) < 240\ mm，取\ a_0 = 196\ mm = 0.196\ m。$$

屋面荷载作用于墙顶的偏心距为

$$e_3 = \frac{h}{2} - 0.4a_0 = \frac{0.24}{2} - 0.4 \times 0.196 = 0.042(m)$$

楼盖传来的集中荷载（包括楼面梁）

设计值为

$$N_{l2} = N_{l1} = (1.2 \times 3.29 + 1.4 \times 2.0) \times 3.6 \times 2.85 + 1.2 \times 2.81 \times 2.85 = 78.84(kN)$$

三层楼面荷载作用于墙顶的偏心距为

$$e_2 = \frac{h}{2} - 0.4a_0 = \frac{0.24}{2} - 0.4 \times 0.196 = 0.042(m)$$

二层楼面荷载作用于墙顶的偏心距为

$$e_1 = \frac{h}{2} - 0.4a_0 = \frac{0.37}{2} - 0.4 \times 0.196 = 0.107(m)$$

第三层 Ⅰ—Ⅰ 截面以上 240 mm 厚墙体自重[高度为 $0.5 + 0.12 + 0.02 = 0.64(m)$]

设计值为

$$\Delta N_{w3} = 1.2 \times 3.6 \times 0.64 \times 5.24 = 14.48(kN)$$

第三层 Ⅰ—Ⅰ 截面至 Ⅱ—Ⅱ 截面之间 240 mm 厚墙体自重

设计值为

$$N_{w3} = 1.2 \times [(3.6 \times 3.4 - 1.8 \times 1.8) \times 5.24 + 1.8 \times 1.8 \times 0.3] = 57.76(kN)$$

第二层 Ⅰ—Ⅰ 截面至 Ⅱ—Ⅱ 截面之间 240 mm 厚墙体自重[高度为 $3.4 - (0.5 + 0.12 + 0.02) = 2.76(m)$]

设计值为

$$N_{w2} = 1.2 \times [(3.6 \times 2.76 - 1.8 \times 1.8) \times 5.24 + 1.8 \times 1.8 \times 0.3] = 43.27(kN)$$

第一层 Ⅰ—Ⅰ 截面至 Ⅱ—Ⅱ 截面之间 370 mm 厚墙体自重

设计值为

$$N_{w1} = 1.2 \times [(3.6 \times 3.76 - 1.8 \times 1.8) \times 7.62 + 1.8 \times 1.8 \times 0.3] = 95.32(kN)$$

第一层 Ⅰ—Ⅰ 截面至第二层 Ⅱ—Ⅱ 截面之间 370 mm 厚墙体自重

设计值为

$$\Delta N_{w1} = 1.2 \times [3.6 \times (0.5 + 0.12 + 0.02) \times 7.62] = 21.07(kN)$$

各层纵墙的计算简图如图 8-25 所示。

4）控制截面的内力计算。

①第三层。

第三层 Ⅰ—Ⅰ 截面处：

轴向力设计值为

$$N_I = N_{l3} + \Delta N_{w3} = 72.66 + 14.48 = 87.14(kN)$$

弯矩设计值（由三层屋面荷载偏心作用产生）为

$$M_I = N_{l3}e_3 = 72.66 \times 0.042 = 3.05(kN \cdot m)$$

第三层 Ⅱ—Ⅱ 截面处：

轴向力为上述荷载与本层墙体自重之和。

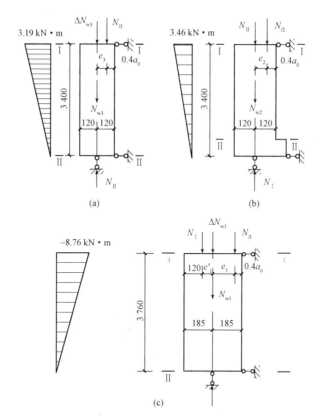

图 8-25 各层墙体的计算简图及弯矩图
(a)第三层;(b)第二层;(c)第一层

轴向力设计值为

$$N_{II} = N_I + N_{w3} = 87.14 + 57.76 = 144.9 \text{(kN)}$$

弯矩设计值为 $\quad M_{II} = 0$

②第二层。

第二层 Ⅰ—Ⅰ 截面处:

轴向力为上述荷载与本层楼盖荷载之和。

轴向力设计值为

$$N_I = N_{II} + N_{l3} = 144.9 + 78.84 = 223.74 \text{(kN)}$$

弯矩设计值(由三层楼面荷载偏心作用产生)为

$$M_I = N_{l2} e_2 = 78.84 \times 0.042 = 3.31 \text{(kN \cdot m)}$$

第二层 Ⅱ—Ⅱ 截面处:

轴向力为上述荷载与本身墙体自重之和。

轴向力设计值为

$$N_{II} = N_I + N_{w2} = 223.74 + 43.27 = 267.01 \text{(kN)}$$

弯矩设计值为 $\quad M_{II} = 0$

③第一层。

第一层 Ⅰ—Ⅰ 截面处:

轴向力为上述荷载、370 墙增厚部分墙体及本层楼盖荷载之和。

轴向力设计值为

$$N_{\mathrm{I}} = N_{\mathrm{II}} + \Delta N_{w1} + N_{l1} = 267.01 + 21.07 + 78.84 = 366.92(\mathrm{kN})$$

因第一层墙截面形心与第二层墙截面形心不重合，尚应考虑 N_{II} 产生的弯矩，得

$$M_{\mathrm{I}} = N_{l1}e_1 - N_{\mathrm{II}}\left(\frac{0.37}{2} - 0.12\right) = 78.84 \times 0.107 - 267.01 \times 0.065 = -8.92(\mathrm{kN \cdot m})$$

第一层 II—II 截面处轴向力为上述荷载与本层墙体自重之和。

轴向力设计值为

$$N_{\mathrm{II}} = N_{\mathrm{I}} + N_{w1} = 366.92 + 95.32 = 462.24(\mathrm{kN})$$

弯矩设计值为 $\quad M_{\mathrm{II}} = 0$

5)截面承载力验算。

①纵向墙体计算高度 H_0 的确定。

第二、三层层高 $H = 3.4$ m，横墙间距 $s = 7.2$ m $> 2H = 2 \times 3.4 = 6.8$(m)，由表 8-3 查得 $H_0 = H = 3.4$ m。第一层层高 3.76 m，$3.76 < s = 7.2$ m $< 2H = 2 \times 3.76 = 7.52$(m)，$H_0 = 0.4S + 0.2H = 0.4 \times 7.2 + 0.2 \times 3.76 = 3.63$(m)。

②承载力影响系数 φ 的确定。系数 φ 根据高厚比 β 及相对偏心距 $\dfrac{e}{h}$ 由表 8-13 查得，并列入表 8-19。

6)纵墙承载力验算。纵墙承载力验算在表 8-19 进行。验算结果表明，纵墙的承载力均满足要求。

表 8-19 纵墙承载力验算

项目	截面	N /kN	M /(kN·m)	$e = \dfrac{M}{N}$ /m	$\dfrac{e}{h}$	$\beta = \dfrac{H_0}{h}$	φ	A /mm²	f /(N·mm⁻²)	φfA/kN
二层墙体验算	I—I	223.74	3.31	0.015	0.063	$\dfrac{3.4}{0.24} = 14.2$	0.58	432 000	1.3	325.17 $> N_{\mathrm{I}}$
	II—II	267.01	0	0	0	14.2	0.71	432 000	1.3	398.74 $> N_{\mathrm{II}}$
底层墙体验算	I—I	366.92	−8.92	−0.024	0.065	$\dfrac{3.63}{0.37} = 9.8$	0.69	666 000	1.3	597.4 $> N_{\mathrm{I}}$
	II—II	462.24	0	0	0	9.8	0.83	666 000	1.3	718.61 $> N_{\mathrm{II}}$

任务8.6 过梁、挑梁与圈梁设计

8.6.1 过梁

8.6.1.1 过梁的分类及构造要求

过梁是砌体结构门窗洞口上常用的构件，用以承受门窗洞口以上砌体自重以及其上梁板传来的荷载，主要有钢筋混凝土过梁、钢筋砖过梁、砖砌平拱过梁和砖砌弧拱过梁等几种形式，如图 8-26 所示。

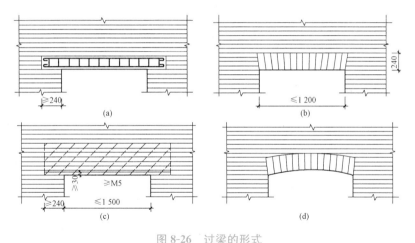

图 8-26 过梁的形式

(a)钢筋混凝土过梁；(b)钢筋砖过梁；(c)砖砌平拱过梁；(d)砖砌弧拱过梁

由于砖砌过梁延性较差，跨度不宜过大。因此，对有较大振动荷载或可能产生不均匀沉降的房屋，应采用钢筋混凝土过梁。钢筋混凝土过梁端部支承长度不宜小于 240 mm。

砖砌平拱过梁跨度不应超过 1.8 m，其厚度等于墙厚。竖砖砌筑部分高度不应小于 240 mm。

钢筋砖过梁跨度不应超过 1.5 m，过梁底面砂浆层厚度不宜小于 30 mm，砂浆层内配置不少于 $\phi5@120$ 的纵向受力钢筋，钢筋锚固于支座内的长度不宜小于 240 mm。砂浆不宜低于 M5。

8.6.1.2 过梁上的荷载

过梁上的荷载有两种，一种是仅承受墙体荷载；另一种是除承受墙体荷载外，还承受其上梁板传来的荷载。

1. 墙体荷载

试验表明，如过梁上的砌体采用水泥混合砂浆砌筑，当砖砌体的砌筑高度接近跨度的一半时，跨中挠度的增加明显减小。此时，过梁上砌体的当量荷载相当于高度等于 1/3 跨度时的墙体自重。这是由于砌体砂浆随时间增长而逐渐硬化，参加工作的砌体高度不断增加，使砌体的组合作用不断增强。当过梁上墙体有足够高度时，施加在过梁上的竖向荷载将通过墙体内的拱作用直接传给支座。因此，过梁上的墙体荷载应按如下要求取用。

(1)对砖砌体，当过梁上的墙体高度 $h_w < l_n/3$ 时，应按墙体的均布自重采用[图 8-27(a)]，其中 l_n 为过梁的净跨。当墙体高度 $h_w \geq l_n/3$ 时，应按高度为 $l_n/3$ 墙体的均布自重采用[图 8-27(b)]。

(2)对混凝土砌块砌体，当过梁上的墙体高度 $h_w < l_n/2$ 时，应按墙体的均布自重采用[图 8-27(c)]。当墙体高度 $h_w \geq l_n/2$ 时，应按高度为 $l_n/2$ 墙体的均布自重采用[图 8-27(d)]。

2. 梁板荷载

对梁板传来的荷载，试验结果表明，当在砌体高度等于跨度的 0.8 倍左右的位置施加外荷载时，过梁的挠度变化已很微小。因此可认为，在高度等于跨度的位置上施加外荷载时，荷载将全部通过拱作用传递，而不由过梁承受。对过梁上部梁、板传来的荷载，我国规定：对砖和小型砌块砌体，当梁、板下的墙体高度 $h_w < l_n$ 时，应计入梁、板传来的荷载；当梁、板下的墙体高度 $h_w \geq l_n$ 时，可不考虑梁、板荷载。

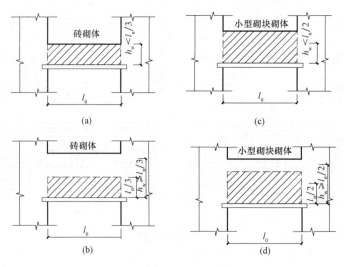

图 8-27　过梁上的荷载

8.6.1.3　过梁的承载力计算

钢筋砖过梁的工作机理类似于带拉杆的三铰拱,有两种可能的破坏形式:正截面受弯破坏和斜截面受剪破坏。当过梁受拉区的拉应力超过砖砌体的抗拉强度时,则在跨中受拉区会出现垂直裂缝;当支座处斜截面的主拉应力超过砖砌体沿齿缝的抗拉强度时,在靠近支座处会出现斜裂缝,在砌体材料中表现为阶梯形斜裂缝,如图 8-28(a)所示。

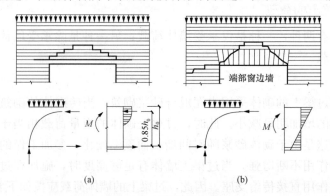

图 8-28　过梁的破坏特征
(a)钢筋砖过梁;(b)平拱砖过梁

砖砌平拱过梁的工作机理类似于三铰拱,除可能发生受弯破坏和受剪破坏,在跨中开裂后,还会产生水平推力。此水平推力由两端支座处的墙体承受。当此墙体的灰缝抗剪强度不足时,会发生支座滑动而破坏,这种破坏易发生在房屋端部的门窗洞口处墙体上,如图 8-28(b)所示。

由过梁的破坏形式可知,应对过梁进行受弯、受剪承载力验算。对砖砌平拱还应按其水平推力验算端部墙体的水平受剪承载力。

1. 砖砌平拱过梁的承载力计算

(1)正截面受弯承载力可按下式计算:

$$M \leqslant f_{tm}W \tag{8-23}$$

式中　M——按简支梁并取净跨计算的跨中弯矩设计值；

　　　f_{tm}——沿齿缝截面的弯曲抗拉强度设计值；

　　　W——截面模量。

过梁的截面计算高度取过梁底面以上的墙体高度，但不大于 $l_n/3$。砖砌平拱中由于存在支座水平推力，过梁垂直裂缝的发展得以延缓，受弯承载力得以提高。因此，公式的 f_{tm} 取沿齿缝截面的弯曲抗拉强度设计值。

(2)斜截面受剪承载力可按下式计算：

$$V \leqslant f_v bz \tag{8-24}$$

$$z = \frac{I}{S} \tag{8-25}$$

式中　V——剪力设计值；

　　　f_v——砌体的抗剪强度设计值；

　　　b——截面宽度；

　　　z——内力臂，当截面为矩形时取 z 等于 $2h/3$(h 为截面高度)；

　　　I——截面惯性矩；

　　　S——截面面积矩。

一般情况下，砖砌平拱的承载力主要由受弯承载力控制。

2. 钢筋砖过梁的承载力计算

(1)正截面受弯承载力可按下式计算：

$$M \leqslant 0.85 f_y h_0 A_s \tag{8-26}$$

$$h_0 = h - a_s$$

式中　M——按简支梁并取净跨计算的跨中弯矩设计值；

　　　f_y——钢筋的抗拉强度设计值；

　　　A_s——受拉钢筋的截面面积；

　　　h_0——过梁截面的有效高度；

　　　a_s——受拉钢筋重心至截面下边缘的距离；

　　　h——过梁的截面计算高度，取过梁底面以上的墙体高度，但不大于 $l_n/3$；当考虑梁、板传来的荷载时，则按梁、板下的高度采用。

(2)钢筋砖过梁的受剪承载力计算与砖砌平拱过梁相同。

3. 钢筋混凝土过梁的承载力计算

钢筋混凝土过梁按受弯构件计算，要进行正截面受弯承载力和斜截面受剪承载力以及梁下砌体的局部受压承载力验算。

钢筋混凝土过梁的截面高度 $h = (1/14 \sim 1/8)l_0$，l_0 为过梁计算跨度，取 $l_0 = 1.05l_n$(l_n 为过梁净跨度)，截面宽度取为墙厚或 L 形。

(1)受弯承载力。钢筋混凝土过梁按最大弯矩设计值所在正截面的平衡条件，求出受拉钢筋面积 A_s。按下列公式进行计算：

$$h_0 = h - a_s$$

$$\alpha_s = \frac{M}{f_c bh_0^2} \leqslant \alpha_{s,\max} \tag{8-27}$$

$$\gamma_s = 0.5(1 + \sqrt{1-2\alpha_s})\tag{8-28}$$

$$\xi = 1 - \sqrt{1-2\alpha_s}\tag{8-29}$$

$$A_s = \frac{M}{f_y \gamma_s h_0} \geqslant \rho_{\min} b h_0\tag{8-30}$$

式中　h_0——过梁正截面有效高度；

　　　b——过梁截面宽度；

　　　M——由边梁上荷载设计值产生的最大弯矩；

　　　α_s——截面抵抗矩系数；

　　　γ_s——内力臂系数；

　　　ξ——相对受压区高度，$\xi = \dfrac{x}{h_0}$ 且 $\xi \leqslant \xi_b$；

　　　f_c——混凝土弯曲抗压强度设计值；

　　　f_y——纵向受拉钢筋抗拉强度设计值；

　　　$\rho_{\min}$——纵向受拉钢筋最小配筋率（C35 以下混凝土 $\rho_{\min} = 0.15\%$；C40～C60 混凝土 $\rho_{\min} = 0.2\%$）。

（2）受剪承载力。钢筋混凝土过梁，其截面取值一般较大而荷载相对较小，通常 $V < 0.7f_t b h_0$，因此按构造配箍筋。

（3）过梁下砌体局部受压承载力验算。过梁下砌体局部受压承载力验算，可不考虑上部荷载的影响，由于过梁与其上砌体共同工作，构成刚度极大的组合深梁，变形极小，故其有效支承长度可取过梁的实际支承长度，同时 $\eta = 1$，按公式 $N_l \leqslant \gamma f A_l$ 进行验算。

【例 8-10】　已知钢筋砖过梁净跨 $l_n = 1.5$ m，墙厚 240 mm，采用强度等级为 MU10 普通烧结砖和 M10 混合砂浆砌筑而成，双面抹灰，墙体自重为 5.24 kN/m²。在距窗口顶面 0.62 m 处作用楼板传来的荷载标准值 10.2 kN/m（其中活荷载 3.2 kN/m）。试设计该钢筋砖过梁（钢筋采用 HPB300 级）。

【解】　（1）内力计算。

由于 $h_w = 0.62$ m $< l_n = 1.5$ m，故需考虑板传来的荷载。

过梁上的荷载为

$$q = \left(\frac{1.5}{3} \times 5.24 + 7\right) \times 1.2 + 3.2 \times 1.4 = 16.02 \text{(kN/m)}$$

由于考虑板传来的荷载，取过梁的计算高度为 620 mm。

$$h_0 = 620 - 15 = 605 \text{(mm)}$$

$$M = \frac{1}{8}ql_n^2 = \frac{1}{8} \times 16.02 \times 1.5^2 = 4.51 \text{(kN·m)}$$

（2）受弯承载力计算。

HPB300 级钢筋 $f_y = 270$ N/mm²

$$A_s = \frac{M}{0.85 \times 270 \times 605} = 32.5 \text{(mm}^2)$$

选用 3ϕ6（$A_s = 85$ mm²）。

（3）受剪承载力计算。

由附表查得 $f_v = 0.17$ N/mm²，$z = \dfrac{2}{3}h = \dfrac{2}{3} \times 620 = 413.3 \text{(mm)}$。

支座处产生的剪力为

$$V = \frac{1}{2}ql_n = \frac{1}{2} \times 16.02 \times 1.5 = 12.02(\text{kN})$$

$$f_v bz = 0.17 \times 240 \times 413.3 = 16.86 \times 10^3(\text{N}) = 16.86 \text{ kN} > V = 12.02 \text{ kN}$$

满足要求。

【例8-11】已知某窗洞口上部墙体高度 $h_w = 1.2$ m，于其上支撑楼板传来荷载，墙厚240 mm，过梁净跨 $l_n = 2.4$ m，支承长度240 mm，板传来的荷载标准值为12 kN/m（其中活荷载5 kN/m）。过梁下砌体采用 MU10 砖和 M5 混合砂浆砌筑，墙体自重标准值为5.24 kN/m²。试设计钢筋混凝土过梁（钢筋采用 HPB300 级）。

解：（1）内力计算。根据梁的跨度及荷载情况，过梁截面采用 $b \times h = 240$ mm $\times$ 240 mm，采用 C20 混凝土，纵筋用 HPB300 级钢筋，过梁伸入墙内240 mm。

因墙高 $h_w = 1.2$ m $> \frac{l_n}{3} = \frac{2.4}{3} = 0.8$(m)，所以取 $h_w = 0.8$ m。梁、板荷载位于过梁上1.2 m $< l_n = 2.4$ m，应予以考虑。

过梁上均部荷载设计值为

$$q = (5.24 \times 0.8 + 0.24^2 \times 25 + 7) \times 1.2 + 5 \times 1.4 = 22.16(\text{kN/m})$$

计算跨度为

$$l_0 = 1.05l_n = 1.05 \times 2.4 = 2.52(\text{m}) < l_n + a = 2.4 + 0.24 = 2.64(\text{m})$$

$$M = \frac{1}{8}ql_0^2 = \frac{1}{8} \times 22.16 \times 2.52^2 = 17.59(\text{kN} \cdot \text{m})$$

$$V = \frac{1}{2}ql_n = \frac{1}{2} \times 22.16 \times 2.4 = 26.59(\text{kN})$$

（2）受弯承载力计算。

取 $h_0 = 240 - 35 = 205$(mm)，C20 混凝土 $f_c = 9.6$ MPa，$f_t = 1.1$ MPa。

$$\alpha_s = \frac{M}{f_c b h_0^2} = \frac{17\,590\,000}{9.6 \times 240 \times 205^2} = 0.182，\gamma_s = 0.899。$$

$$A_s = \frac{M}{270 \times 0.899 \times 205} = 353.5(\text{mm}^2)$$

选用 $3\phi14(A_s = 461 \text{ mm}^2)$。

（3）受剪承载力计算。

$$V = 26.59 \text{ kN} < 0.7f_t bh_0 = 0.7 \times 1.1 \times 240 \times 205 = 37.88 \times 10^3(\text{N}) = 37.88 \text{ kN}$$

可按构造配置箍筋 $\phi6@200$。

（4）局部受压承载力验算。

砌体抗压强度设计值查表得 $f = 1.5$ MPa，取 $a_0 = a = 240$ mm，$\eta = 1.0$，局压强度提高系数 $\gamma = 1.25$，同时可不考虑上部荷载影响。

$$A_l = a_0 b = 240 \times 240 = 57\,600(\text{mm}^2)$$

$$N_l = \frac{1}{2} \times 22.16 \times 2.52 = 27.92(\text{kN}) < \eta\gamma fA_l = 1.0 \times 1.25 \times 1.5 \times 57\,600$$

$$= 108 \times 10^3(\text{N}) = 108 \text{ kN}$$

满足要求。

8.6.2 挑梁

在砌体结构房屋中，为了支撑承挑廊、阳台、雨篷等，常设有埋入砌体墙内的钢筋混凝土悬臂构件，即挑梁。当埋入墙内的长度较大且梁相对于砌体的刚度较小时，梁发生明显的挠曲变形，将这种挑梁称为弹性挑梁，如阳台挑梁、外廊挑梁等；当埋入墙内的长度较短，埋入墙内的梁相对于砌体刚度较大，挠曲变形很小，主要发生刚体转动变形，将这种挑梁称为刚性挑梁。嵌入砖墙内的悬臂雨篷梁属于刚性挑梁。

8.6.2.1 挑梁的受力特点与破坏形态

埋置于墙体中的挑梁是与砌体共同工作的，在墙体上的均布荷载 P 和挑梁端部集中力 F 作用下经历了弹性工作、带裂缝工作和破坏阶段。

(1)弹性工作阶段。挑梁在未受外荷载之前，墙体自重及其上部荷载在挑梁埋入墙体部分的上、下界面产生初始压应力[图 8-29(a)]，当挑梁端部施加外荷载 F 后，随着 F 的增加，压应力将首先达到墙体通缝截面的抗拉强度而出现水平裂缝[图 8-29(b)]，出现水平裂缝时的荷载为倾覆时的外荷载的 20%～30%，此为第一阶段。

(2)带裂缝工作阶段。随着外荷载 F 的继续增加，最开始出现的水平裂缝①将不断向内发展，同时，挑梁埋入端下界面出现水平裂缝②并向前发展。随着上、下面的水平裂缝的不断发展，挑梁埋入端上界面受压区和墙边下界面受压区也不断减小，从而在挑梁埋入端上角砌体处产生裂缝。随着外荷载的增加，此裂缝将沿砌体灰缝向后上方发展为阶梯形裂缝③，此时的荷载约为倾覆时外荷载的 80%。斜裂缝的出现预示着挑梁进入倾覆破坏，在此过程中，也可能出现局部受压裂缝④。

(3)破坏阶段。破坏阶段挑梁可能发生下列三种破坏：

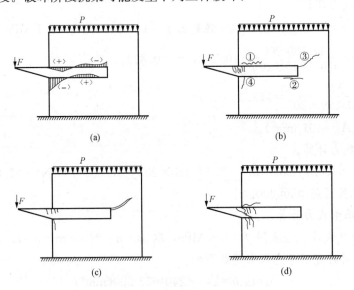

图 8-29 挑梁的受力阶段和破坏

(a)弹性工作阶段；(b)带裂缝工作阶段；(c)倾覆破坏；(d)局部受压破坏

1)挑梁倾覆破坏[图 8-29(c)]。当挑梁埋入端的砌体强度较高且埋入段长 l_1 较短，则可能在挑梁尾端处的砌体中产生阶梯形斜裂缝。如挑梁砌入端斜裂缝范围内的砌体及其他上部荷载不足以抵抗挑梁的倾覆力矩，此斜裂缝将继续发展，直至挑梁产生倾覆破坏。发生倾覆破坏时，挑梁绕其下表面与砌体外缘交点处稍向内移的一点转动。

2）挑梁下砌体局部受压破坏[图 8-29(d)]。当挑梁埋入端的砌体强度较低且埋入段长度 l_1 较长，在斜裂缝发展的同时，下界面的水平裂缝也在延伸，使挑梁下砌体受压区的长度减小、砌体压应力增大。若压应力超过砌体的局部抗压强度，则挑梁下的砌体将发生局部受压破坏。

3）挑梁弯曲破坏或剪切破坏。挑梁由于正截面受弯承载力或斜截面受剪承载力不足引起弯曲破坏或剪切破坏。

8.6.2.2 挑梁的承载力计算

对于挑梁，需要进行抗倾覆验算、挑梁下砌体的局部承压验算以及挑梁本身的承载力验算。

1. 抗倾覆验算

砌体墙中钢筋混凝土挑梁的抗倾覆应按下式验算。

$$M_{ov} \leqslant M_r \tag{8-31}$$

式中　M_{ov}——挑梁的荷载设计值对计算倾覆点产生的倾覆力矩；

　　　M_r——挑梁的抗倾覆力矩设计值。

挑梁的抗倾覆力矩设计值可按下式计算：

$$M_r = 0.8G_r(l_2 - x_0) \tag{8-32}$$

式中　G_r——挑梁的抗倾覆荷载，为挑梁尾端上部 45°扩散角的阴影范围（其水平长度为 l_3）内本层的砌体与楼面恒荷载标准值之和，如图 8-30 所示；

　　　l_2——G_r 的作用点至墙外边缘的距离。

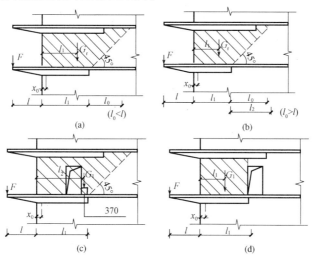

图 8-30　挑梁抗倾覆荷载 G_r 的取值范围
(a)$l_0 < l_1$；(b)$l_0 > l_1$；(c)洞在 l_1 之内；(d)洞在 l_1 之外

(1)当 $l_1 \geqslant 2.2h_b$ 时，$x_0 = 0.3h_b$ 且不大于 $0.13l_1$。

(2)当 $l_1 < 2.2h_b$ 时，$x_0 = 0.13l_1$。

式中　l_1——挑梁埋入砌体墙中的长度；

　　　x_0——计算倾覆点至墙外边缘的距离；

　　　h_b——挑梁的截面高度。

当挑梁下有构造柱时，计算倾覆点到墙外边缘的距离可取 $0.5x_0$。

雨篷的抗倾覆计算仍按上述公式进行，但其中抗倾覆荷载 G_r 的取值范围如图 8-31 所示阴影部分，其中 $l_3 = \frac{1}{2} l_n$。

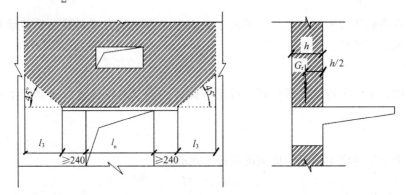

图 8-31　雨篷抗倾覆荷载 G_r 取值范围

2. 挑梁下砌体的局部承压验算

挑梁下砌体的局部受压承载力可按下式验算：

$$N_l \leqslant \eta \gamma f A_l \tag{8-33}$$

式中　N_l——挑梁下的支承压力，可取 $N_l = 2R$，R 为挑梁的倾覆荷载设计值；

　　　η——梁端底面压应力图形的完整系数，可取 0.7；

　　　γ——砌体局部抗压强度提高系数[对如图 8-32(a)所示情况，可取 1.25；对图 8-32(b)情况，可取 1.5]；

　　　A_l——挑梁下砌体局部受压面积，可取 $A_l = 1.2bh_b$，b 为挑梁的截面宽度，h_b 为挑梁的截面高度。

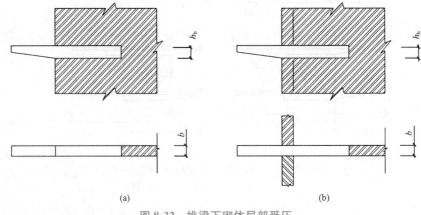

(a)　　　　　　　　　　　　　　(b)

图 8-32　挑梁下砌体局部受压

3. 挑梁本身的承载力验算

挑梁的最大弯矩设计值 M_{max} 与最大剪力设计值 V_{max}，可按下列公式计算：

$$M_{max} = M_{ov} \tag{8-34}$$

$$V_{max} = V_0 \tag{8-35}$$

式中　V_0——挑梁的荷载设计值在挑梁墙外边缘处截面产生的剪力。

8.6.2.3　挑梁的构造要求

挑梁自身除按钢筋混凝土受弯构件设计外，还应满足下列构造要求：

(1)纵向受力钢筋至少应有 1/2 的钢筋面积伸入梁尾端，且不少于 2φ12。其他钢筋伸入支座的长度不应小于 $2l_1/3$。

(2)挑梁埋入砌体长度 l_1 与挑出长度 l 之比宜大于 1.0；当挑梁上无砌体时，l_1 与 l 之比宜大于 2。

【例 8-12】　如图 8-33 所示，某住宅中钢筋混凝土阳台挑梁，挑梁挑出长度 $l=1.6$ m，埋入砌体长度 $l_1=2.0$ m。挑梁截面尺寸 $b \times h_b = 240$ mm$\times 300$ mm，挑梁上部一层墙体净高 2.76 m，墙厚 240 mm，采用强度等级为 MU10 烧结普通砖和 M5 混合砂浆砌筑（$f=1.48$ MPa），墙自重为 5.24 kN/m^2。阳台板传给挑梁的荷载标准值为：活荷载 $q_{1k}=4.15$ kN/m，恒荷载 $g_{1k}=4.85$ kN/m。阳台边梁传至挑梁的集中荷载标准值为：活荷载 $F_k=4.48$ kN，恒荷载为 $F_{Gk}=17.0$ kN，本层楼面传给埋入段的荷载为：活荷载 $q_{2k}=5.4$ kN/m，恒荷载 $g_{2k}=12$ kN/m。挑梁自重为 $g=1.8$ kN/m。试验算该挑梁的抗倾覆及挑梁下砌体局部受压承载力。

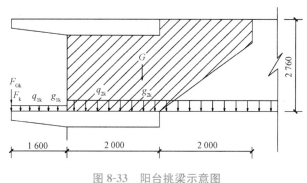

图 8-33　阳台挑梁示意图

【解】　(1)抗倾覆验算。

1)计算倾覆点。

$$l_1 = 2.0 > 2.2h_b = 2.2 \times 0.3 = 0.66(\text{m})$$

$$x_0 = 0.3h_b = 0.3 \times 300 = 90(\text{mm}) = 0.09 \text{ m} < 0.13l_1 = 0.13 \times 2.0 = 0.26(\text{m})$$

取 $x_0 = 0.09$ m。

2)倾覆力矩计算。挑梁的倾覆力矩由作用在挑梁外伸段上恒荷载和活荷载及梁自重的设计值对计算倾覆点的力矩组成，即

$$M_{ov} = (1.2 \times 17 + 1.4 \times 4.48) \times 1.69 + \frac{1}{2} \times [1.2 \times (4.85 + 1.8) + 1.4 \times 4.15] \times 1.69^2$$

$$= 64.77(\text{kN} \cdot \text{m})$$

3)抗倾覆验算。挑梁的抗倾覆力矩由挑梁埋入段自重标准值、楼面传给埋入段的恒荷

载标准值以及挑梁尾端上部 45°扩散角范围内墙体的标准值对倾覆点的力矩组成。

$$M_r = 0.8G_r(l_2 - x_0)$$

$$= 0.8 \times \left[(12 + 1.8) \times 2 \times (1 - 0.09) + 4 \times 2.76 \times 5.24 \times \left(\frac{4}{2} - 0.09 \right) - \right.$$

$$\left. \frac{1}{2} \times 2 \times 2 \times 5.24 \times \left(2 + \frac{4}{3} - 0.09 \right) \right]$$

$$= 81.29(\text{kN} \cdot \text{m}) > M_{ov} = 64.77 \text{ kN} \cdot \text{m}, \text{抗倾覆安全}。$$

（2）挑梁下砌体局部承压验算。

$$N_l = 2R = 2 \times \{1.2 \times 17 + 1.4 \times 4.48 + [1.2 \times (4.85 + 1.8) + 1.4 \times 4.15] \times 1.6\}$$

$$= 97.47(\text{kN})$$

$$\eta \gamma A_l f = 0.7 \times 1.5 \times 1.2 \times 240 \times 300 \times 1.48 = 134.27 \times 10^3 (\text{N}) = 134.27 \text{ kN} > N_l, \text{局部}$$
承压安全。

8.6.3 圈梁

1. 圈梁的作用和布置

为了增强砌体房屋的整体刚度，防止由于地基不均匀沉降或较大振动荷载等对房屋引起的不利影响，应根据地基情况、房屋的类型、层数以及所受的振动荷载等情况决定圈梁的布置。具体规定如下：

（1）车间、仓库、食堂等空旷的单层房屋应按下列规定设置圈梁：

1）砖砌体房屋，檐口标高为 5～8 m 时，应在檐口设置圈梁一道，檐口标高大于 8 m 时，宜适当增设。

2）砌块及料石砌体房屋，檐口标高为 4～5 m 时，应在檐口设置圈梁一道，檐口标高大于 5 m 时，宜适当增设。

3）对有吊车或较大振动设备的单层工业厂房，除在檐口或窗顶标高处设置现浇钢筋混凝土圈梁外，尚宜在吊车梁标高处或其他适当位置增设。

（2）多层砌体工业厂房，宜每层设置现浇钢筋混凝土圈梁。

（3）住宅、宿舍、办公楼等多层砌体民用房屋，当层数为 3～4 层时，应在檐口标高处设置圈梁。当层数超过四层时，应在所有纵横墙上隔层设置圈梁。

（4）设置墙梁的多层砌体房屋，应在托梁、墙梁顶面和檐口标高处设置现浇钢筋混凝土圈梁，其他楼盖处宜在所有纵横墙上每层设置圈梁。

（5）采用钢筋混凝土楼（屋）盖的多层砌体结构房屋，当层数超过 5 层时，除在檐口标高处设置一道圈梁外，可隔层设置圈梁，并与楼（屋）面板一起现浇。未设置圈梁的楼面板嵌入墙内的长度不宜小于 120 mm，沿墙长设置的纵向钢筋不应小于 2φ10。

（6）建筑在软弱地基或不均匀地基上的砌体房屋，除应按以上有关规定设置圈梁外，尚应符合现行国家标准《建筑地基基础设计规范》(GB 50007—2011)的有关规定。

2. 圈梁的构造要求

（1）圈梁宜连续地设在同一水平面上并形成封闭状。当圈梁被门窗洞口截断时，应在洞口上部增设相同截面的附加圈梁。附加圈梁和圈梁的搭接长度不应小于其垂直间距的 2 倍且不得小于 1 m。

（2）纵横墙交接处的圈梁应有可靠的连接。刚弹性和弹性方案房屋，圈梁应与屋架、大梁等构件可靠连接。

（3）钢筋混凝土圈梁的宽度宜与墙厚相同，当墙厚 $h \geqslant 240$ mm 时，其宽度不宜小于 $2h/3$。圈梁高度不应小于 120 mm。纵向钢筋不宜少于 $4\phi 10$，绑扎接头的搭接长度按受拉钢筋考虑，箍筋间距不应大于 300 mm。

（4）圈梁兼作过梁时，过梁部分的钢筋应按计算用量另行增配。

本章小结

1. 砌体由块体与砂浆砌筑而成。本项目较为系统地介绍了主要砌体的种类与性能，同时也介绍了组成各类砌体的块体及砂浆的种类和主要性能。

2. 轴心抗压强度是砌体最基本最重要的力学指标。砌体轴心抗压试验表明，其破坏大体经历单砖先裂、裂缝贯穿若干皮砖、形成独立小柱体等三个特征阶段；从砖砌体受压时单块砖的应力状态分析可知，单块砖处于压、弯、剪及拉等复杂应力状态，抗压强度降低，砂浆则处于三向受压状态，其抗压强度有所提高；明确砌体受压的破坏过程及单块砖受压时的应力状态，可从机理上理解影响砌体抗压强度的主要因素。

3. 混合结构房屋是用砌体作竖向承重构件和用钢筋混凝土作屋（楼）盖所组成的房屋承重结构体系。主要承重结构为屋盖、楼盖、墙体（柱）和基础，其中墙体的布置是整个房屋结构布置的重要环节。房的结构布置可分为四种方案，横墙承重体系竖向荷载主要传递路线是：板→横墙→基础→地基。由于横墙的数量较多且间距小，同时横墙与纵墙间有可靠的拉结，因此，房屋的整体性好，空间刚度大，对抵抗作用在房屋上的风荷载及地震力等水平荷载十分有利。纵墙承重体系竖向荷载主要传递路线是：板→纵墙→基础→地基；板→梁→纵墙→基础→地基。纵、横墙共同承重，纵、横两个方向的空间刚度均比较好。内框架承重体系竖向荷载的主要传递路线是：板→梁→外纵墙→外纵墙基础→地基；板→梁→柱→柱基础→地基。横墙较少，房屋的空间刚度较差，因而抗震性能也较差。

4. 混合结构房屋是由屋盖、楼盖、墙、柱、基础等构件组成的一个空间受力体系，房屋空间工作性能的主要影响因素为楼盖（屋盖）的水平刚度和横墙间距的大小。

5. 在混合结构房屋内力计算中，根据房屋的空间工作性能，结构分为三种静力计算方案：刚性方案、弹性方案、刚弹性方案。在横墙满足强度及稳定要求时，可根据屋盖及楼盖的类别、横墙间距，确定房屋的静力计算方案。

6. 砌体结构承载力计算是采用以概率理论为基础的极限状态设计方法；砌体的强度设计值为砌体强度的标准值除以砌体的材料性能分项系数。砌体受压构件的承载力可按 $N = \varphi fA$ 计算，公式中的 φ 为高厚比和轴向力的偏心距对受压构件承载力的影响系数。对带壁柱墙体应采用折算厚度。

7. 砌体局部受压可分为砌体局部均匀受压、梁端支承处砌体局部受压和梁端设有刚性垫块或垫梁时砌体局部受压三种情况。

1. 砌体结构中块体与砂浆的作用是什么？对砌体所用块体与砂浆的基本要求有哪些？

2. 砌体的种类有哪些？

3. 轴心受压砌体的破坏特征有哪些？

4. 砌体在轴心压力作用下单块砖及砂浆可能处于怎样的应力状态？它对砌体的抗压强度有何影响？

5. 为什么砌体抗压强度远小于块体的抗压强度，而又大于当砂浆强度等级较低时的砂浆抗压强度？

6. 影响砌体抗压强度的因素有哪些？

7. 砌体受压承载力计算公式中系数 φ 的含义是什么？

8. 砌体房屋静力计算方案有哪些？

9. 影响砌体房屋静力计算方案的主要因素有哪些？

10. 什么是高厚比？砌体房屋限制高厚比的目的是什么？

11. 截面尺寸 $b \times h = 370 \text{ mm} \times 620 \text{ mm}$ 的砖柱，计算高度 $H_0 = 4.8 \text{ m}$，采用强度等级为 MU15 烧结普通砖及 M5 混合砂浆砌筑，承受轴向压力设计值 $N = 300 \text{ kN}$，弯矩设计值 $M = 7.5 \text{ kN·m}$。试验算该砖柱的承载力。

12. 如图 8-34 所示的窗间墙，采用 MU15 烧结普通砖及 M5 混合砂浆砌筑。梁截面尺寸 $b \times h = 200 \text{ mm} \times 500 \text{ mm}$，支承长度 $a = 240 \text{ mm}$。荷载设计值产生的支座反力 $N_l = 90 \text{ kN}$，墙体上部荷载 $N_u = 150 \text{ kN}$。试验算该墙体的梁端局部受压承载力。如不满足要求，试设计一预制刚性垫块。

13. 某单层单跨无吊车的仓库，柱间距离为 4 m，中间开宽为 1.8 m 的窗，车间长 40 m，屋架下弦标高为 5 m，壁柱为 370 mm×490 mm，墙厚为 240 mm，房屋静力计算方案为刚弹性方案，试验算带壁柱墙的高厚比。

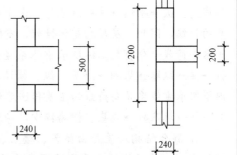

图 8-34　窗间墙示意图

附录　等截面等跨连续梁在常用荷载作用下的内力系数表

1. 在均布及三角形荷载作用下：

$$M = 表中系数 \times ql^2（或 \times gl^2）$$
$$V = 表中系数 \times ql（或 \times gl）$$

2. 在集中荷载作用下：

$$M = 表中系数 \times Ql（或 \times Gl）$$
$$V = 表中系数 \times Q（或 \times Gl）$$

3. 内力正负号规定：

　　　　M——使截面上部受压、下部受拉为正；

　　　　V——对临近截面所产生的力矩沿顺时针方向者为正。

附表 1　两 跨 梁

荷载图	跨内最大弯矩		支座弯矩	剪　　力		
	M_1	M_2	M_B	V_A	V_{Bl} / V_{Br}	V_C
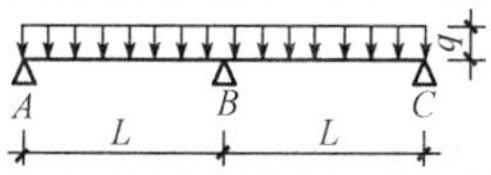	0.070	0.070 3	−0.125	0.375	−0.625 / 0.625	−0.375
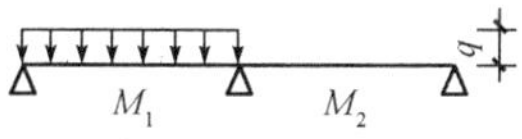	0.096	—	−0.063	0.437	−0.563 / 0.063	0.063
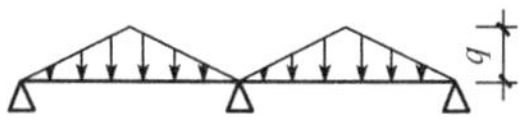	0.048	0.048	−0.078	0.172	−0.328 / 0.328	−0.172
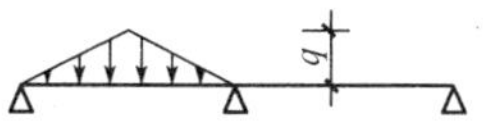	0.064	—	−0.039	0.211	−0.289 / 0.039	0.039
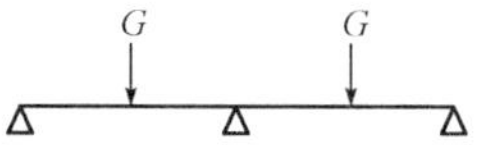	0.156	0.156	−0.188	0.312	−0.688 / 0.688	−0.312
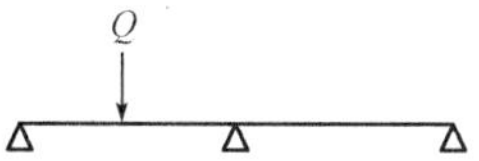	0.203	—	−0.094	0.406	−0.594 / 0.094	0.094
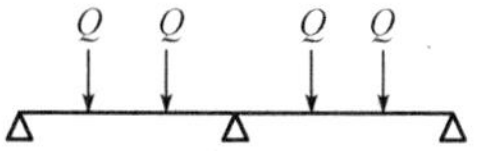	0.222	0.222	−0.333	0.667	−1.333 / 1.333	−0.667
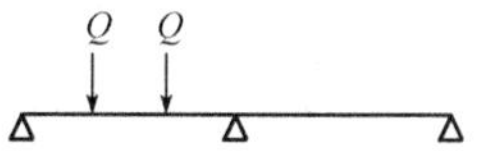	0.278	—	−0.167	0.833	−1.167 / 0.167	0.167

荷载图	跨内最大弯矩		支座弯矩		剪　　力			
	M_1	M_2	M_B	M_C	V_A	V_{Bl} V_{Br}	V_{Cl} V_{Cr}	V_D
	0.080	0.025	−0.100	−0.100	0.400	−0.600 0.500	−0.500 0.600	−0.400
	0.101	—	−0.050	−0.050	0.450	−0.550 0	0 0.550	−0.450
	—	0.075	−0.050	−0.050	0.050	−0.050 0.500	−0.500 0.050	0.050
	0.073	0.054	−0.117	−0.033	0.383	−0.617 0.583	0.083 −0.017	−0.017
	0.094	—	−0.067	0.017	0.433	−0.567 0.083	0.083 −0.017	−0.017
	0.054	0.021	−0.063	−0.063	0.183	−0.313 0.250	−0.250 0.313	−0.188
	0.068	—	−0.031	−0.031	0.219	−0.281 0	0 0.281	−0.219
	—	0.052	−0.031	−0.031	0.031	−0.031 0.250	−0.250 0.051	0.031
	0.050	0.038	−0.073	−0.021	0.177	−0.323 0.302	−0.198 0.021	0.021
	0.063	—	−0.042	0.010	0.208	−0.292 0.052	0.052 −0.010	−0.010

荷载图	跨内最大弯矩		支座弯矩		剪　力			
	M_1	M_2	M_B	M_C	V_A	V_{Bl} / V_{Br}	V_{Cl} / V_{Cr}	V_D
G　G　G	0.175	0.100	−0.150	−0.150	0.350	−0.650 / 0.500	−0.500 / 0.650	−0.350
Q　　Q	0.213	—	−0.075	−0.075	0.425	−0.575 / 0	0 / 0.575	−0.425
Q	—	0.175	−0.075	−0.075	−0.075	−0.075 / 0.500	−0.500 / 0.075	0.075
Q　Q	0.162	0.137	−0.175	−0.050	0.325	−0.675 / 0.625	−0.375 / 0.050	0.050
Q	0.200	—	−0.100	0.025	0.400	−0.600 / 0.125	0.125 / −0.025	−0.025
G G　G G　G G	0.244	0.067	−0.267	0.267	0.733	−1.267 / 1.000	−1.000 / 1.267	−0.733
Q Q　　Q Q	0.289	—	0.133	−0.133	0.866	−1.134 / 0	0 / 1.134	−0.866
Q Q	—	0.200	−0.133	0.133	−0.133	−0.133 / 1.000	−1.000 / 0.133	0.133
Q Q　Q Q	0.229	0.170	−0.311	−0.089	0.689	−1.311 / 1.222	−0.778 / 0.089	0.089
Q Q	0.274	—	0.178	0.044	0.822	−1.178 / 0.222	0.222 / −0.044	−0.044

附表3 四跨梁

荷载图	跨内最大弯矩				支座弯矩			剪 力				
	M_1	M_2	M_3	M_4	M_B	M_C	M_D	V_A	V_{Bl} / V_{Br}	V_{Cl} / V_{Cr}	V_{Dl} / V_{Dr}	V_E
(荷载图)	0.077	0.036	0.036	0.077	−0.107	−0.071	−0.107	0.393	−0.607 / 0.536	−0.464 / 0.464	−0.536 / 0.607	−0.393
(荷载图)	0.100	—	0.081	—	−0.054	−0.036	−0.054	0.446	−0.554 / 0.018	0.018 / 0.482	−0.518 / 0.054	0.054
(荷载图)	0.072	0.061	—	0.098	−0.121	−0.018	−0.058	0.380	−0.620 / 0.603	−0.397 / −0.040	−0.040 / −0.558	−0.442
(荷载图)	—	0.056	0.056	—	−0.036	−0.107	−0.036	−0.036	−0.036 / 0.429	−0.571 / 0.571	−0.429 / 0.036	0.036
(荷载图)	0.094	—	—	0.052	−0.067	0.018	−0.004	0.433	−0.567 / 0.085	0.085 / −0.022	0.022 / 0.004	0.004
(荷载图)	—	0.071	—	—	−0.049	−0.054	0.013	−0.049	−0.049 / 0.496	−0.504 / 0.067	0.067 / 0.013	−0.013
(荷载图)	0.062	0.028	0.028	0.052	−0.067	−0.045	−0.067	0.183	−0.317 / 0.272	−0.228 / 0.228	−0.272 / 0.317	−0.183
(荷载图)	0.067	—	0.055	—	−0.084	−0.022	−0.034	0.217	−0.234 / 0.011	0.011 / 0.239	−0.261 / 0.034	0.034

荷载图	跨内最大弯矩				支座弯矩			剪　力				
	M_1	M_2	M_3	M_4	M_B	M_C	M_D	V_A	V_{Bl} / V_{Br}	V_{Cl} / V_{Cr}	V_{Dl} / V_{Dr}	V_E
	0.049	0.042	—	0.066	−0.075	−0.011	−0.036	0.175	−0.325 / 0.314	−0.186 / −0.025	−0.025 / 0.286	−0.214
	—	0.040	0.040	—	−0.022	−0.067	−0.022	−0.022	−0.022 / 0.205	−0.295 / 0.295	−0.205 / 0.022	0.022
	0.088	—	—	—	−0.042	0.011	−0.003	0.208	−0.292 / 0.053	0.063 / −0.014	−0.014 / 0.003	0.003
	—	0.051	—	—	−0.031	−0.034	0.008	−0.031	−0.031 / 0.247	−0.253 / 0.042	0.042 / −0.008	−0.008
	0.169	0.116	0.116	0.169	−0.161	−0.107	−0.161	0.339	−0.661 / 0.554	−0.446 / 0.446	−0.554 / 0.661	−0.330
	0.210	0.146	0.183	0.206	−0.080	−0.054	−0.080	0.420	−0.580 / 0.027	0.027 / 0.473	−0.527 / 0.080	0.080
	0.159	—	—	—	−0.181	−0.027	−0.087	0.319	−0.681 / 0.654	−0.346 / −0.060	−0.060 / 0.587	−0.413
	—	0.142	0.142	—	−0.054	−0.161	−0.054	0.054	−0.054 / 0.393	−0.607 / 0.607	−0.393 / 0.054	0.054

荷载图	跨内最大弯矩				支座弯矩			剪 力				
	M_1	M_2	M_3	M_4	M_B	M_C	M_D	V_A	V_{Bl} / V_{Br}	V_{Cl} / V_{Cr}	V_{Dl} / V_{Dr}	V_E
(荷载图)	0.200	—	—	—	−0.100	−0.027	−0.007	0.400	−0.600 / 0.127	0.127 / −0.033	−0.033 / 0.007	0.007
(荷载图)	—	0.173	—	—	−0.074	−0.080	0.020	−0.074	−0.074 / 0.493	−0.507 / 0.100	0.100 / −0.020	−0.020
(荷载图)	0.238	0.111	0.111	0.238	−0.286	−0.191	−0.286	0.714	1.286 / 1.095	−0.905 / 0.905	−1.095 / 1.286	−0.714
(荷载图)	0.286	—	0.222	—	−0.143	−0.095	−0.143	0.857	−1.143 / 0.048	0.048 / 0.952	−1.048 / 0.143	0.143
(荷载图)	0.226	0.194	—	0.282	−0.321	−0.048	−0.155	0.679	−1.321 / 1.274	−0.726 / −0.107	−0.107 / 1.155	−0.845
(荷载图)	—	0.175	0.175	—	−0.095	−0.286	−0.095	−0.095	0.095 / 0.810	−1.190 / 1.190	−0.810 / 0.09555	0.095
(荷载图)	0.274	—	—	—	−0.178	0.048	−0.012	0.822	−1.178 / 0.226	0.226 / −0.060	−0.060 / 0.012	0.012
(荷载图)	—	0.198	—	—	−0.131	−0.143	0.036	−0.131	−0.131 / 0.988	−1.012 / 0.178	0.178 / −0.036	−0.036

附表 4 五跨梁

荷载图 内力	跨内最大弯矩 M₁	M₂	M₃	支座弯矩 M_B	M_C	M_D	M_E	剪力 V_A	V_Bl / V_Br	V_Cl / V_Cr	V_Dl / V_Dr	V_El / V_Er	V_F
(荷载图)	0.078	0.033	0.046	-0.105	-0.079	-0.079	-0.105	0.394	-0.606 / 0.526	-0.474 / 0.500	-0.500 / 0.474	-0.526 / 0.606	-0.394
(荷载图)	0.100	—	0.085	-0.053	-0.040	-0.040	-0.053	0.447	-0.553 / 0.013	0.013 / 0.500	-0.500 / -0.013	-0.013 / 0.533	-0.447
(荷载图)	—	0.079	—	-0.053	-0.040	-0.040	-0.053	-0.053	-0.053 / 0.513	-0.487 / 0	0 / 0.487	-0.513 / 0.053	0.053
(荷载图)	0.073	(2)0.059 / 0.078	0.064	-0.119	-0.022	-0.044	-0.051	0.380	-0.620 / 0.598	-0.402 / -0.023	-0.023 / 0.493	-0.507 / 0.052	0.052
(荷载图)	(1)— / 0.098	0.055	—	-0.035	-0.111	-0.020	-0.057	0.035	0.035 / 0.424	0.576 / 0.591	-0.409 / -0.037	-0.037 / 0.557	-0.443
(荷载图)	0.094	—	—	-0.067	0.018	-0.005	0.001	0.433	0.567 / 0.085	0.086 / 0.023	0.023 / 0.006	0.006 / -0.001	0.001
(荷载图)	—	0.074	—	-0.049	-0.054	0.014	-0.004	0.019	-0.049 / 0.496	-0.505 / 0.068	0.068 / -0.018	-0.018 / 0.004	0.004
(荷载图)	—	—	0.072	0.013	0.053	0.053	0.013	0.013	0.013 / -0.066	-0.066 / 0.500	-0.500 / 0.066	0.066 / -0.013	0.013
(荷载图)	0.053	0.026	0.034	-0.066	-0.049	0.049	-0.066	0.184	-0.316 / 0.266	-0.234 / 0.250	-0.250 / 0.234	-0.266 / 0.316	0.184
(荷载图)	0.067	—	0.059	-0.033	-0.025	-0.025	0.033	0.217	0.283 / 0.008	0.008 / 0.250	-0.250 / -0.006	-0.008 / 0.283	0.217

荷载图 内力	跨内最大弯矩			支座弯矩				剪　力					
	M_1	M_2	M_3	M_B	M_C	M_D	M_E	V_A	V_{Bl} / V_{Br}	V_{Cl} / V_{Cr}	V_{Dl} / V_{Dr}	V_{El} / V_{Er}	V_F
	—	0.055	—	-0.033	-0.025	-0.025	-0.033	0.033	-0.033 / 0.258	-0.242 / 0	0 / 0.242	-0.258 / 0.033	0.033
	0.049	(2)0.041 / 0.053	—	-0.075	-0.014	-0.028	-0.032	0.175	0.325 / 0.311	-0.189 / -0.014	-0.014 / 0.246	-0.255 / 0.032	0.032
	(1)— / 0.066	0.039	0.044	-0.022	-0.070	-0.013	-0.036	-0.022	-0.022 / 0.202	-0.298 / 0.307	-0.198 / -0.028	-0.023 / 0.286	-0.214
	0.063	—	—	-0.042	0.011	-0.003	0.001	0.208	-0.292 / 0.053	0.053 / -0.014	-0.014 / 0.004	0.004 / -0.001	-0.001
	—	0.051	—	-0.031	-0.034	0.009	-0.002	-0.031	-0.031 / 0.247	-0.253 / 0.043	0.049 / -0.011	-0.011 / 0.002	0.002
	—	—	0.050	0.008	-0.033	-0.033	0.008	0.008	0.008 / -0.041	-0.041 / 0.250	-0.250 / 0.041	0.041 / -0.008	-0.008
	0.171	0.112	0.132	-0.158	-0.118	-0.118	-0.158	0.342	-0.658 / 0.540	-0.460 / 0.500	-0.500 / 0.460	-0.540 / 0.658	-0.342
	0.211	—	0.191	-0.079	-0.059	-0.059	-0.079	0.421	-0.579 / 0.020	0.200 / 0.500	-0.500 / -0.020	-0.020 / 0.579	-0.421
	—	0.181	—	-0.079	-0.059	-0.059	-0.079	-0.079	-0.079 / 0.520	-0.480 / 0	0 / 0.480	-0.520 / 0.079	0.079
	0.160	(2)0.144 / 0.178	—	-0.179	-0.032	-0.066	-0.077	0.321	-0.679 / 0.647	-0.353 / -0.034	-0.034 / 0.489	-0.511 / 0.077	0077
	(1)— / 0.207	0.140	0.151	-0.052	-0.167	-0.031	-0.086	-0.052	-0.052 / 0.385	-0.615 / 0.637	-0.363 / -0.056	-0.056 / 0.586	-0.414

荷载图 内力	跨内最大弯矩			支座弯矩				剪　力					
	M_1	M_2	M_3	M_B	M_C	M_D	M_E	V_A	V_{Bl} / V_{Br}	V_{Cl} / V_{Cr}	V_{Dl} / V_{Dr}	V_{El} / V_{Er}	V_F
	0.200	—	—	−0.100	0.027	−0.007	0.002	0.400	−0.600 / 0.127	0.127 / −0.031	−0.034 / 0.009	0.009 / −0.002	−0.002
	—	0.173	—	−0.073	−0.081	0.022	−0.005	−0.073	−0.073 / 0.493	−0.507 / 0.102	0.102 / −0.027	−0.027 / 0.005	0.005
	—	—	0.171	0.020	−0.079	−0.079	0.020	0.020	0.020 / −0.099	−0.099 / 0.500	−0.500 / −0.020	0.090 / −0.020	−0.020
	0.240	0.100	0.122	−0.281	−0.211	0.211	−0.281	0.719	−1.281 / 1.070	−0.930 / 1.000	−1.000 / 0.930	1.070 / 1.281	−0.719
	0.287	—	0.228	−0.140	−0.105	−0.105	−0.140	0.860	−1.140 / 0.035	0.035 / 1.000	1.000 / −0.035	−0.035 / 1.140	−0.860
	—	0.216	—	−0.140	−0.105	−0.105	−0.140	−0.140	−0.140 / 1.035	−0.965 / 0	0.000 / 0.965	−1.035 / 0.140	0.140
	0.227	(2)$\dfrac{0.189}{0.209}$	0.198	−0.319	−0.057	−0.118	−0.137	0.681	−1.319 / 1.262	−0.738 / −0.061	−0.061 / 0.981	−1.019 / 0.137	0.137
	(1)$\dfrac{-}{0.282}$	0.172	—	−0.093	−0.297	−0.054	−0.153	−0.093	−0.093 / 0.796	−1.204 / 1.243	−0.757 / −0.099	−0.099 / 1.153	−0.847
	0.274	—	—	−0.179	0.048	−0.013	0.003	0.821	−1.179 / 0.227	0.227 / −0.061	−0.061 / 0.016	0.016 / −0.003	−0.003
	—	0.198	—	−0.131	−0.144	0.038	−0.010	−0.131	−0.131 / 0.987	−1.013 / 0.182	0.182 / −0.048	−0.048 / 0.010	0.010
	—	—	0.193	0.035	−0.140	−0.140	0.035	0.035	0.035 / −0.175	−0.175 / 1.000	−1.000 / 0.175	0.175 / −0.035	−0.035

注：(1)表示分子及分母分别为 M_1 及 M_5 的弯矩系数；(2)表示分子及分母分别为 M_2 及 M_4 的弯矩系数。

参 考 文 献

[1] 唐岱新. 砌体结构[M]. 北京：高等教育出版社，2010.

[2] 中国建设教育协会. 建筑结构[M]. 北京：中国建筑工业出版社，2005.

[3] 熊丹安. 建筑结构[M]. 5 版. 广州：华南理工大学出版社，2012.

[4] 吴承霞. 建筑力学与结构[M]. 北京：北京大学出版社，2009.

[5] 罗福午，方鄂华，叶知满. 混凝土结构及砌体结构[M]. 北京：中国建筑工业出版社，2003.

[6] 侯治国，周绥平. 建筑结构[M]. 武汉：武汉理工大学出版社，2003.

[7] 胡兴福. 建筑结构[M]. 北京：高等教育出版社，2008.